计算机技术开发与应用丛书

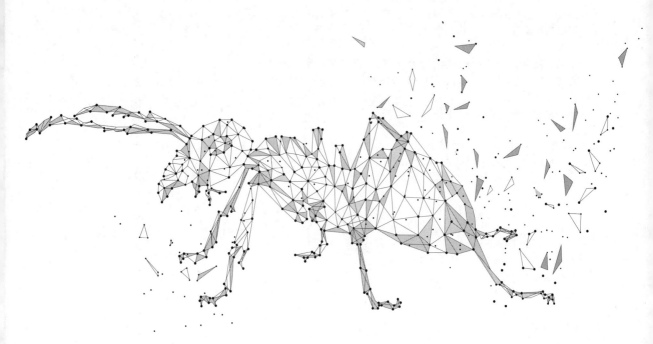

深入理解Go语言

刘丹冰◎编著

清华大学出版社

北京

内 容 简 介

本书详细讲解在学习 Go 语言必经之路中的重点知识,采用大量精美详细的图文进行介绍,内容讲解深入浅出,极大地降低了理解 Go 语言底层精髓的学习门槛。

本书共分为 3 篇:第一篇(第 1～4 章)深入讲解 Go 语言中 GPM 模型、Go 语言垃圾回收中的 GC 三色标记记法与混合写屏障、Go 语言内存管理模型、网络 I/O 复用并发模型等;第二篇(第 5～12 章)为 Go 语言实战中需要进阶的知识盲区介绍;第三篇(第 13～21 章)为基于 Go 语言从 0 到 1 实现轻量级网络服务框架 Zinx 及相关应用案例。

本书主要面向的读者是已经具有软件编程开发经验的工程师、系统开发工程师、期望(由 Python、PHP、C/C++、Ruby、Java 等编程语言)转职到 Go 语言开发的后端工程师、期望深入理解 Go 语言特性的计算机软件学者等。

图书在版编目(CIP)数据

深入理解 Go 语言/刘丹冰编著. —北京:清华大学出版社,2023.2 (2023.6 重印)
(计算机技术开发与应用丛书)
ISBN 978-7-302-61366-4

Ⅰ. ①深…　Ⅱ. ①刘…　Ⅲ. ①程序语言－程序设计　Ⅳ. ①TP312

中国版本图书馆 CIP 数据核字(2022)第 124509 号

责任编辑:赵佳霓
封面设计:吴　刚
责任校对:时翠兰
责任印制:丛怀宇

出版发行:清华大学出版社
　　　网　　　址:http://www.tup.com.cn,http://www.wqbook.com
　　　地　　　址:北京清华大学学研大厦 A 座　　　邮　　编:100084
　　　社 总 机:010-83470000　　　　　　　　　　邮　　购:010-62786544
　　　投稿与读者服务:010-62776969,c-service@tup.tsinghua.edu.cn
　　　质量反馈:010-62772015,zhiliang@tup.tsinghua.edu.cn
　　　课件下载:http://www.tup.com.cn,010-83470236
印 装 者:三河市龙大印装有限公司
经　　销:全国新华书店
开　　本:186mm×240mm　　印　　张:30.25　　　　　字　　数:681 千字
版　　次:2023 年 4 月第 1 版　　　　　　　　　　　印　　次:2023 年 6 月第 2 次印刷
印　　数:2001～3500
定　　价:119.00 元

产品编号:092234-01

序 一
FOREWORD

受托写序,万分荣幸。翻看原稿后,如果用一句话评价,那就是"最重要、最核心的 Go 语言原理机制都在这本书里了!"

Go 语言是一门非常新的语言,仅用 10 年时间就从世界上数以千计的编程语言中脱颖而出,必然有其独到的优势。Go 语言最大的优势有两个:第一,学习成本低。对于已经掌握过一门以上编程语言的人,21 天入门 Go 语言是完全可能的,你永远不需要在学了 21 年 C++终于成为 C++专家后,穿越到开始学习 C++的第 21 天替换当时的自己,才能完成"21 天学会 C++"这件事情(经典老梗,读者可自行搜索"21 天学会 C++"的网络漫画)。第二,高性能。在 Go 语言诞生之前,学习成本低的语言只有脚本语言,例如 Perl、Python、PHP、Lua 等,但这些解释型的脚本语言和需要编译的静态语言相比,性能上有数量级的劣势。Go 语言是一门静态、强类型的语言,需要编译成二进制文件来执行,如果不考虑 GC 的损耗,在性能上与 C/C++差距不大,而且与主流语言通过共享内存进行并发控制的方式不同,Go 语言通过 Goroutine 和 Channel 机制,实现了 CSP 并发编程模型,第一次从语言层面纯天然地支持了高并发场景,大大解放了程序员针对高并发场景使用 I/O 多路复用机制、通过事件驱动异步编程的心智,大大降低了开发高性能服务的门槛,也大大降低了缺陷代码的概率。这样一门学习成本低又高性能的语言,谁能不心动呢?

当然,Go 语言并非万金油,每门语言都有自身最适合的领域,也有自身的局限性,甚至在某些时候,语言都不是最关键的要素。如果想把 Go 语言真正用好,使其发挥出巨大的威力,一定要对这个又新、又拥有很多精巧及创新的设计特性语言有足够深入的了解,要摸清楚它的"脾气",如果姿势不正确,一定不会有一个好的体验。丹冰兄的这本大作,特别适合已经在使用 Go 语言进行开发工作,但对 Go 语言的核心机制一知半解,想去深入了解的程序员读者。丹冰兄是一个能把复杂的知识点抽丝剥茧、简单清晰、娓娓道来的高手,书中有丰富、形象的图文描述,能够帮助初识概念的读者在脑海里快速建立模型。除了对 12 个专题的深入分析外,还有多个章节的项目实战,读者可以跟着一起,从 0 到 1 地构建并设计实现 Go 语言的基于 TCP/IP 的网络服务器框架。理论和实践相结合,才能更好地把知识吸收内化。

  我可以非常肯定地说，看完本书的读者，一定会对 Go 语言各方面底层原理有一个更全面、更透彻的了解，很多之前模糊的东西会变得清晰，很多之前碰到的问题也能恍然大悟。知其然更要知其所以然，才能在一个更高的层次去解决问题并设计开发出更好的系统。

  感谢丹冰兄为广大程序员读者带来这么好的一本书，祝各位读者阅读开心，技术水平越来越高，用技术创造出更大的价值！

田　峰

好未来技术总监

2022 年 3 月

序 二
FOREWORD

Go 语言自从 2009 年谷歌公司正式开源发布以来,经过多年的发展,从一个小众语言变成了一个标准的流行开发语言,它乘着"云原生"的风潮火热推进,成为服务器端开发高性能的第一语言。我个人自从 2012 年首次接触 Go 语言后,便一发不可收拾,深深地喜欢上了这个对于 C/C++、Java 良好替代的简洁干净且充满"高级感"的编程语言,也一直期待国内计算机工程师都能够认识、了解及使用优化 Go 语言。

好未来集团是一个使用 Go 语言比较广泛的公司,把 Go 语言应用在包括容器开发、高性能服务、应用业务、内部提效工具开发等多个领域方向;Go 语言在很多关键场景上有效地支撑了好未来业务的发展,在过去的几年里,好未来不仅培养了很多优秀的 Go 语言开发人才,也孵化了类似 go-zero、fend、conan、gaea、odin 等技术框架,为开源技术领域贡献了自己的一份力量。

本书作者刘丹冰是好未来公司 Go 语言研究开发的一位典范人物,在 Go 语言方面贡献颇丰,包括"Golang 修养之路"等优秀的读物,本书是刘丹冰把所有内容集大成之作,为国内的 Go 语言发展做出了自己的贡献。

本书以最终实现 Zinx 网络框架为目标,详细描述了 Go 语言的一些与别的语言不同的关键核心,包括 Go 语言的协程实现原理(GMP 调度模型)、Go 语言的内存管理和垃圾回收机制、Go 语言并发网络模型的实现、Go 语言中与其他语言不同的关键的原理实现,例如 defer 机制、interface、make、new 等,并且介绍了在实战层面如何调试程序和性能问题追踪,最后在讲解所有关键知识之后才开始介绍如何实现一个高性能轻量级网络框架 Zinx。让读者能够在掌握了 Go 语言内部核心工作机制以后,再动手实现一个网络框架,完成了由"认识"到"实践"的过程,完美地巩固了所学知识,对比市面上零散讲解 Go 语言内核的文章和书籍来讲,本书更多的是从理解到应用,完美地达到了"知行合一"的目的。

本书是一本深入浅出讲解整个 Go 语言内核设计思想和实现的高质量技术书,看完本书你会发现作者刘丹冰对整个 Go 语言的理解深度。本书特别适合有一定 Go 语言基础并且想深入了解 Go 语言运行机制的计算机从业者学习,相信读完本书的 Go 语言从业者会对 Go 语言的内核机制了如指掌,其他 Go 语言爱好者也一定会从中有所收获。

感谢刘丹冰创作这么优秀的图书,使 Go 语言能够在国内获得更多人的关注与深入学习,为推动 Go 语言在中国的发展做出自己的贡献。也相信每位学习过本书的读者,一定会有所收获。

谢华亮(黑夜路人)

CSDN 博客技术专家

2022 年 3 月

前 言
PREFACE

感谢阅读本书。

Go 语言起源于 2007 年,在一次技术会议中,谷歌公司的技术工程师讨论了 C++语言是否能带来新特性的问题。

"与其在臃肿的语言上不断增加新的特性,不如简化编程语言"成为大家讨论后一致认为要改进的问题。于是由罗布·派克(Rob Pike)、肯·汤普逊(Ken Thompson)、罗伯特·格瑞史莫(Robert Griesemer)领军的团队开始对 Go 语言进行了创作和研发。

直到 2009 年,Go 语言正式开源了。Go 项目团队将 2009 年 11 月 10 日(Go 语言正式对外开源的日期)作为其官方生日。

但是 Go 语言一直都不被开发者重点关注,只有一些少数热衷 Go 语言的开发者或社区在默默地推动 Go 语言,提高其的市场份额。直到 2013 年 Docker 公开在 PyCon 上问世,持续到 2016 年前后,容器化的概念和技术才火热推进和产研升级。众人才得知,如此优秀的虚拟化容器居然完全用 Go 语言开发。2016 年借着 Docker 之势,Go 语言才真正被广大开发者关注。

为什么写本书

Go 语言至今已经被广大开发者所青睐。Go 语言极简单的部署方式(可直接编译出机器代码,除了 C 标准操作系统库几乎不依赖任何系统库,直接运行即可部署)、优秀的编译速度、"基因"层面的并发支持、强大的标准库支撑、极低的开发成本、简单易学、跨平台等特性深深地打动了每位接触过 Go 语言的后端开发工程师。

从 Docker 的兴起,至第二波 Kubernetes 的冲击(Kubernetes 也主要由 Go 语言开发),让 Go 语言在后端的地位,尤其在偏中高级业务需求(对性能、代码质量、架构设计等)中已经不可撼动。后端开发工程师逐渐开始对 Go 语言产生敬畏,无论是擅长何种语言的后端工程师,都有必要了解一下 Go 语言。

对于 C++工程师,他们喜欢 Go 语言的简洁与优雅,而不失性能的威力;对于 Python 工程师,在 Web 等高并发服务场景下,当遇见寸步难行的流量并发压力时,Python 工程师更希望在 Go 语言的高速公路上畅通驾驶。

笔者从 2016 年开始接触 Go 语言,作为一名曾经主要使用 C 与 C++的开发者,遇见 Go 语言的时候,有种"如获珍宝"的感觉。Go 语言打动笔者的关键点就是它像极了 C,优美而庄严！

Go语言就像一辆自动挡的高端型号汽车,不仅性能好,操作还简单。对于常年开高端手动挡C语言汽车的"司机"来讲,Go语言无疑让笔者爱不释手。

Go语言在云计算基础设施领域(Docker、Kubernetes、Etcd、Consul 等)、基础后端软件领域(TiDB、influxDB、Cockroachdb 等)、微服务领域(go-kit、micro 等)、互联网基础设施领域(以太坊、HyperLedger、P2P 等)均表现得非常突出。笔者也在企业中用 Go 语言创作且实现了互联网场景下数据中心系统、数据实时修复监控系统、链路追踪系统等。

本书针对 Go 语言学习道路上一些需要去深挖和应理解透彻的点进行详细讲解,这些点并非一定会在日常开发中用上,它们可能仅仅会让我们更加了解 Go 语言,也可能让我们知道为什么要用 Go 语言开发。也许每天陪你的语言伙伴——Go 语言,它帮助你实现了天马行空的设计与思想,但你可能一直并没有去真正了解过它,仔细阅读本书,去真正了解常年陪伴你的伙伴吧!

本书主要面向的读者

本书针对 Go 语言在技术领域中的热门专题进行深入分析与讲解,采用丰富的图文描述形式,深入浅出且连贯地讲解各知识点。本书适合对 Go 语言有深入理解需求的读者,也适合由其他编程语言转职 Go 语言的开发者,是理解 Go 语言原理、关键技术点等知识体系构建的捷径之路。

本书主要面向的读者是已经具有软件编程开发经验的工程师、系统开发工程师、期望(由 Python、PHP、C/C++、Ruby、Java 等编程语言)转职到 Go 语言开发的后端工程师、期望深入理解 Go 语言特性的计算机软件学者等。

本书的目的是以最容易理解的方式介绍 Go 语言运作原理,让读者通过一个形象的轮廓理解 Go 语言更深层次的概念并以此感受它的魅力。Go 语言领域有很多源码分析类书籍、语法精髓类书籍、设计方法类书籍等,但是如果要深入理解这些理论需读者用较长的时间去精读与沉淀,并且可能印象不深刻,一些关键性技术和原理也极容易被忘记。本书的每个章节专题所描述的知识点和知识点之间具备流畅的衔接,遵循知识点吸收的三步法:"为什么这样""这样会如何""所以才这样"的抽象编写架构。

如果学会了本书的全部理论且亲自实现了本书第三篇从 0 到 1 构建服务器框架程序,你将开始成为 Go 语言领域极少数的"牛人",这些"牛人"不仅了解 Go 语言特性及其底层运作原理,并且知道自己如何去开发一套服务程序框架。同时,也要做好更深入探究的准备,本书虽然图文描述丰富,初识概念在脑海中建立模型较快,但本书也牺牲了烦琐的源码类解读,更有耐心且喜欢深究的读者建议配合 Go 语言源代码讲解或其他讲解源码类的书籍阅读,效果则会更佳。

本书读者应具备的背景知识

希望你对 C 和 C++ 有一定的了解。如果你以前只有 Java、Python 和 PHP 编程经验,则可能需要付出较多的努力来完成这种转换,不过本书也会帮助你。编程语言的语法层面均类似,不过一些 C 语言的内容,特别是指针、显式的内存分配等,其他语言(如 Java、PHP)是没有的。所幸的是 C 语言是一门简单、基础的语言,无论你的编程背景如何,都应该考虑去学一学 C 语言。

如果你想更流畅地阅读本书,则需要具备一定的后端开发功底,包括基础的 Linux 操作系统知识(如常用的 Linux 指令、操作系统文件特性、常用系统编程等)、对网络知识有一定的了解、掌握 Socket 编程及常见网络协议等。本书的一些章节为了更好地打好 Go 语言知识底层基础,会引入一些 Linux 的系统编程接口,这些接口多数是 Linux 原生的 C 语言接口,虽然不会妨碍阅读和理解,但是具备相关知识可能让你理解和吸收得更多。

你也要具备使用代码版本控制工具(如 Git)的能力,在本书第三篇"Go 语言框架设计之路"中强烈建议跟着书中的代码一步一步通过代码版本控制工具迭代开发且提交代码练习。这样在完成本书的全部内容后,就可以基于自己的源代码仓库去二次开发适合自己业务场景的框架,在完成本书的阅读后,也可以拥有一套属于自己的开源项目和框架。

本书概述

本书由 3 篇共 21 章组成,前半部分多为 Go 语言理论精髓,后半部分为框架实战。

第一篇包括第 1~4 章,是本书的重点章节,主要讲解 Go 语言开发工程师必备的知识。

第 1 章深入理解 Go 语言协程调度器 GPM 模型,形象介绍 GPM 模型的各个触发条件及运作的场景。

第 2 章 Go 语言混合写屏障的 GC 全场景分析,主要以推演的形式逐一介绍 Go 语言垃圾回收的处理机制。

第 3 章 Go 语言内存管理洗髓经,详细讲解内存管理的模型,一站式学习虚拟内存到 TCMalloc 再到 Go 语言的堆内存管理模型机制。

第 4 章深入理解 Linux 网络 I/O 复用并发模型,介绍服务器端对于网络并发模型及 Linux 系统下常见的网络 I/O 复用并发模型。

第二篇包括第 5~12 章,内容为 Go 语言学习中比较热门的知识点,也是深入理解 Go 语言编程的语言特性的进阶相关领域知识。

第 5 章有关 Goroutine 无限创建的分析,在基于控制 Goroutine 办法的基础上,实现协程 Worker 工作池的设计。

第 6 章 Go 语言中的逃逸现象,变量"何时在栈、何时在堆",主要对 Go 语言逃逸现象进行分析。

第 7 章 interface 剖析与 Go 语言中面向对象思想,主要讲解 interface 关键字与

interface{}类型内部剖析。

第 8 章 defer 践行中必备的要领,详细地罗列在 defer 的一些使用场景中所涉及的细节问题和案例代码分析。

第 9 章 Go 语言中常用的问题及性能调试实践方法。

第 10 章 make 和 new 的原理性区别,介绍 make 和 new 在使用过程中需要注意的地方,并结合一些代码场景分析,罗列出如果错误地使用二者将会带来哪些问题。

第 11 章精通 Go Modules 项目依赖管理,介绍 Go Modules 的一些管理方法。

第 12 章 ACID、CAP、BASE 的分布式理论推进,介绍 ACID、CAP、BASE 理论的演进过程。

第三篇包括第 13～21 章,内容为项目实战,基于 Go 语言的基础理论知识,从 0 到 1 地构建并设计实现 Go 语言的基于 TCP/IP 的网络服务器框架。Go 语言目前在服务器的应用框架很多,但是应用在游戏领域或者其他长连接领域的轻量级企业框架甚少。笔者设计 Zinx 框架的目的是通过 Zinx 框架了解基于 Go 语言编写一个 TCP 服务器的整体轮廓,让更多的 Go 语言爱好者能深入浅出地学习和认识这个领域。

Zinx 框架曾获得“GVP——码云最有价值开源项目”荣誉,如图 1 所示。

图 1　“GVP——码云最有价值开源项目”荣誉

第 13～21 章的内容概述如下:

第 13 章 Zinx 框架基础服务构建。

第 14 章 Zinx 框架路由模块设计与实现。

第 15 章 Zinx 全局配置。

第 16 章 Zinx 消息封装模块设计与实现,包括创建消息封装类型、消息的封包与拆包等的描述。

第 17 章 Zinx 多路由模式设计与实现,包括创建消息管理模块与多路由方式的设计与实现。

第 18 章 Zinx 读写分离模型构建。

第 19 章 Zinx 消息队列和任务工作池设计与实现,包括消息队列的创建、Worker 工作池的启动、消息队列管理等模块的设计和实现。

第 20 章 Zinx 连接管理及属性设置,包括 Zinx 连接管理模块的创建、连接启动/停止自定义 Hook 方法的注册、连接配置接口等相关模块的设计与实现。

第 21 章基于 Zinx 框架的应用项目案例。

致谢

在此衷心感谢那些给我中肯的批评和鼓励的众多朋友及伙伴。

感谢早期为我提供发表文章的几大 Go 语言国内社区:Go 语言中文网、GoCN、LeranKu、语雀、简书、知乎、GitBook、看云、博学谷等内容平台,能够让本书中早期的雏形文章广为传播,让更多的 Go 语言开发爱好者可以学习且提供平台分享和讨论。

特别感谢为 Zinx 提供创作且早期帮助 Zinx 维护的 Go 语言技术同道。感谢张超(GitHub:@zhngcho)对 Zinx 最早版本的代码构建。感谢刘洋(GitHub:@marklion)同步创作 C++ 版本 Zinx。感谢胡琪(GitHub:@huqitt)提供的 Lua 版本 Zinx。感谢胡贵建(GitHub:@huguijian)提供的 WebSocket 版本 Zinx。感谢 Zinx 开发小组负责维护建设的其他几位伙伴:张继瑀(GitHub:@kstwoak)、高智辉(GitHub:@adsian)、辜飞俊(GitHub:@gufeijun)、翼飞虎(GitHub:@JiBadBoy)、杜家辉(GitHub:@graydovee),同时感谢所有为 Zinx 做出贡献的人。

感谢开源中国(OSChina)对 Zinx 开源项目的收录和早期的平台推荐。感谢红薯老师对优良开源作品的认可和大力支持。

感谢所有对本书内容提出过勘误的目光锐利的读者,也感谢给我提出建议和改进的读者。

感谢最早期学习 Zinx 的学生们,他们提出了很多宝贵的反馈意见。特别感谢杜旭老师多次课堂上的教学。

感谢因学习本书内容而汇聚在一起的技术讨论社区的日常运营管理志愿者张继瑀(网名:熊猫№.47)、谢心怡两位伙伴。

感谢清华大学出版社所有为本书顺利出版而付出努力的工作人员,尤其感谢赵佳霓编辑早期不懈的支持,对文稿的校验和正文内容结构的严谨调整。

致谢早期支持我网络博客作品且认真阅读的伙伴及技术同仁,感谢你们前期的阅读支持和提出的一些宝贵建议。

感谢我的家人,包括我的妻子王雪、我的儿子刘今煜,感谢他们愿意每天给我时间让我完成这部作品,没有他们的强烈支持,我可能也没有充足的业余时间让本书落地。

最后致正在阅读本书的读者,遇见本书是你与我的缘分,感谢你阅读至此处,希望你在

Go 语言的道路上越来越好！

谢谢为本书付出过和帮助过我的所有人。

刘 丹 冰（Aceld）

2022 年 11 月于北京

本书源代码

目 录

CONTENTS

第一篇　Go 语言修炼必经之路

第二篇　Go 语言编程进阶之路

第一篇　Go语言修炼必经之路

　　"必经之路"为学习过程中作为 Go 语言工程师必须深入理解的知识领域,也是作为 Go 语言工程师走向成熟阶段的标志。本篇包含的章节均以 Go 语言语法类和 Go 语言特性为中心重点描述各个必备热点问题。学习本篇内容需具备一定的编程能力,并且已经理解 Go 语言的基础语法。每章节内容无先后依赖关系,无阅读顺序要求。

　　本篇包括以下章节:

　　第 1 章,深入理解 Go 语言协程调度器 GPM 模型。

　　本章介绍 Go 语言中调度器的由来,以及如何演进到 GPM 模型的设计,其中包含一个 Go 语言协程在启动过程中如何运行和加载 GPM 模型的细节动作,也包括 GPM 模型的可视化编程和调试分析。最后形象地介绍 GPM 模型的各个触发条件及运作的场景。

　　第 2 章,Go 语言混合写屏障的 GC 全场景分析。

　　本章主要介绍 Go 语言自 V1.3 以来所采用的内存清理模式,分别具有标记清除、三色标记、写屏障机制,其中一些 Go 语言的设计理念和垃圾回收理念非常值得借鉴和学习。本章节主要以推演的形式逐一介绍 Go 语言垃圾回收的处理机制。

　　第 3 章,Go 语言内存管理洗髓经。

　　本章讲解内存管理的模型,以及 MMU 等系统级别内存管理模式,不仅会逐一介绍内存管理的真正目标及设计思想,还会介绍 Go 语言在内存管理中所使用的内存模型和管理模式,其主要内容包括以下几点。

　　(1) 何为内存。

　　(2) 内存为什么需要管理。

　　(3) 操作系统是如何管理内存的。

　　(4) 如何用 Go 语言自己实现一个内存管理模型。

　　(5) Go 语言内存管理之魂:TCMalloc。

　　(6) Go 语言中是如何管理内存的。

第 4 章,深入理解 Linux 网络 I/O 复用并发模型。

本章与 Go 语言语法无关,但是作为 Go 语言开发者,以 Linux 为平台去深入理解网络 I/O 复用和并发架构模型非常有必要。这一章主要介绍服务器端对于网络并发模型及 Linux 系统下常见的网络 I/O 复用并发模型。本章内容一共分为两部分。第一部分主要介绍网络并发中的一些基本概念及 Linux 下常见的原生 I/O 复用系统调用(epoll/select)等;第二部分主要介绍并发场景下常见的网络 I/O 复用模型,以及各自的优缺点。

第 1 章　深入理解 Go 语言协程

调度器 GPM 模型

Go 语言协程调度原理是 Go 语言开发者追求理解的首要知识点。Go 语言的特性具备优秀的调度设计与高性能的协程调度模型。作为 Go 语言开发者掌握与深入理解这部分知识是非常必要的。本章介绍 Go 语言中调度器的由来,以及如何演进到 GPM 模型的设计,其中包含一个 Go 语言协程在启动过程中如何运行和加载 GPM 模型的细节动作,也包括 GPM 模型的可视化编程和调试分析,最后形象地介绍 GPM 模型的各个触发条件及运作的场景。

1.1　Go 语言"调度器"的由来

众所周知,一切软件都运行在操作系统上,使这些软件能够运行且工作起来,真正用来计算的是 CPU。早期的操作系统的每个程序就是一个进程,直到一个程序运行完,才能执行下一个进程,就是单进程时代,所有的程序只能以串行的方式执行,如图 1.1 所示。

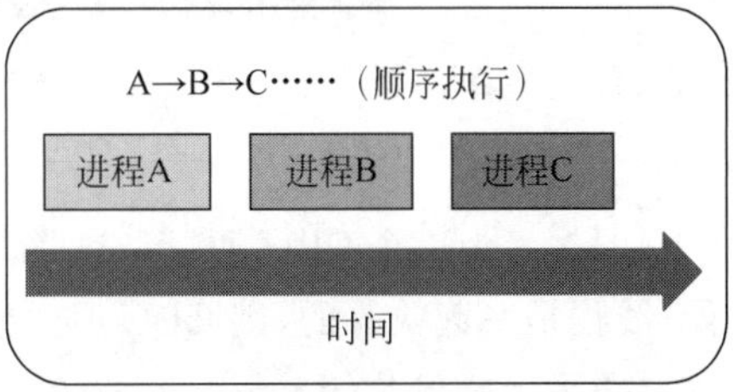

```
A→B→C……（顺序执行）

┌──────┐  ┌──────┐  ┌──────┐
│进程A │  │进程B │  │进程C │
└──────┘  └──────┘  └──────┘

━━━━━━━━━━━━━━━━━━━━━━━▶
            时间
```

图 1.1　单进程时代的执行顺序

1.1.1　单进程时代不需要调度器

早期的单进程操作系统,面临两个问题。

(1) 单一的执行流程。计算机只能一个任务一个任务处理,所有的程序几乎是阻塞的,更不用说具备图形化界面或者鼠标这种异步交互的处理能力。

(2) 进程阻塞所带来的 CPU 时间浪费。在一个进程完整的生命周期中,所要访问的物理部分包括 CPU、Cache、主内存、磁盘、网络等,不同的硬件媒介处理计算的能力相差甚大。如果将这些处理速度不同的处理媒介通过一个进程串在一起,则会出现高速度媒介等待和浪费的现象。如当一个程序加载一个磁盘数据的时候,在读写的过程中,CPU 处于等待状态,那么对于单进程的操作系统来讲,很明显会造成 CPU 运算能力的浪费,因为 CPU 此刻本应该被合理地分配到其他进程上去做高层的计算。

那么能不能有多个进程来宏观地一起执行多个任务呢？后来操作系统就具有了最早的并发能力，即多进程并发。当一个进程阻塞的时候，切换到另外等待执行的进程，这样就能尽量把 CPU 利用起来，CPU 也就不那么浪费了。

1.1.2　多进程/多线程时代的调度器需求

多进程/多线程的操作系统解决了阻塞的问题，一个进程阻塞 CPU 可以立刻切换到其他进程中去执行，而且调度 CPU 的算法可以保证在运行的进程都可以被分配到 CPU 的运行时间片。从宏观来看，似乎多个进程是在同时被运行，如图 1.2 所示。

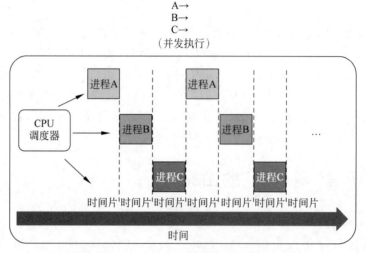

图 1.2　多线程/多进程执行顺序

图 1.2 为一个 CPU 通过调度器切换 CPU 时间轴的情景。如果未来满足宏观上每个进程/线程是一起执行的，则 CPU 必须切换，每个进程会被分配到一个时间片中。

提示　时间片（Timeslice）又称为"量子（Quantum）"或"处理器片（Processor Slice）"，是分时操作系统分配给每个正在运行的进程微观上的一段 CPU 时间（在抢占内核中是从进程开始运行直到被抢占的时间）。现代操作系统（如：Windows、Linux、Mac OS X 等）允许同时运行多个进程 —— 例如，可以在打开音乐播放器听音乐的同时用浏览器浏览网页并下载文件。事实上，虽然一台计算机通常可能有多个 CPU，但是同一个 CPU 永远不可能真正地同时运行多个任务。在只考虑一个 CPU 的情况下，这些进程"看起来像"同时运行的，实则是轮番穿插地运行，由于时间片通常很短（在 Linux 上为 5～800ms），用户不会感觉到。

时间片由操作系统内核的调度程序分配给每个进程。首先，内核会给每个进程分配相等的初始时间片，然后每个进程轮番地执行相应的时间，当所有进程都处于时间片耗尽的状态时,内核会重新为每个进程计算并分配时间片,如此往复①。

但新的问题又出现了,进程拥有太多的资源,进程的创建、切换、销毁都会占用很长的时间,CPU 虽然利用起来了,但如果进程过多,CPU 会有很大的一部分被用来进行进程切换调度,如图 1.3 所示。

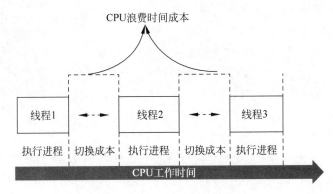

图 1.3　CPU 调度切换的成本

对于 Linux 操作系统来言,CPU 对进程和线程的态度是一样的,如图 1.3 所示,如果系统的 CPU 数量过少,而进程/线程数量比较庞大,则相互切换的频率也就会很高,其中中间的切换成本越来越大。这一部分的性能消耗实际上是没有做在对程序有用的计算算力上,所以尽管线程看起来很美好,但实际上多线程开发设计会变得更加复杂,开发者要考虑很多同步竞争的问题,如锁、资源竞争、同步冲突等。

1.1.3　协程提高 CPU 的利用率

那么如何才能提高 CPU 的利用率呢? 多进程、多线程已经提高了系统的并发能力,但是在当今互联网高并发场景下,为每个任务都创建一个线程是不现实的,因为这样就会出现极大量的线程同时运行,不仅切换频率高,也会消耗大量的内存:进程虚拟内存会占用 4GB(32 位操作系统),而线程也要大约 4MB。大量的进程或线程出现了以下两个新的问题。

(1) 高内存占用。

(2) 调度的高消耗 CPU。

工程师发现其实可以把一个线程分为"内核态"和"用户态"两种形态的线程。所谓用户态线程就是把内核态的线程在用户态实现了一遍而已,目的是更轻量化(更少的内存占用、更少的隔离、更快的调度)和更高的可控性(可以自己控制调度器)。用户态中的所有东西内核态都看得见,只是对于内核而言用户态线程只是一堆内存数据而已。

一个用户态线程必须绑定一个内核态线程,但是 CPU 并不知道有用户态线程的存在,它只知道它运行的是一个内核态线程(Linux 的 PCB 进程控制块),如图 1.4 所示。

---

① Khanna S,Sebree M,Zolnovsky J. "Realtime scheduling in SunOS 5.0". Proceedings of the USENIX Winter Conference,1992:375-390.

如果将线程再进行细化,内核线程依然叫线程(Thread),而用户线程则叫协程(Co-routine)。操作系统层面的线程就是所谓的内核态线程,用户态线程则多种多样,只要能满足在同一个内核线程上执行多个任务,例如 Co-routine、Go 的Goroutine、C♯的 Task 等。

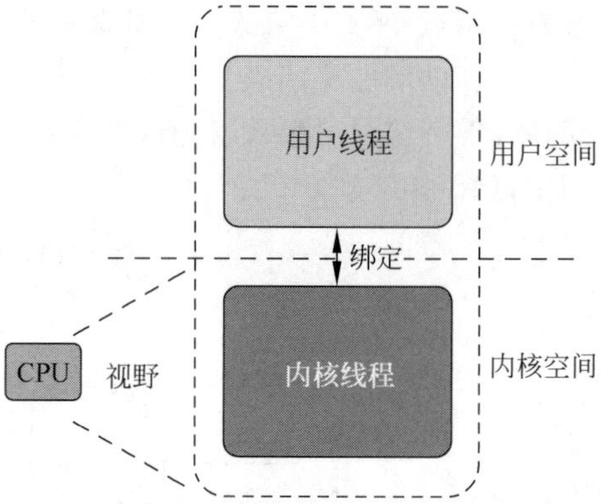

既然一个协程可以绑定一个线程,那么能不能多个协程绑定一个或者多个线程呢？接下来有3 种协程和线程的映射关系,它们分别是 N∶1 关系、1∶1关系和 M∶N 关系。

图 1.4　一个线程中的用户态和内核态

1. N∶1 关系

N 个协程绑定 1 个线程,优点就是协程在用户态线程即完成切换,不会陷入内核态,这种切换非常轻量快速,但缺点也很明显,1 个进程的所有协程都绑定在 1 个线程上,如图 1.5所示。

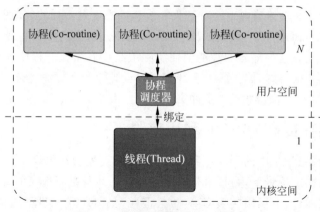

图 1.5　协程和线程的 N∶1 关系

N∶1 关系面临的几个问题如下:

(1) 某个程序用不了硬件的多核加速能力。

(2) 某一个协程阻塞,会造成线程阻塞,本进程的其他协程都无法执行了,进而导致没有任何并发能力。

2. 1∶1 关系

1 个协程绑定 1 个线程,这种方式最容易实现。协程的调度都由 CPU 完成了,虽然不存在 N∶1 的缺点,但是协程的创建、删除和切换的代价都由 CPU 完成,成本和代价略显昂贵。协程和线程的 1∶1 关系如图 1.6 所示。

3. M∶N 关系

M 个协程绑定 N 个线程,是 N∶1 和 1∶1 类型的结合,克服了以上两种模型的缺点,但实现起来最为复杂,如图 1.7 所示。同一个调度器上挂载 M 个协程,调度器下游则是多个 CPU 核心资源。协程跟线程是有区别的,线程由 CPU 调度是抢占式的,协程由用户态调度是协作式的,一个协程让出 CPU 后,才执行下一个协程,所以针对 $M:N$ 模型的中间层的调度器设计就变得尤为重要,提高线程和协程的绑定关系和执行效率也变为不同语言在设计调度器时的优先目标。

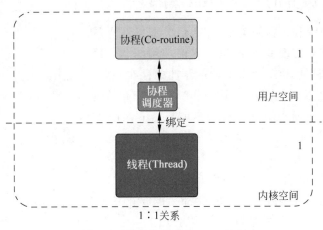

图 1.6 协程和线程的 1:1 关系

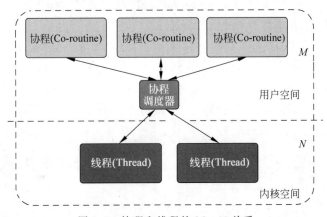

图 1.7 协程和线程的 $M:N$ 关系

1.1.4 Go 语言的协程 Goroutine

Go 语言为了提供更容易使用的并发方法,使用了 Goroutine 和 Channel。Goroutine 来自协程的概念,让一组可复用的函数运行在一组线程之上,即使有协程阻塞,该线程的其他协程也可以被 runtime 调度,从而转移到其他可运行的线程上。最关键的是,程序员看不到这些底层的细节,这就降低了编程的难度,提供了更容易的并发。

在 Go 语言中,协程被称为 Goroutine,它非常轻量,一个 Goroutine 只占几 KB,并且这几 KB 就足够 Goroutine 运行完,这就能在有限的内存空间内支持大量 Goroutine,从而支持更多的并发。虽然一个 Goroutine 的栈只占几 KB,但实际是可伸缩的,如果需要更多内存,则 runtime 会自动为 Goroutine 分配。

Goroutine 的特点,占用内存更小(几 KB)和调度更灵活(runtime 调度)。

1.1.5　被废弃的 Goroutine 调度器

现在知道了协程和线程的关系,那么最关键的一点就是调度协程的调度器实现了。Go 语言目前使用的调度器是 2012 年重新设计的,因为之前的调度器性能存在问题,所以使用 4 年就被废弃了,那么先来分析一下被废弃的调度器是如何运作的。通常用符号 G 表示 Goroutine,用 M 表示线程,如图 1.8 所示。接下来有关调度器的内容均采用图 1.8 所示的符号来统一表达。

图 1.8　G、M 符号表示

早期的调度器是基于 $M:N$ 的基础上实现的,图 1.9 是一个概要图形,所有的协程,也就是 G 都会被放在一个全局的 Go 协程队列中,在全局队列的外面由于是多个 M 的共享资源,所以会加上一个用于同步及互斥作用的锁。

M 想要执行、放回 G 都必须访问全局 G 队列,并且 M 有多个,即多线程访问同一资源需要加锁进行保证互斥/同步,所以全局 G 队列是由互斥锁进行保护的。

不难分析出来,老调度器有以下几个缺点:

(1)创建、销毁、调度 G 都需要每个 M 获取锁,这就形成了激烈的锁竞争。

(2)M 转移 G 会造成延迟和额外的系统负载。例如当 G 中包含创建新协程的时候,M 创建了 G′,为了继续执行 G,需要把 G′交给 M2(假如被分配到)执行,也造成了很差的局部性,因为 G′和 G 是相关的,最好放在 M 上执行,而不是其他 M2,如图 1.10 所示。

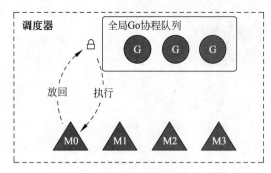

图 1.9　Go 语言早期调度器的处理

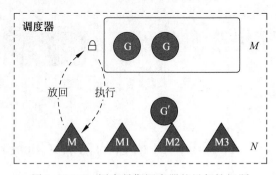

图 1.10　Go 语言早期调度器的局部性问题

(3)系统调用(CPU 在 M 之间的切换)导致频繁的线程阻塞和取消阻塞操作增加了系统开销。

1.2　Go 语言调度器 GPM 模型的设计思想

　　面对之前调度器的问题,Go 设计了新的调度器。在新调度器中,除了 M(线程)和 G(协程),又引进了 P(处理器),如图 1.11 所示。

　　处理器包含了运行 Goroutine 的资源,如果线程想运行 Goroutine,必须先获取 P,P 中还包含了可运行的 G 队列。

1.2.1　GPM 模型

　　在 Go 中,线程是运行 Goroutine 的实体,调度器的功能是把可运行的 Goroutine 分配到工作线程上。

图 1.11　G、P、M 符号表示

　　在 GPM 模型中有以下几个重要的概念,如图 1.12 所示。

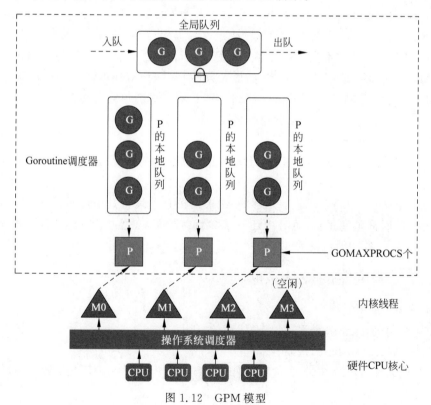

图 1.12　GPM 模型

　　(1)全局队列(Global Queue):存放等待运行的 G。全局队列可能被任意的 P 去获取里面的 G,所以全局队列相当于整个模型中的全局资源,那么自然对于队列的读写操作是要加入互斥动作的。

（2）P的本地队列：同全局队列类似，存放的也是等待运行的G，但存放的数量有限，不超过256个。新建G′时，G′优先加入P的本地队列，如果队列满了，则会把本地队列中一半的G移动到全局队列。

（3）P列表：所有的P都在程序启动时创建，并保存在数组中，最多有GOMAXPROCS（可配置）个。

（4）M：线程想运行任务就得获取P，从P的本地队列获取G，当P队列为空时，M也会尝试从全局队列获得一批G放到P的本地队列，或从其他P的本地队列"偷"一半放到自己P的本地队列。M运行G，G执行之后，M会从P获取下一个G，不断重复下去。

Goroutine调度器和OS调度器是通过M结合起来的，每个M都代表了1个内核线程，OS调度器负责把内核线程分配到CPU的核上执行。

1. 有关P和M个数的问题

（1）P的数量由启动时环境变量 \$GOMAXPROCS 或者由 runtime 的方法 GOMAXPROCS() 决定。这意味着在程序执行的任意时刻都只有 \$GOMAXPROCS 个 Goroutine 在同时运行。

（2）M的数量由Go语言本身的限制决定，Go程序启动时会设置M的最大数量，默认为10 000个，但是内核很难支持这么多的线程数，所以这个限制可以忽略。runtime/deBug 中的 SetMaxThreads() 函数可设置M的最大数量，当一个M阻塞了时会创建新的M。

M与P的数量没有绝对关系，一个M阻塞，P就会去创建或者切换另一个M，所以，即使P的默认数量是1，也有可能会创建很多个M出来。

2. 有关P和M何时被创建

（1）P创建的时机在确定了P的最大数量 n 后，运行时系统会根据这个数量创建 n 个P。

（2）M创建的时机是在当没有足够的M来关联P并运行其中可运行的G的时候。例如所有的M此时都阻塞住了，而P中还有很多就绪任务，就会去寻找空闲的M，如果此时没有空闲的M，就会去创建新的M。

1.2.2　调度器的设计策略

1. 策略一：复用线程

避免频繁地创建、销毁线程，而是对线程的复用。

1）偷取（Work Stealing）机制

当本线程无可运行的G时，尝试从其他线程绑定的P偷取G，而不是销毁线程，如图1.13所示。

这里需要注意的是，偷取的动作一定是由P发起的，而非M，因为P的数量是固定的，如果一个M得不到一个P，那么这个M是没有执行的本地队列的，更谈不上向其他的P队列偷取了。

2）移交(Hand Off)机制

当本线程因为 G 进行系统调用阻塞时,线程会释放绑定的 P,把 P 转移给其他空闲的线程执行,如图 1.14 所示,此时若在 M1 的 GPM 组合中,G1 正在被调度,并且已经发生了阻塞,则这个时候就会触发移交的设计机制。GPM 模型为了更大程度地利用 M 和 P 的性能,不会让一个 P 永远被一个阻塞的 G1 耽误之后的工作,所以遇见这种情况的时候,移交机制的设计理念是应该立刻将此时的 P 释放出来。

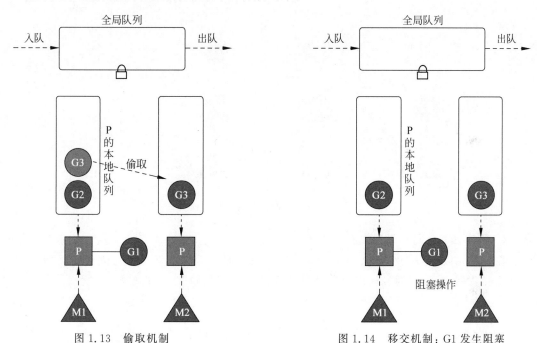

图 1.13　偷取机制　　　　　　　　图 1.14　移交机制:G1 发生阻塞

如图 1.15 所示,为了释放 P,所以将 P 和 M1、G1 分离,M1 由于正在执行当前的 G1,全部的程序栈空间均在 M1 中保存,所以 M1 此时应该与 G1 一同进入阻塞的状态,但是已经被释放的 P 需要跟另一个 M 进行绑定,所以就会选择一个 M3(如果此时没有 M3,则会创建一个新的或者唤醒一个正在睡眠的 M)进行绑定,这样新的 P 就会继续工作,接收新的 G 或者从其他的队列中实施偷取机制。

2. 策略二:利用并行

GOMAXPROCS 设置 P 的数量,最多有 GOMAXPROCS 个线程分布在多个 CPU 上同时运行。GOMAXPROCS 也限制了并发的程度,例如 GOMAXPROCS＝核数/2,表示最多利用一半的 CPU 核进行并行。

3. 策略三:抢占

在 Co-routine 中要等待一个协程主动让出 CPU 才执行下一个协程,在 Go 中,一个 Goroutine 最多占用 CPU 10ms,防止其他 Goroutine 无资源可用,这就是 Goroutine 不同于 Co-routine 的一个地方,如图 1.16 所示。

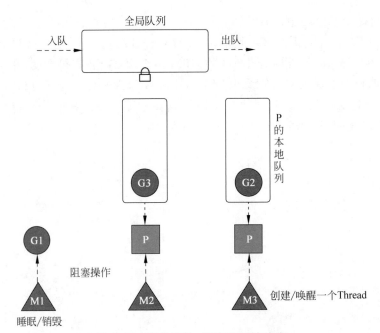

图 1.15 移交机制：阻塞的 P 被释放

4. 策略四：全局 G 队列

在新的调度器中依然有全局 G 队列,当 P 的本地队列为空时,优先从全局队列获取。如果全局队列为空,则通过偷取机制从其他 P 的本地队列偷取 G,如图 1.17 所示。

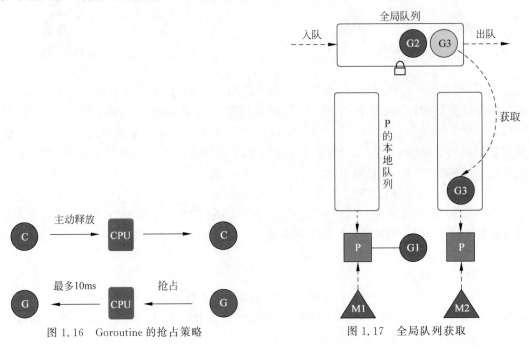

图 1.16 Goroutine 的抢占策略   图 1.17 全局队列获取

1.2.3 go func()调度流程

接下来一起来推演一下,如果执行一行代码 go func(),则在 GPM 模型上的概念里会执行哪些操作。

(1) 通过 go func()创建一个 Goroutine,如图 1.18 所示。

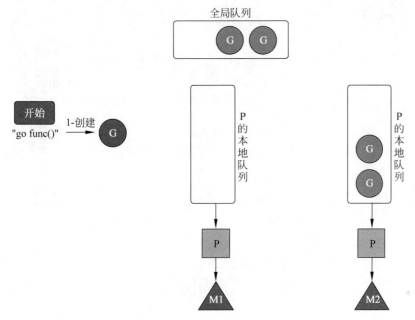

图 1.18 go func() 创建 Goroutine

(2) 有两个存储 G 的队列,一个是局部调度器 P 的本地队列,另一个是全局 G 队列。新创建的 G 会先保存在 P 的本地队列中,如果 P 的本地队列已经满了,就会保存在全局的队列中,如图 1.19 所示。

(3) G 只能运行在 M 中,一个 M 必须持有一个 P,M 与 P 是 1∶1 的关系。M 会从 P 的本地队列弹出一个可执行状态的 G 来执行,如果 P 的本地队列为空,则会从全局队列进行获取,如果从全局队列获取不到,则会向其他的 MP 组合偷取一个可执行的 G 来执行,如图 1.20 所示。

(4) 一个 M 调度 G 执行的过程是一个循环机制,如图 1.21 所示。

(5) 当 M 执行某一个 G 时如果发生了 syscall 或者其余阻塞操作,则 M 会阻塞,如果当前有一些 G 在执行,runtime 则会把这个线程 M 从 P 中移除(Detach),然后创建一个新的操作系统线程(如果有空闲的线程可用就复用空闲线程)来服务于这个 P,如图 1.22 所示。

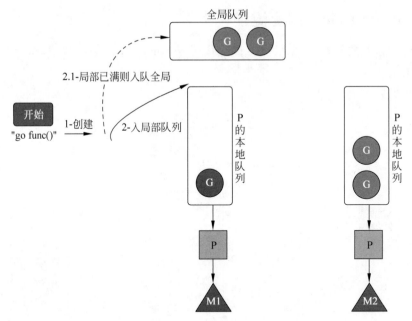

图 1.19 go func() 新建 G 的放置位置

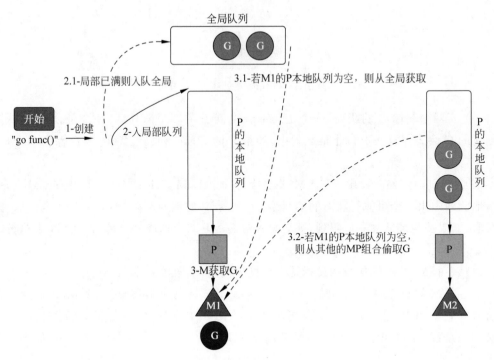

图 1.20 go func() 获取 G 的方式

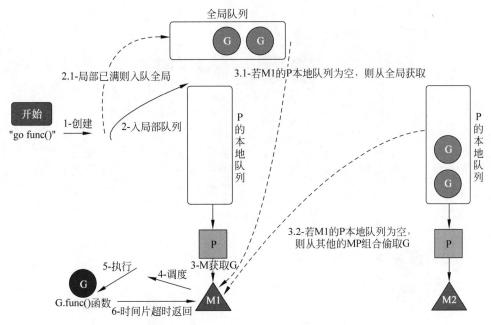

图 1.21　go func() M 调度 G 是循环往复的

（6）当 M 系统调用结束时，这个 G 会尝试获取一个空闲的 P 执行，并放入这个 P 的本地队列。如果获取不到 P，则这个线程 M 会变成休眠状态，加入空闲线程中，然后这个 G 会被放入全局队列中，如图 1.23 所示。

1.2.4　调度器的生命周期

在 Go 语言调度器的 GPM 模型中还有两个比较特殊的角色，它们分别是 M0 和 G0。

1．M0
（1）启动程序后的编号为 0 的主线程。

（2）在全局命令 runtime.m0 中，不需要在 heap 堆上分配。

（3）负责执行初始化操作和启动第 1 个 G。

（4）启动第 1 个 G 后，M0 就和其他的 M 一样了。

2．G0
（1）每次启动一个 M，创建的第 1 个 Goroutine 就是 G0。

（2）G0 仅用于负责调度 G。

（3）G0 不指向任何可执行的函数。

（4）每个 M 都会有一个自己的 G0。

（5）在调度或系统调度时，会使用 M 切换到 G0，再通过 G0 调度。

（6）M0 的 G0 会放在全局空间。

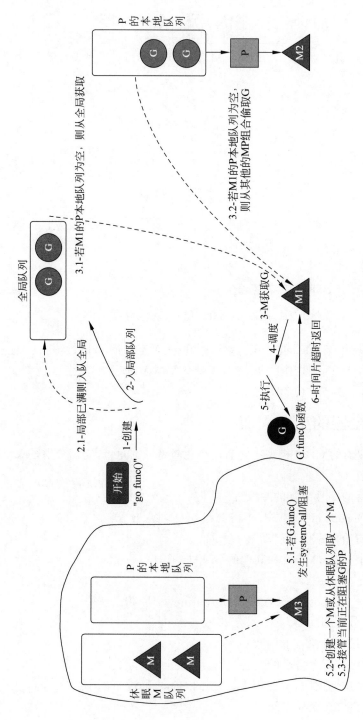

图 1.22 go func() 当 M1 上的 G 发生阻塞

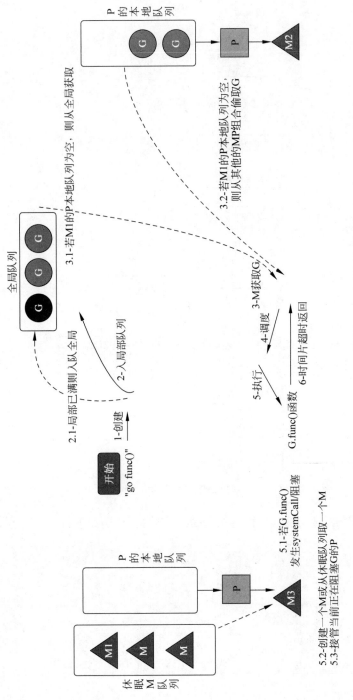

图 1.23 go func()M1 将休眠，G 回到全局队列

一个 Goroutine 的创建周期如果加上 M0 和 G0 的角色,则整体的流程如图 1.24 所示。

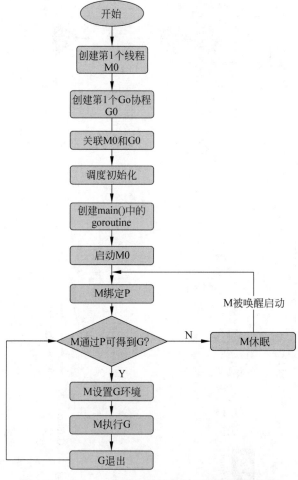

图 1.24　Goroutine 初始化过程中 M0 和 G0 的作用

下面跟踪一段代码,对调度器里面的结构做一个分析,代码如下:

```go
package main

import "fmt"

func main() {
    fmt.Println("Hello world")
}
```

整体的分析过程如下:

(1) runtime 创建最初的线程 M0 和 Goroutine G0,并把二者关联。

（2）调度器初始化：初始化 M0、栈、垃圾回收，以及创建和初始化由 GOMAXPROCS 个 P 构成的 P 列表，如图 1.25 所示。

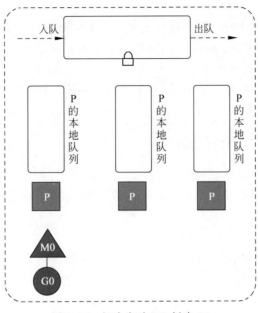

图 1.25　初次启动 M0 创建 G0

（3）示例代码中的 main（）函数是 main. main，runtime 中也有 1 个 main（）函数 runtime. main，代码经过编译后，runtime. main 会调用 main. main，程序启动时会为 runtime. main 创建 Goroutine，称为 Main Goroutine，然后把 Main Goroutine 加入 P 的本地队列，如图 1.26 所示。

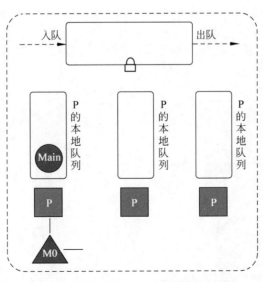

图 1.26　MainGoroutine 被放到本地队列

（4）启动 M0，M0 已经绑定了 P，会从 P 的本地队列获取 G，并获取 Main Goroutine。

（5）G 拥有栈，M 根据 G 中的栈信息和调度信息设置运行环境。

（6）M 运行 G。

（7）G 退出，再次回到 M 获取可运行的 G，这样重复下去，直到 main. main 退出，runtime. main 执行 Defer 和 Panic 处理，或调用 runtime. exit 退出程序。

调度器的生命周期几乎占满了一个 Go 程序的一生，runtime. main 的 Goroutine 执行之前都是为调度器做准备工作，runtime. main 的 Goroutine 运行才是调度器的真正开始，直到 runtime. main 结束而结束。

1.2.5 可视化 GPM 编程

在理解 GPM 的基本模型和初始化的生命周期及过程的基础上，还能不能通过一些工具来看一下程序的 GPM 模型在执行过程中的数据呢？Go 语言提供了两种方式可以查看一个程序的 GPM 数据。

1. go tool trace

trace 记录了运行时的信息，能提供可视化的 Web 页面。下面举一个简单的例子，主要的流程是，main()函数创建 trace，trace 会运行在单独的 Goroutine 中，然后 main() 打印 "Hello World"，最后退出，代码如下：

```
//第一篇/chapter1/go_tool_trace.go
package main

import (
    "os"
    "fmt"
    "runtime/trace"
)

func main() {

    //创建 trace 文件
    f, err := os.Create("trace.out")
    if err != nil {
        panic(err)
    }

    defer f.Close()

    //启动 trace goroutine
    err = trace.Start(f)
    if err != nil {
```

```
        panic(err)
    }
    defer trace.Stop()

    //main
    fmt.Println("Hello World")
}
```

运行,结果如下:

```
$ go run trace.go
Hello World
```

这里会发现,当前路径下会得到一个 trace.out 文件,可以用工具 go tool 打开该文件,结果如下:

```
$ go tool trace trace.out
2021/02/23 10:44:11 Parsing trace...
2021/02/23 10:44:11 Splitting trace...
2021/02/23 10:44:11 Opening browser. Trace viewer is listening on http://127.0.0.1:33479
```

通过浏览器打开 http://127.0.0.1:33479 网址,单击 view trace 能够看见可视化的调度流程,如图 1.27 所示。

图 1.27 所示的是一个当前代码运行的进程所包含的与全部 Go 程序相关的流程和各自的时间轴,其中左侧部分包含的信息菜单如图 1.28 所示。

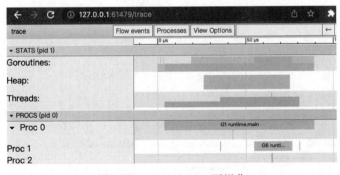

图 1.27　go tool trace 可视化

图 1.28　go tool trace 可视化
左侧菜单

(1) G 信息。单击 Goroutines 那一行可视化的数据条,会看到一些更详细的信息,如图 1.29 所示。

3 items selected.	Counter Samples (3)			
Counter	**Series**	**Time**	**Value**	
Goroutines	GCWaiting	0.042808	0	G0
Goroutines	Runnable	0.042808	1	
Goroutines	Running	0.042808	1	G1

图 1.29　G 相关信息

　　一共有两个 G 在程序中,一个是特殊的 G0,是每个 M 必须有的一个初始化的 G;另一个是 G1,即 Main Goroutine(执行 main()函数的协程),在一段时间内处于可运行和运行的状态。

　　(2) M 信息。单击 Threads 那一行可视化的数据条,会看到一些更详细的信息,如图 1.30 所示。

2 items selected.	Counter Samples (2)		
Counter	**Series**	**Time**	**Value**
Threads	InSyscall	0.010201	0
Threads	Running	0.010201	1

图 1.30　M 相关信息

　　一共有两个 M 在程序中,一个是特殊的 M0;另一个是正处于 Running 执行状态的M1,这个 M1 是用于承载 G1 的线程。

　　(3) P 信息。再来看左侧 PROCS 栏中的信息,这里列举的 Proc 0 和 Proc 1 均属于Process(处理器)的信息,如图 1.31 所示。

图 1.31　P 相关信息

　　G1 中调用了 main. main,创建了 trace goroutine G18。G1 运行在 P1 上,G18 运行在 P0上。这里有两个 P,一个 P 必须绑定一个 M 才能调度 G。接下来是 M 的信息,如图 1.32所示。

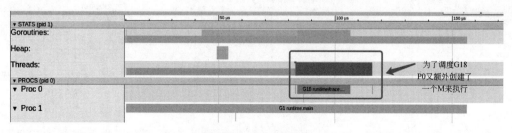

图 1.32　G18 的出现

从图1.32中可以看到,G18在P0上被运行的时候,在Threads行新增了一个M的数据,单击可查看更详细的信息,如图1.33所示。

2 items selected.	Counter Samples (2)		
Counter	Series	Time	Value
Threads	InSyscall	0.083032	0
Threads	Running	0.083032	2

图1.33 更详细信息

新增的一个M2就是P0为了执行G18而动态创建的。

2. DeBug trace

```
//第一篇/chapter1/deBug_trace.go
package main

import (
    "fmt"
    "time"
)

func main() {
    for i : = 0; i < 5; i++{
        time.Sleep(time.Second)
        fmt.Println("Hello World")
    }
}
```

编译上面的代码的结果如下:

```
$ go build trace2.go
```

接下来,通过DeBug方式运行,结果如下:

```
$ GODEBUG = schedtrace = 1000 ./trace2
SCHED 0ms: gomaxprocs = 2 idleprocs = 0 threads = 4 spinningthreads = 1 idlethreads = 1 runqueue = 0 [0 0]
Hello World
SCHED 1003ms: gomaxprocs = 2 idleprocs = 2 threads = 4 spinningthreads = 0 idlethreads = 2 runqueue = 0 [0 0]
Hello World
SCHED 2014ms: gomaxprocs = 2 idleprocs = 2 threads = 4 spinningthreads = 0 idlethreads = 2 runqueue = 0 [0 0]
```

```
Hello World
SCHED 3015ms: gomaxprocs = 2 idleprocs = 2 threads = 4 spinningthreads = 0 idlethreads = 2
runqueue = 0 [0 0]
Hello World
SCHED 4023ms: gomaxprocs = 2 idleprocs = 2 threads = 4 spinningthreads = 0 idlethreads = 2
runqueue = 0 [0 0]
Hello World
```

接下来简单分析一下,上述输出结果的大致含义。

(1) SCHED:调试信息输出标志字符串,代表本行是 Goroutine 调度器的输出。

(2) 0ms:从程序启动到输出这行日志的时间。

(3) gomaxprocs:P 的数量,本例有两个 P,因为默认的 P 的属性是和 CPU 核心数量一致,当然也可以通过 GOMAXPROCS 设置。

(4) idleprocs:处于 idle 状态的 P 的数量;通过 gomaxprocs 和 idleprocs 的差值,就可知道执行 Go 代码的 P 的数量。

(5) threads:os threads/M 的数量,包含 scheduler 使用的 m 数量,加上 runtime 自用的类似 sysmon 这样的 thread 的数量。

(6) spinningthreads:处于自旋状态的 os thread 数量。

(7) idlethread:处于 idle 状态的 os thread 的数量。

(8) runqueue=0:Scheduler 全局队列中 G 的数量。

(9) [0 0]:分别为两个 P 的 local queue 中的 G 的数量。

查看 GPM 数据 go tool trace 方式和 DeBug trace 方式有所差异。二者均能够看到一个程序运行中的 GPM 分布情况,go tool trace 还提供了本地 Web 的可视化查看方式,而 DeBug trace 是通过命令行将结果输出到终端中。

1.3 Go 调度器调度场景过程全解析

本节将介绍 Go 语言的 GPM 模型在各种场景的调度变化,这些场景几乎能够涵盖 G 在调度的过程中所遇见到的情况,通过对这些调度场景的分析也能够帮助我们更好地体会 Go 语言调度器的魅力。

1.3.1 场景 1:G1 创建 G2

本场景主要体现 GPM 调度的局部性,P 拥有 G1,M1 获取 P 后开始运行 G1,如图 1.34 所示。

当 G1 使用 go func()创建了 G2,为了局部性,G2 优先加入 P1 的本地队列,如图 1.35 所示。

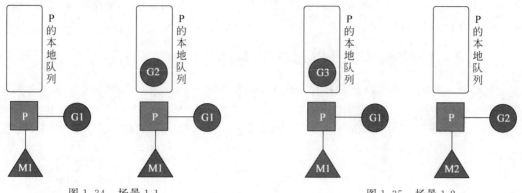

图 1.34　场景 1-1　　　　　　　　图 1.35　场景 1-2

场景 1 主要体现了 GPM 调度器的局部性，默认规定，如果一个 G1 创建一个新的 G2，则这个 G2 会优先放在 G1 所在的本地队列中。这是由于 G1 和 G2 所保存的内存和堆栈信息最为相同，它们目前所在的 M1 和 P 对于 G1 和 G2 的切换成本非常小，这也是局部性要保证的特点。

1.3.2　场景 2：G1 执行完毕

当前 M1 和 G1 绑定，并且 P 的本地队列中有 G2。M2 和 G4 绑定，并且 P 本地队列有 G5，如图 1.36 所示。

G1 运行完成后[①]，M1 上运行的 Goroutine 切换为 G0，如图 1.37 所示。

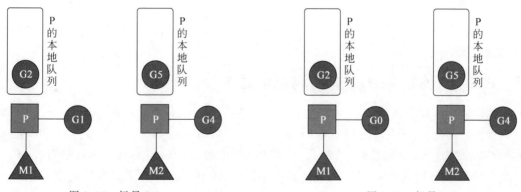

图 1.36　场景 2-1　　　　　　　　图 1.37　场景 2-2

当 G0 负责调度时协程的切换。从 P 的本地队列取 G2，从 G0 切换到 G2，并开始运行 G2，实现了线程 M1 的复用，如图 1.38 所示。

场景 2 主要体现了 GPM 调度模型对 M 的复用性，当一个 G 已经执行完毕，不管其他 P

---

① 函数 goexit() 被调用表示一个 Goroutine 结束。

中有没有空闲的,M 一定会优先从自己绑定的 P 中的本地队列获取待调用的 G 来执行,这里待调用的 G 就是 G2。

1.3.3　场景 3：G2 开辟过多的 G

假设每个 P 的本地队列只能保存 4 个 G,而此时的 P 的本地队列是空的。若 G2 要创建 6 个 G,则此时 G2 只能够创建前 4 个 G(G3、G4、G5、G6)放在 G2 当前的队列中,多余的 G 将不会添加到 P1 的本地队列中,如图 1.39 所示。那么多余的 G(G7、G8)会放在哪里呢? 稍后场景 4 会详细介绍。

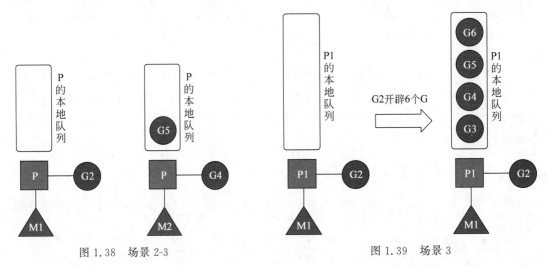

图 1.38　场景 2-3　　　　　　　图 1.39　场景 3

场景 3 表示如果一个 G 创建了过多的 G,则本地队列会出现放满的现象,所以多余的 G 需要按照场景 4 的逻辑进行安排。

1.3.4　场景 4：G2 本地满再创建 G7

G2 在创建 G7 的时候,发现 P1 的本地队列已满,需要执行负载均衡算法,把 P1 中本地队列中前一半的 G,还有新创建的 G 转移到全局队列,如图 1.40 所示,将 G3、G4 和刚刚创建的 G7 一起放到了全局队列,而将 P1 中本地队列中的 G5 和 G6 移动到队列的头部。

这些 G 被转移到全局队列时,会被打乱顺序,所以 G3、G4、G7 是以乱序的方式移到全局队列。

1.3.5　场景 5：G2 本地未满再创建 G8

G2 创建 G8 时,P1 的本地队列未满,所以 G8 会被加入 P1 的本地队列,如图 1.41 所示。

新创建的 G 会优先放到本地的队列中,也是由于局部性质导致。由于本地队列还有其他 G 在队列的头部,所以新创建的 G8 会依次从队列尾部进入,当 G2 调度完成,下一个被调度的应该是 G5。

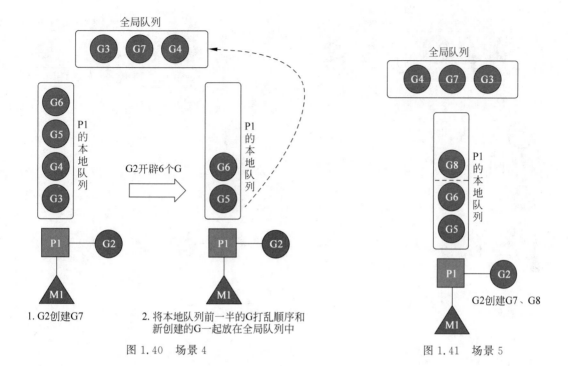

图 1.40 场景 4

图 1.41 场景 5

1.3.6 场景 6：唤醒正在休眠的 M

在 GPM 模型中，在创建一个 G 的时候，运行的 G 会尝试唤醒其他空闲的 P 和 M 组合去执行。含义是，有可能之前有过剩的 M，这些 M 不会立刻被操作系统回收，而是会放在一个休眠线程队列。触发这个 M 从休眠队列唤醒的条件就是在尝试创建一个 G 的时候。

如图 1.42 所示，目前只有一个 P1 和 M1 在绑定，并且 P1 正在执行 G2。

当 G2 尝试创建一个新的 G 的时候，就会触发尝试从休眠线程队列获取 M，并且尝试去绑定新的 P 及 P 的本地队列。

G2 正在唤醒休眠队列中的 M2，如图 1.43 所示。

M2 如果发现目前可以有被利用的 P 资源，则 M2 就会被激活，并且绑定到 P2 上，如图 1.44 所示。

此时 M2 和 P2 若绑定，就需要寻找其他的 G 去执行，每个 M 都会有一个调度其他 G 的 G0，所以目前 M2 和 P2 在没有正常的 G 可用的时候，G0 会被 P 调度。如果 P 的本地队列为空，并且 P 正在调度 G0，则 M2、P2、G0 组合就被称为一个自旋线程，如图 1.45 所示。

自旋线程的一个特点是需要不断地去寻找 G。不断寻找 G 的过程就会引发接下来要介绍的场景 7 和场景 8 的流程。

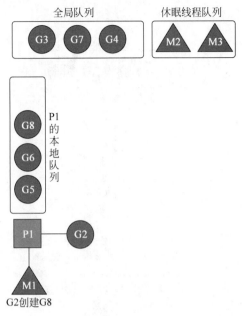

图1.42　场景6-1

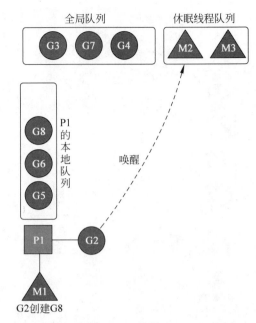

图1.43　场景6-2

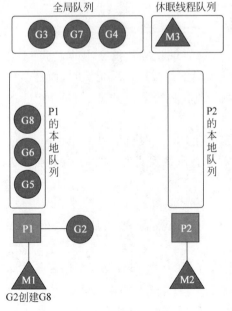

图1.44　场景6-3

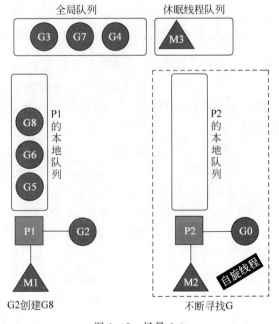

图1.45　场景6-4

1.3.7 场景 7：被唤醒的 M2 从全局队列批量取 G

M2 尝试从全局队列（简称 GQ）取一批 G 放到 P2 的本地队列（简称 LQ）。M2 从全局队列取的 G 数量符合下面的公式：

```
n = min(len(GQ) / GOMAXPROCS + 1, cap(LQ) / 2 )
```

参考源代码如下：

```go
//usr/local/go/src/runtime/proc.go

//…

//从全局队列中偷取,调用时必须锁住调度器
func globrunqget(_p_ * p, max int32) * g {
    //如果全局队列中没有 g,则直接返回
    if sched.runqsize == 0 {
            return nil
    }

    //per-P 的部分,如果只有一个 P,则全部取
    n := sched.runqsize/gomaxprocs + 1
    if n > sched.runqsize {
            n = sched.runqsize
    }

    //不能超过取的最大个数
    if max > 0 && n > max {
            n = max
    }

    //计算能不能在本地队列中放下 n 个
    if n > int32(len(_p_.runq))/2 {
            n = int32(len(_p_.runq)) / 2
    }

    //修改本地队列的剩余空间
    sched.runqsize -= n
    //得到全局队列队头 g
    gp := sched.runq.pop()
    //计数
    n--

    //继续取剩下的 n-1 个全局队列并放入本地队列
```

```
        for ; n > 0; n-- {
                gp1 := sched.runq.pop()
                runqput(_p_, gp1, false)
        }
        return gp
}
//...
```

至少从全局队列取 1 个 G,但每次不要从全局队列将太多的 G 移动到 P 本地队列,给其他 P 留一部分。这是从全局队列到 P 本地队列的负载均衡,如图 1.46 所示。

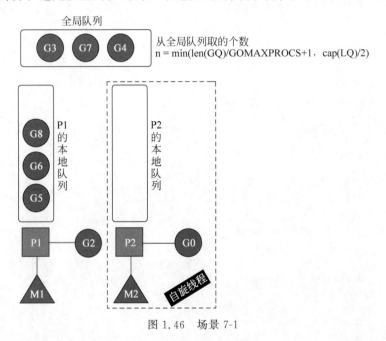

图 1.46　场景 7-1

如果此时的 M2 为自旋线程状态,全局队列的数量为 3,并且 P2 的本地队列容量为 4,则通过负载均衡公式得到,一次从全局队列获取 G 的个数为 1。M2 就会从全局队列的头部获取 G3 加入 P2 的本地队列中,如图 1.47 所示。假定场景中一共有 4 个 P,即 GOMAXPROCS 设置为 4,那么最多允许有 4 个 P 供 M 使用。

G3 被加入本地队列之后,就需要被 G0 调度,G0 也就被替换为 G3,并且与此同时全局队列中的 G7 和 G4 会依次向队列的头部移动,如图 1.48 所示。

一旦 G3 被调度起来,M2 就不再是一个自旋线程了。

1.3.8　场景 8:M2 从 M1 中偷取

假设 G2 一直在 M1 上运行,经过两轮后,M2 已经把 G7、G4 从全局队列获取了 P2 的本地队列并完成运行,全局队列和 P2 的本地队列将变为空,如图 1.49 所示。

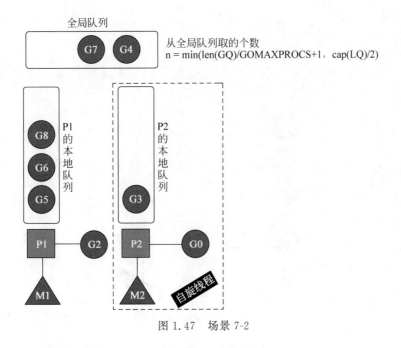

图1.47 场景7-2

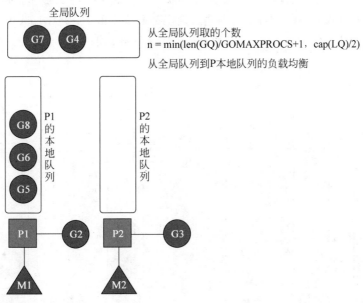

图1.48 场景7-3

M2又会处于调度G0的状态,此时的M2处于自旋线程状态。处于自旋状态的MP组合会不断地寻找可以调度的G,否则在这空等待就是在浪费线程资源。

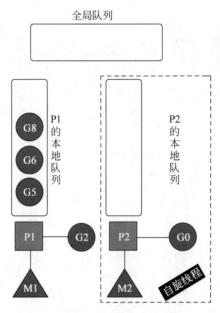

图 1.49　场景 8-1

全局队列已经没有 G，所以 M 就要执行偷取：从其他有 G 的 P 那里偷取一半 G 过来，放到自己的 P 本地队列。P2 从 P1 的本地队列尾部取一半的 G，如图 1.50 所示。

本例中一半则只有 1 个 G8，所以 M2 就会尝试将 G8 偷取过来，放到 P2 的本地队列，如图 1.51 所示。

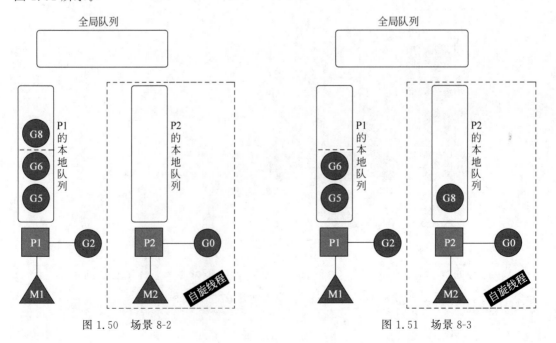

图 1.50　场景 8-2　　　　　　　　　　　　　图 1.51　场景 8-3

接下来的过程与之前的场景相似,G0 会调度 G8,从而 M2 就不再是自旋线程状态了,如图 1.52 所示。

1.3.9　场景 9:自旋线程的最大限制

M1 本地队列 G5、G6 已经被 M2 偷走并运行完成,当前 M1 和 M2 分别在运行 G2 和 G8,如图 1.53 所示。GPM 模型中 GOMAXPROCS 变量用于确定 P 的数量,在 GPM 中 P 的数量是固定的,一旦确定了 P 的数量之后,P 的数量就不可以动态添加或者删减了。

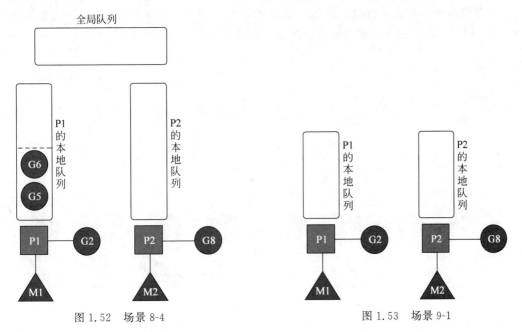

图 1.52　场景 8-4　　　　　图 1.53　场景 9-1

假如现在 GOMAXPROCS=4,那么 P 的数量也是 4。此时 P3 和 P4 绑定了 M3 和 M4,如图 1.54 所示。

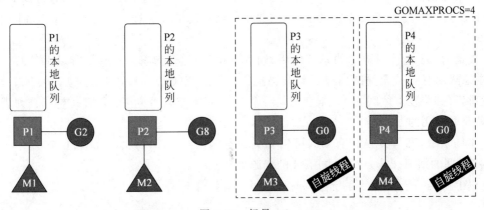

图 1.54　场景 9-2

M3 和 M4 没有 Goroutine 也可以运行,所以目前绑定的都是各自的 G0,M3 和 M4 处于自旋状态,它们不断地寻找 Goroutine。

为什么要让 M3 和 M4 自旋? 自旋本质上是在运行,线程在运行却没有执行 G,就变成了浪费 CPU。为什么不销毁来节约 CPU 资源? 因为创建和销毁 CPU 也会浪费时间,Go 调度器 GPM 模型的思想是当有新 Goroutine 创建时,立刻能有 M 运行它,如果销毁再新建就增加了时延,也降低了效率。当然也考虑了过多的自旋线程也会浪费 CPU,所以系统中最多有 GOMAXPROCS 个自旋的线程(当前例子中的 GOMAXPROCS=4,所以一共有 4 个 P),多余的没事做的线程则会休眠。如果现在有一个 M5 正在运行,但是已经没有多余的 P 可以和它绑定,则 M5 就会被放到休眠线程队列,如图 1.55 所示。

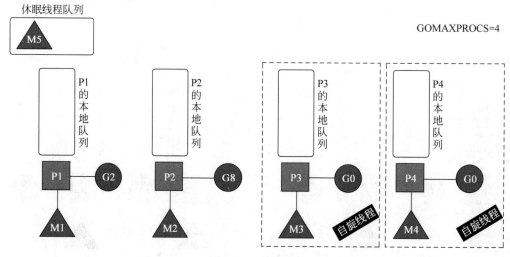

图 1.55　场景 9-3

1.3.10　场景 10：G 发生阻塞的系统调用

假定当前除了 M3 和 M4 为自旋线程,还有 M5 和 M6 为空闲的线程(没有得到 P 的绑定,注意这里最多只能有 4 个 P,所以 P 的数量应该永远是 M≥P),G8 创建了 G9,如图 1.56 所示。

若此时 G8 进行了阻塞的系统调用,则 M2 和 P2 立即解绑,P2 会执行以下判断,如果 P2 本地队列有 G 或全局队列有 G 需要被执行,并且有空闲的 M,则 P2 会立即唤醒 1 个 M 和它绑定(如果没有休眠的 M,则会创建一个 M 进行绑定),否则 P2 会加入空闲 P 列表,等待 M 获取可用的 P。

本场景中,P2 本地队列有 G9,可以和其他空闲的线程 M5 绑定,如图 1.57 所示。M2 在 G8 阻塞的期间,G8 会临时占用 M 的资源。

以上便是一个 G 发生系统阻塞时的场景。

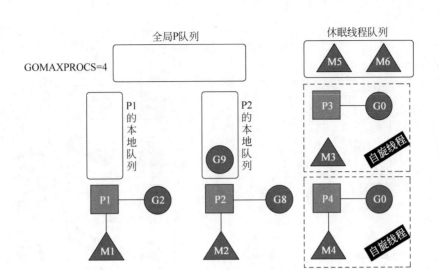

图 1.56　场景 10-1

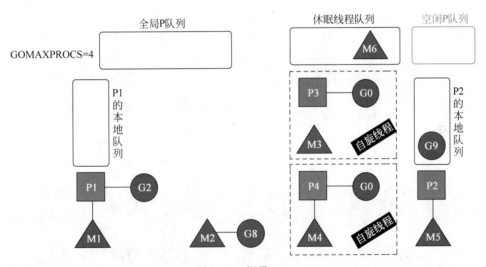

图 1.57　场景 10-2

1.3.11　场景 11：G 发生非阻塞的系统调用

接着场景 10 讲解，G8 创建了 G9，假如 G8 之前的系统调用结束，目前是一个非阻塞状态，如图 1.58 所示。

在场景 10 中，虽然 M2 和 P2 会解绑，但 M2 会记住 P2，然后 G8 和 M2 进入系统调用状态。当 G8 和 M2 退出系统调用时，M2 会尝试获取之前具有绑定关系的 P2，如果 P2 可以被获取，则 M2 将和 P2 重新绑定，如果无法获取 M2，则会进行其他方式处理，如图 1.59 所示。

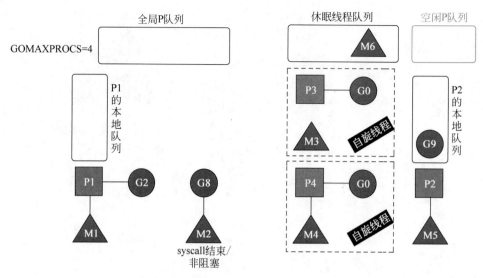

图 1.58　场景 11-1

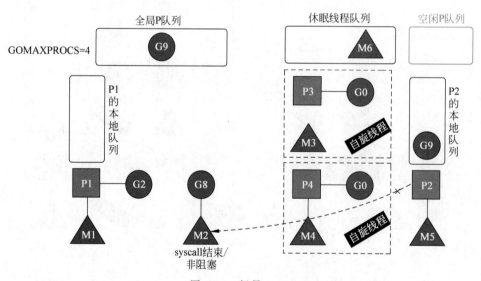

图 1.59　场景 11-2

　　在当前的范例中,此时的 P2 正在和 M5 绑定,所以 M2 自然也就获取不到 P2。M2 会尝试从空闲 P 队列寻找可用的 P,如图 1.60 所示。

　　如果依然没有空闲的 P 在队列中,则 M2 就等于找不到可用的 P 与自己进行绑定,G8 会被记为可运行状态,并加入全局队列,M2 因为没有 P 的绑定而变成休眠状态(长时间休眠等待会被 GC 回收销毁),如图 1.61 所示。

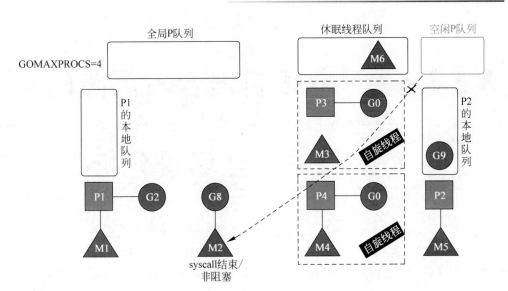

图 1.60　场景 11-3

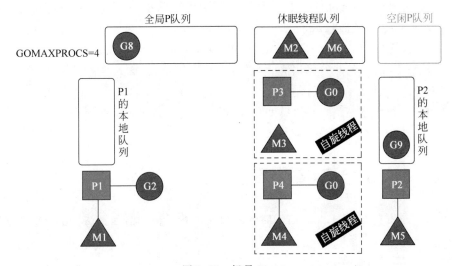

图 1.61　场景 11-4

1.4　小结

Go 调度器很轻量也很简单,足以撑起 Goroutine 的调度工作,并且让 Go 具有了原生(强大)并发的能力。Go 调度本质上是把大量的 Goroutine 分配到少量线程上去执行,并利用多核并行,实现更强大的并发。Go 的调度器原理不仅只有上述 11 个场景和书中所描述的知识范围,Go 的调度算法也逐步在升级和迭代。如果还想更深入地了解 Go 的调度器,则需要投入更大的精力和耐心去研究 Go 调度器 GPM 模型的源代码。

第2章

Go 语言混合写屏障的

GC 全场景分析

垃圾回收(Garbage Collection,GC)是编程语言中提供的自动内存管理机制,GC 能够自动释放不需要的内存对象,让出存储器资源,其释放过程中无须程序员手动执行。GC 机制在现代很多编程语言得到支持,针对 GC 性能的优劣程度,也是不同语言之间的对比指标之一。

Go 语言在 GC 的演进过程中也经历了很多次变革,截止 Go V1.8 之前,Go 语言的 GC 改动还是非常大的,具体的几次重大改变如下:

(1) Go V1.3 之前的标记清除(Mark and Sweep)法。

(2) Go V1.5 的三色并发标记法。"强-弱"三色不变式、插入屏障、删除屏障。

(3) Go V1.8 混合写屏障机制。

本章节将介绍每种 GC 的算法模型和各自的优缺点,以及 Go 语言的 GC 如何从逻辑需求上一步步演进到混合写屏障的模式。

2.1 Go V1.3 标记-清除算法

接下来看一下在 Go V1.3 之前的时候主要用的普通标记清除算法,此算法主要有两个步骤:

(1) 标记(Mark Phase)。

(2) 清除(Sweep Phase)。

过程非常清晰明了,实则是找到需要被清除的内存数据,然后一次性清除,下面说明一下具体的过程。

2.1.1 标记清除(Mark and Sweep)算法的详细过程

(1) 第一步,暂停程序业务逻辑,对可达和不可达的对象进行分类,然后做上标记,如图 2.1 所示。

图 2.1 中表示的是程序与对象的可达关系,目前程序的可达对象有对象 1→2→3,对象 4→7 等 5 个对象。

（2）第二步，开始标记。程序找出它所有可达的对象，并做上标记，如图 2.2 所示。

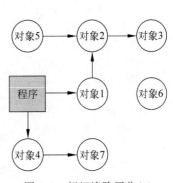

对象 1→2→3、对象 4→7 等 5 个对象被做上标记。

（3）第三步，标记完了之后，开始清除未标记的对象，如图 2.3 所示。

操作非常简单，但是有一点需要特别注意，Mark and Sweep 算法在执行的时候，需要程序暂停，即 STW（Stop The World）。在 STW 的过程中，CPU 不执行用户代码，全部用于垃圾回收，这个过程影响很大，所以 STW 也是一些回收机制最大的难题和希望优化的点，所以在执行第三步

图 2.1　标记清除回收（1）

的这段时间，程序会暂时停止任何工作，卡在那等待回收执行完毕。

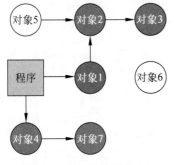

图 2.2　标记清除回收（2）

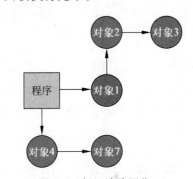

图 2.3　标记清除回收（3）

（4）第四步，停止暂停，让程序继续运行，然后重复这个过程，直到 Process 程序生命周期结束。

以上便是标记清除回收的算法。

2.1.2　标记清除算法的缺点

标记清除算法简单明了，过程鲜明干脆，但是也有非常严重的问题：第一是 STW 让程序暂停，所以程序会出现卡顿 ，这是一个重要的问题；第二是标记需要扫描整个 Heap；第三是清除数据会产生 Heap 碎片。

Go V1.3 版本之前就是采用以上方式来实施的，执行 GC 的基本流程就是首先启动 STW，使程序暂停，然后执行标记，再执行数据回收，最后停止 STW，如图 2.4 所示。

从图 2.4 来看，全部的 GC 时间都是包裹在 STW 范围之内的，这样貌似程序暂停的时间会很长，影响程序的运行性能，所以 Go V1.3 做了简单的优化，将 STW 的步骤提前，缩小 STW 暂停的时间范围，如图 2.5 所示。

图 2.5 主要是将 STW 的步骤提前了一步，因为在 Sweep 清除的时候，可以不需要 STW 停止，因为这些对象已经是不可达对象了，不会出现回收写冲突等问题。

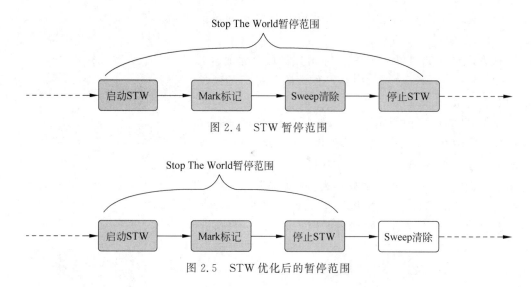

图 2.4　STW 暂停范围

图 2.5　STW 优化后的暂停范围

但是无论怎么优化,Go V1.3 都面临这样一个重要问题,就是 Mark and Sweep 算法会暂停整个程序。

Go 是如何面对并解决这个问题的呢? 接下来 Go V1.5 版本就用三色并发标记法来解决这个问题。

2.2　Go V1.5 的三色标记法

Go 语言中的垃圾回收主要应用三色标记法,GC 过程和其他用户 Goroutine 可并发运行,但需要一定时间的 STW,所谓三色标记法实际上就是通过三个阶段的标记来确定需要清除的对象都有哪些? 本节将介绍具体这一过程。

2.2.1　三色标记法的过程

第一步,每次新创建的对象,默认的颜色都被标记为"白色",如图 2.6 所示。

如图 2.6 所示,左边为程序可抵达的内存对象关系,右边的标记表用来记录目前每个对象的标记颜色分类。这里需要注意的是,所谓"程序",则是一些对象的根节点集合,所以如果将"程序"展开,则会得到类似如下的表现形式,如图 2.7 所示。

第二步,每次执行 GC 回收,都会从根节点开始遍历所有对象,把遍历到的对象从白色集合放入"灰色"集合,如图 2.8 所示。

这里需要注意的是,本次遍历是一次遍历,非递归形式,是从程序抽出可抵达的对象遍历一层,如图 2.8 所示,当前可抵达的对象是对象 1 和对象 4,表示本轮遍历结束,对象 1 和对象 4 会被标记为灰色,灰色标记表就会多出这两个对象。

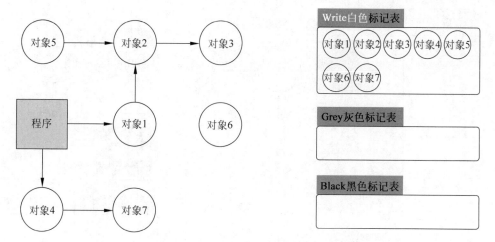

图 2.6　三色标记法(1)

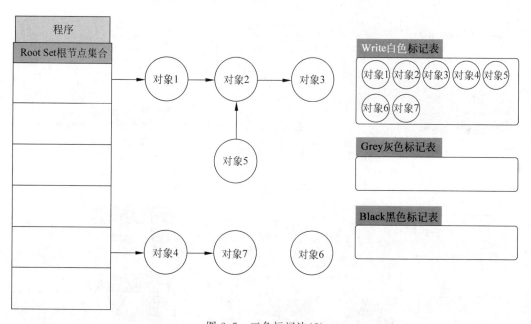

图 2.7　三色标记法(2)

　　第三步,遍历灰色集合,将灰色对象引用的对象从白色集合放入灰色集合,之后将此灰色对象放入黑色集合,如图 2.9 所示。

　　这一次遍历只扫描灰色对象,将灰色对象的第一层遍历可抵达的对象由白色变为灰色,如对象 2、对象 7,而之前的灰色对象 1 和对象 4 则会被标记为黑色,同时由灰色标记表移动到黑色标记表中。

　　第四步,重复第三步,直到灰色中无任何对象,如图 2.10 和图 2.11 所示。

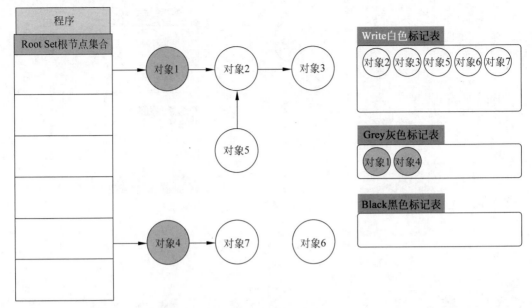

图 2.8　三色标记法(3)

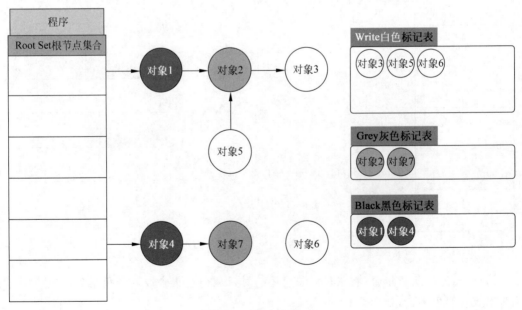

图 2.9　三色标记法(4)

当全部的可达对象都遍历完后,灰色标记表将不再存在灰色对象,目前全部内存的数据只有两种颜色,即黑色和白色。黑色对象就是程序逻辑可达(需要的)对象,这些数据目前支撑程序正常业务运行,是合法的有用数据,不可删除,白色的对象是全部不可达对象,目前程

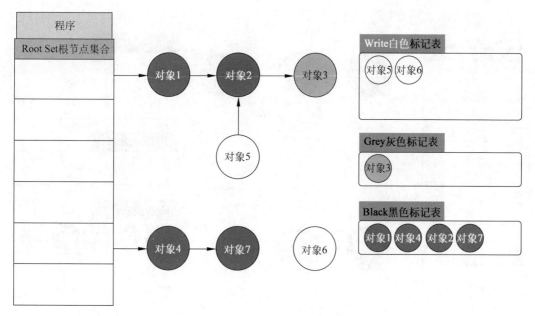

图 2.10　三色标记法(5)

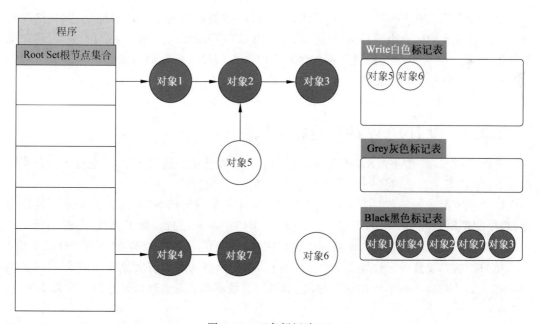

图 2.11　三色标记法(6)

序逻辑并不依赖它们,所以白色对象就是内存中目前的垃圾数据,需要被清除。

第五步,回收所有的白色标记表的对象,也就是回收垃圾,如图 2.12 所示。

将全部的白色对象进行删除回收,剩下的就是全部依赖的黑色对象。

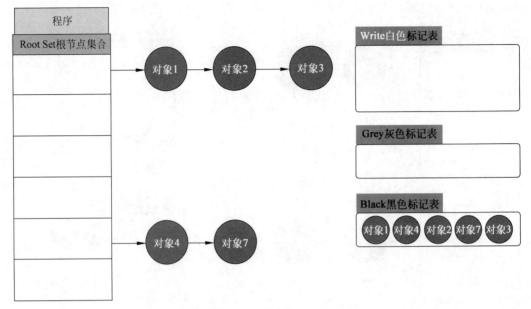

图 2.12　三色标记法(7)

以上便是三色并发标记法,不难看出,上面已经清楚地体现了三色的特性,但是这里可能会有很多并发流程也会被扫描,执行并发流程的内存可能相互依赖,为了在 GC 过程中保证数据的安全,在开始三色标记之前会加上 STW,在扫描确定黑白对象之后再放开 STW,但是很明显这样的 GC 扫描的性能实在是太低了。

那么 Go 是如何解决标记-清除算法中的卡顿问题的呢?

2.2.2　没有 STW 的三色标记法

先抛砖引玉,假如没有 STW,那么也就不会再存在性能上的问题了,三色标记法如果不加入 STW 会发生什么事情呢? 接下来具体推演一下此过程。

还是基于上述的三色并发标记法来讲解,并且一定要依赖 STW。因为如果不暂停程序,程序的逻辑会改变对象的引用关系,这种动作如果在标记阶段做了修改,会影响标记结果的正确性,来看一个场景,如果用三色标记法,标记过程不使用 STW 将会发生什么事情。

把初始状态设置为已经经历了第一轮扫描,目前黑色的对象有对象 1 和对象 4,灰色的对象有对象 2 和对象 7,其他的对象为白色对象,并且对象 2 是通过指针 p 指向对象 3 的,如图 2.13 所示。

现在如果在三色标记过程中不启动 STW,则在 GC 扫描过程中,任意的对象均可能发生读写操作,如图 2.14 所示,在还没有扫描到对象 2 的时候,已经将对象 4 标记为黑色,此时创建指针 q,并且指向白色的对象 3。

与此同时灰色的对象 2 将指针 p 移除,此时白色的对象 3 被挂在已经扫描完成的黑色对象 4 下,如图 2.15 所示。

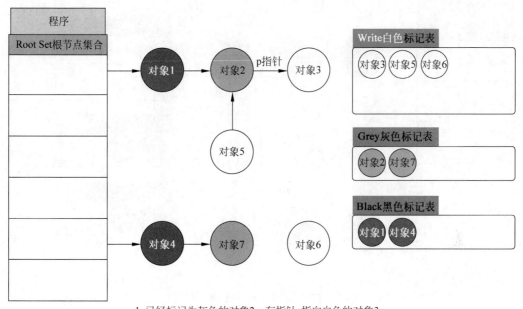

1. 已经标记为灰色的对象2，有指针p指向白色的对象3。

图 2.13　没有 STW 的三色标记法（1）

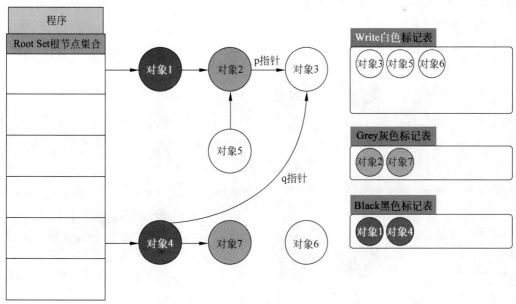

2. 在还没有扫描到对象2，已经将对象4标记为黑色，创建指针q,指向对象3。

图 2.14　没有 STW 的三色标记法（2）

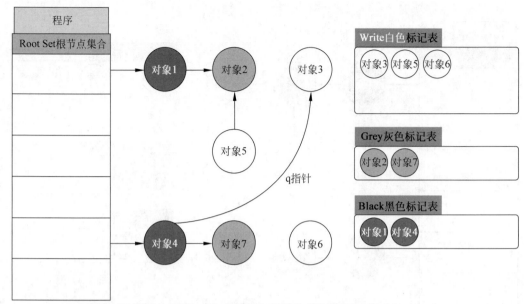

3. 与此同时对象2将指针p移除，对象3就被挂在了已经扫描完成的黑色的对象4下。

图 2.15　没有 STW 的三色标记法（3）

然后按照正常三色标记的算法逻辑，将所有灰色的对象标记为黑色，这样对象 2 和对象 7 就被标记成了黑色，如图 2.16 所示。

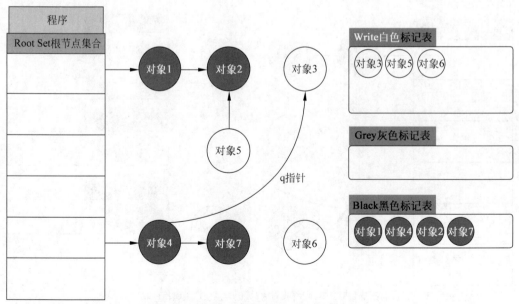

4. 正常执行算法逻辑，对象2、3标记为黑色，而对象3因为对象4已经不会再扫描，而等待被回收清除。

图 2.16　没有 STW 的三色标记法（4）

接下来就执行到了三色标记的最后一步,将所有白色对象当作垃圾进行回收,如图 2.17 所示。

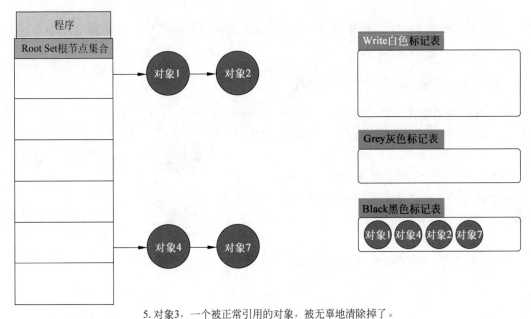

5.对象3,一个被正常引用的对象,被无辜地清除掉了。

图 2.17　没有 STW 的三色标记法(5)

但是最后得到的结果却是,本来是对象 4 合法引用的对象 3,最后被 GC 给"误杀"回收掉了,这并不是 Go 语言回收和开发者希望看到的。

2.2.3　触发三色标记法不安全的必要条件

可以看出,有两种情况在三色标记法中是不希望发生的。

(1)条件 1:一个白色对象被黑色对象引用(白色被挂在黑色下)。

(2)条件 2:灰色对象与它之间的可达关系的白色对象遭到破坏(灰色同时丢了该白色)。

如果当以上两个条件同时满足,就会出现对象丢失现象。

并且,在如图 2.17 所示的场景中,如果示例中的白色对象 3 还有很多下游对象,也会一并都被清理掉。

为了防止这种现象的发生,最简单的方式就是 STW,直接禁止其他用户程序对对象引用关系的干扰,但是 STW 的过程有明显的资源浪费,对所有的用户程序都有很大影响。那么是否可以在保证对象不丢失的情况下合理地尽可能地提高 GC 效率,减少 STW 时间呢?答案是可以的,只要使用一种机制,尝试去破坏上面的两个必要条件就可以了。

2.3　Go V1.5 的屏障机制

GC 回收器在满足下面两种情况之一时，即可确保对象不丢失。这两种情况就是强三色不变式和弱三色不变式。

2.3.1　"强-弱"三色不变式

1. 强三色不变式

不存在黑色对象引用到白色对象的指针，如图 2.18 所示。

强三色不变色实际上是强制性地不允许黑色对象引用白色对象，这样就不会出现白色对象被误删的情况。

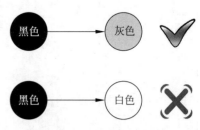

图 2.18　强三色不变式

2. 弱三色不变式

所有被黑色对象引用的白色对象都处于灰色保护状态，如图 2.19 所示。

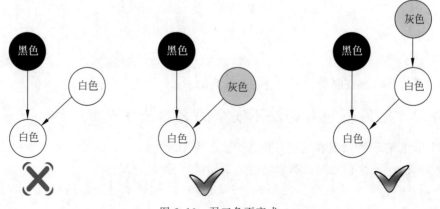

图 2.19　弱三色不变式

弱三色不变式强调，黑色对象可以引用白色对象，但是这个白色对象必须存在其他灰色对象对它的引用，或者可达它的链路上游存在灰色对象。这样实则是黑色对象引用白色对象，白色对象处于一个危险被删除的状态，但是上游灰色对象的引用，可以保护该白色对象，使其安全。

为了遵循上述两种方式，GC 算法演进到两种屏障方式，它们是插入屏障和删除屏障。

2.3.2　插入屏障

插入屏障的具体操作是，在 A 对象引用 B 对象的时候，B 对象被标记为灰色(将 B 挂在

A 下游,B 必须被标记为灰色)。

插入屏障实际上是满足强三色不变式(不存在黑色对象引用白色对象的情况,因为白色会强制变成灰色)。插入屏障的伪码如下:

```
添加下游对象(当前下游对象 slot,新下游对象 ptr) {
    //第一步
    标记灰色(新下游对象 ptr)

    //第二步
    当前下游对象 slot = 新下游对象 ptr
}
```

插入写屏障的伪代码的场景如下:

```
//A 之前没有下游,新添加一个下游对象 B,B 被标记为灰色
A.添加下游对象(nil, B)

//A 将下游对象 C 更换为 B,B 被标记为灰色
A.添加下游对象(C, B)
```

这段伪码逻辑就是写屏障。黑色对象的内存槽有两种位置:栈和堆。栈空间的特点是容量小,但是要求相应速度快,因为函数调用弹出会被频繁地使用,所以插入屏障机制在栈空间的对象操作中不使用,而仅仅使用在堆空间对象的操作中。接下来,通过几张过程图来模拟一个详细的过程,希望读者能够更清晰地看清整体流程。

目前还是假设程序初创建,其中栈空间的对象有对象1、对象2、对象3和对象5,其中对象1引用对象2,对象2引用对象3,对象3没有下游对象,而对象5引用对象2。堆空间有对象4引用对象7,对象7没有下游对象,对象6没有引用任何对象,也没有被任何对象引用。这些内存对象全部标记为白色,在白色标记表中将全部的对象装入其中,如图2.20所示。

依然依据三色标记的流程,遍历 Root Set 根节点集合,非递归形式,只遍历一次,能够标记出第一层的灰色节点对象1和对象4,同时这些灰色节点也被添加至灰色标记表中,如图2.21所示。

按照三色标记法的顺序来讲解,接下来就遍历灰色标记表中的对象1和对象4,将可达的对象从白色标记为灰色。同时被遍历的灰色对象被标记为黑色,如图2.22所示。

由于并发的特性,此刻外界向已经标记为黑色的对象4添加白色的对象8,向已经标记为黑色的对象1添加下游白色的对象9,如图2.23所示。对象1是栈空间,根据插入屏障的特点,为了保证性能,栈空间创建对象不触发插入屏障,但是对象4在堆空间,此时对象4即将触发插入屏障机制。

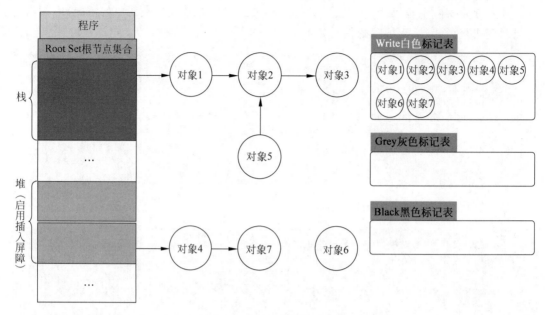

图 2.20　插入屏障流程(1)

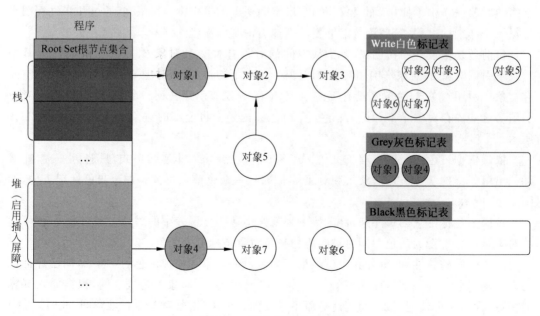

图 2.21　插入屏障流程(2)

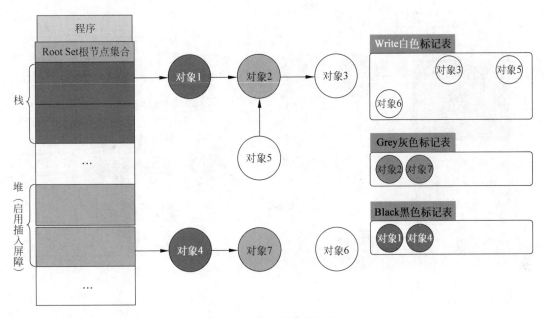

图 2.22 插入屏障流程(3)

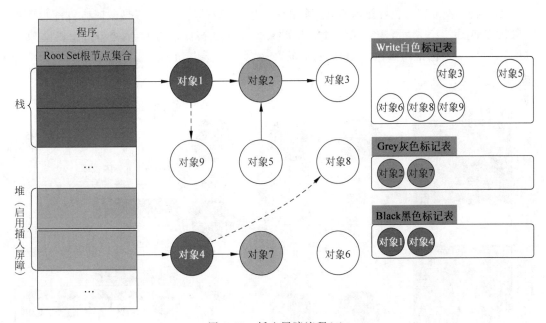

图 2.23 插入屏障流程(4)

由于插入写屏障的机制(黑色对象添加白色对象,所以将白色对象改为灰色),所以当堆上的对象 4 添加对象 8 的时候,对象 8 将被标记为灰色,而对象 9 依然是白色,如图 2.24 所示。

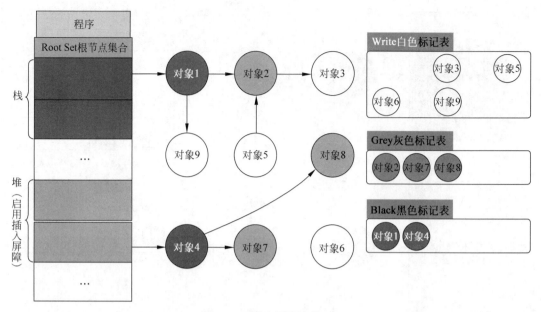

图 2.24　插入屏障流程(5)

之后就是正常的三色标记流程,继续循环上述的流程,直到没有灰色节点,目前得到的对象状态如图 2.25 所示,栈空间的对象 1、对象 2、对象 3 被标记为黑色,堆空间上的对象 4、对象 7、对象 8 被标记为黑色,而其他的对象 9、对象 5、对象 6 依然是白色对象。

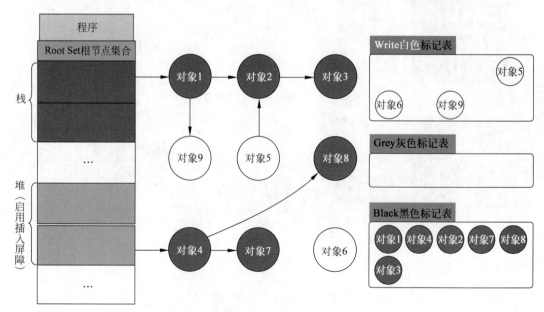

图 2.25　插入屏障流程(6)

这个时候插入屏障并不会立刻执行垃圾回收动作,而是会做一个额外的扫描,但是如果栈不添加,当全部三色标记扫描之后,栈上有可能依然存在白色对象被引用的情况(如图2.25中的对象9),所以要对栈重新进行三色标记扫描,但这次为了对象不丢失,这次扫描要启动STW暂停,直到栈空间的三色标记结束。

栈空间的全部内存对象均被重新标记为白色(对象1、对象2、对象3、对象9、对象5),而且会对这些白色对象启动STW,使程序暂停,以便将这些白色对象保护起来,所以对以上被保护的对象进行任何读写操作均会被拦截且阻塞,防止外界干扰(如有新的白色对象被黑色对象添加)。

与此同时,对于其他堆空间的对象将不会触发STW,这样也是为了保证堆空间的GC回收性能,如图2.26所示。

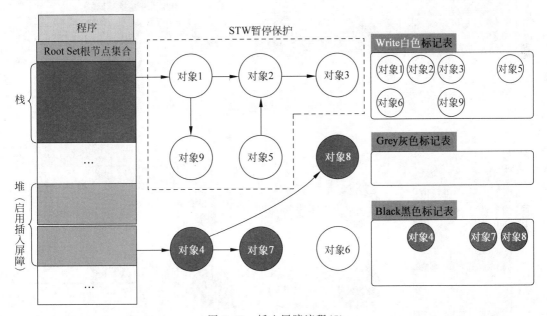

图2.26　插入屏障流程(7)

接下来就是在STW所保护的区域内,继续执行三色标记流程,直到全部可达白色对象都被扫描到,即没有灰色节点。最后得到一个最终的状态,对象1、对象2、对象3和对象9均被标记为黑色,由于对象5依然没有被扫描到,所以对象5依然是白色,如图2.27所示。

当全部内存对象的颜色只有白色和黑色的时候,就会停止STW,释放保护层,如图2.28所示。

最后将栈和堆空间中扫描后剩余的全部白色节点(对象5和对象6)回收清除。一般在栈空间的这次STW的时间大约为10~100ms。

在最后的扫描之后内存中将全部为黑色对象,如图2.29所示。这样整体的基于插入屏障的三色标记回收机制的流程就介绍完了。

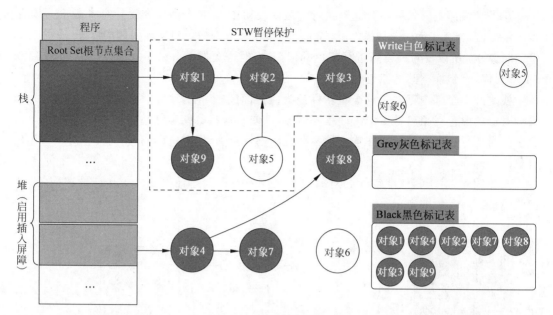

图 2.27 插入屏障流程(8)

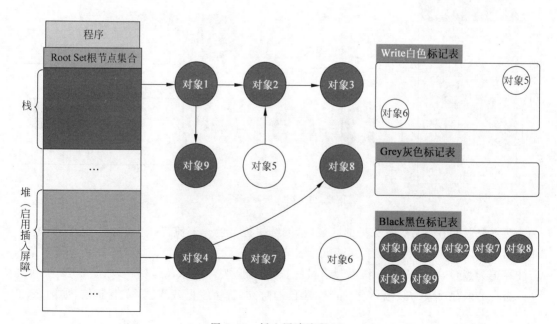

图 2.28 插入屏障流程(9)

插入屏障的目的是保证黑色对象插入的时候有灰色对象对其保护,或者将被插入的对象变为灰色,插入屏障实则是满足强三色不变式的一种表现,这样就不会出现被误删的白色对象了。

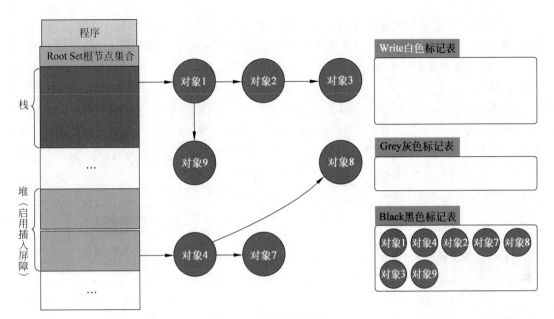

图 2.29　插入屏障流程(10)

2.3.3　删除屏障

删除屏障的具体操作是,被删除的对象,如果自身为灰色或者白色,则被标记为灰色。

删除屏障实际上是满足弱三色不变式,目的是保护灰色对象到白色对象的路径不会断,删除屏障的伪代码如下:

```
添加下游对象(当前下游对象 slot, 新下游对象 ptr) {
  //第一步
  if (当前下游对象 slot 是灰色 || 当前下游对象 slot 是白色) {
    //slot 为被删除对象,标记为灰色
    标记灰色(当前下游对象 slot)
  }

  //第二步
  当前下游对象 slot = 新下游对象 ptr
}
```

删除屏障的伪代码场景如下:

```
//A 对象,删除 B 对象的引用.B 被 A 删除,被标记为灰(如果 B 之前为白)
添加下游对象(B, nil)

//A 对象,更换下游 B 变成 C.B 被 A 删除,被标记为灰(如果 B 之前为白)
添加下游对象(B, C)
```

删除屏障是当一个对象的引用被摘掉的时候，或者当一个对象引用被上游替换的时候，该对象被标记为灰色。标记为灰色的目的：被删除的白色对象，如果又被其他的黑色对象引用，则被删除对象应被回收掉。接下来用几张图来模拟一个详细的过程，这样更容易看清楚整体流程。

如图 2.30 所示，在开始执行删除屏障的三色标记之前，目前的内存情况如下：在栈空间有对象 1 引用对象 5、对象 5 引用对象 2、对象 2 引用对象 3，对象 3 没有下游对象。在堆空间有对象 4 引用对象 7，对象 7 没有下游对象。没有对象引用对象 6，对象 6 也没有下游对象。以上对象全部被标记为白色，并且加入白色标记表中。

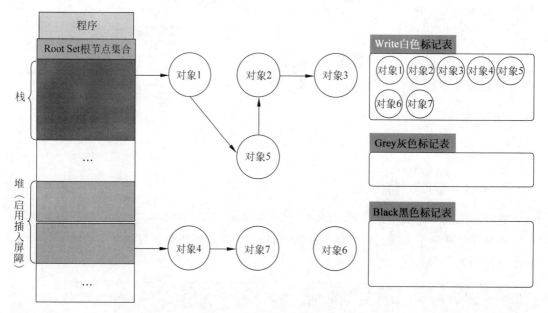

图 2.30　删除屏障流程(1)

依然依据三色标记的流程，遍历 Root Set 根节点集合，非递归形式，只遍历一次，能够标记出第一层的灰色节点对象 1 和对象 4，同时这些灰色节点也被添加至灰色标记表中，如图 2.31 所示。

如果此时灰色对象 1 删除白色对象 5，并且不触发删除屏障机制，则白色对象 5 连同下游对象 2 和对象 3 将与主链路断开，最终也会被清除，如图 2.32 所示。

但是目前的三色标记法是删除屏障机制，依照算法，被删除的对象将被标记为灰色，目的是保护对象 5 和下游对象（思考为什么需要保护，如果不将对象 5 标记为灰色会出现哪些意外问题？其中有一种情况如图 2.31 所示，假如对象 1 已经删除了对象 5，对象 5 依旧是白色，那么由于整体流程没有加 STW 保护，极有可能在删除的过程中，同一时刻有一个已经被标记为黑色的对象引用了这个对象 5，对象 5 依然是程序流程中需要依赖的合法内存对象，但是最终会按照白色对象被 GC 回收掉，因为黑色的下游对象并不会被保护起来），将对象 5 标记成了灰色，如图 2.33 所示。

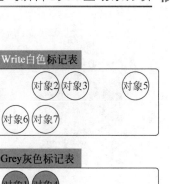

图 2.31　删除屏障流程（2）

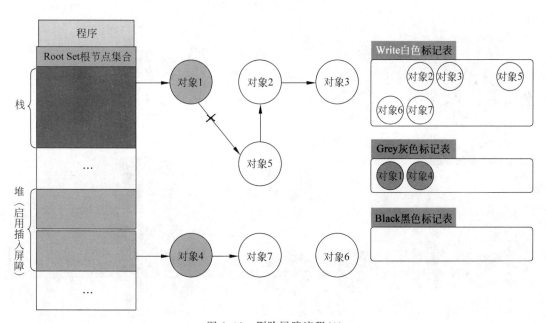

图 2.32　删除屏障流程（3）

　　按照三色标记法的顺序，接下来遍历灰色标记表中的对象 1、对象 4 和对象 5，将它们可达的对象从白色标记为灰色。同时被遍历的灰色对象被标记为黑色，如图 2.34 所示，这轮流程下来后，对象 1、对象 4 和对象 5 会被标记为黑色，对象 2 和对象 7 会被标记为灰色，对象 3 和对象 6 依旧是白色。

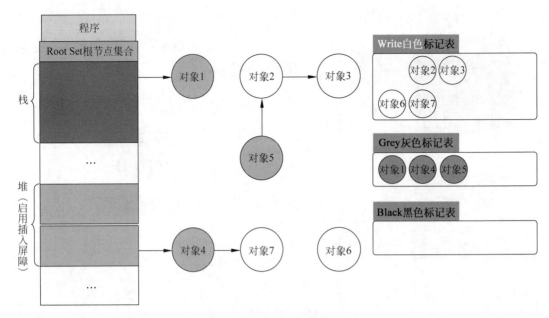

图 2.33　删除屏障流程（4）

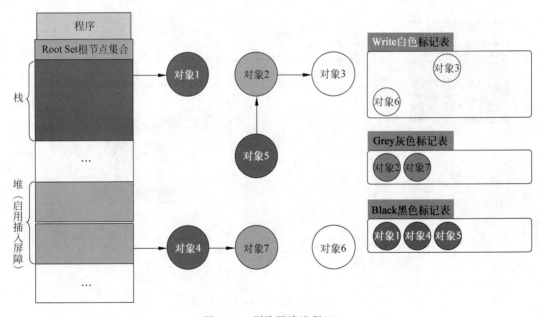

图 2.34　删除屏障流程（5）

　　继续循环上述流程进行三色标记，直到没有灰色节点，最终的状态如图 2.35 所示，除了对象 6，全部的节点均被标记成黑色。

　　最后，执行回收清除流程，将白色对象全部通过 GC 回收处理，如图 2.36 所示。

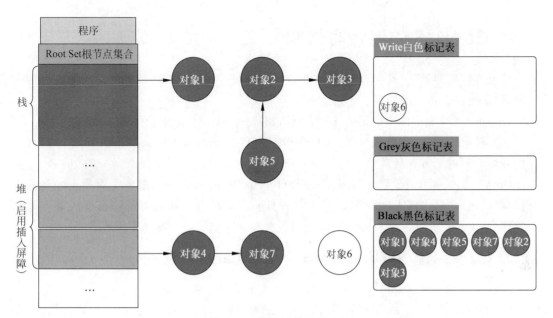

图 2.35　删除屏障流程(6)

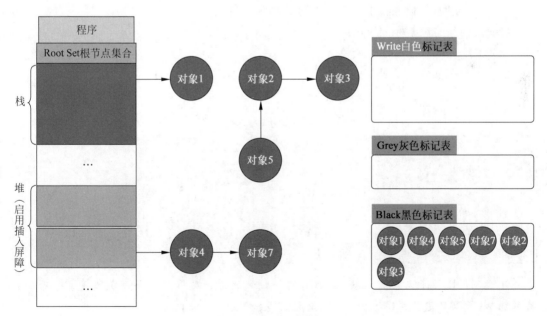

图 2.36　删除屏障流程(7)

以上便是三色标记利用删除屏障的处理流程,删除屏障依旧可以满足并行状态下的垃圾回收动作,但是这种方式的回收精度较低,因为一个对象即使被删除了,最后一个指向它的指针也依旧可以"活"过这一轮,只有等到下一轮 GC 才会被清理掉。

2.4　Go V1.8 的混合写屏障

插入写屏障和删除写屏障虽然都可以在一定程度上解决 STW 带来的无法并行处理的问题,但是也都有各自的短板。

(1) 插入写屏障:结束时需要 STW 重新扫描栈,标记栈上引用的白色对象的存活。

(2) 删除写屏障:回收精度低,GC 开始时 STW 扫描堆栈来记录初始快照,这个过程会保护开始时刻的所有存活对象。

Go V1.8 版本引入了混合写屏障机制(Hybrid Write Barrier),避免了对栈 Re-scan(重新扫描)的过程,这也极大地减少了 STW 的时间,同时结合了插入写屏障和删除写屏障两者的优点,本节将介绍混合写屏障的规则和混合写屏障触发的一些场景流程分析。

2.4.1　混合写屏障(Hybrid Write Barrier)规则

混合写屏障的具体操作一般需要遵循以下几个条件限制:

(1) GC 开始将栈上的对象全部扫描并标记为黑色(之后不再进行第二次重复扫描,无须 STW)。

(2) GC 期间,任何在栈上创建的新对象均为黑色。

(3) 被删除的对象标记为灰色。

(4) 被添加的对象标记为灰色。

混合写屏障实际上满足的是一种变形的弱三色不变式。它的伪代码如下:

```
添加下游对象(当前下游对象 slot, 新下游对象 ptr) {
    //1
    标记灰色(当前下游对象 slot)    //只要当前下游对象被移走,就标记为灰色

    //2
    标记灰色(新下游对象 ptr)

    //3
    当前下游对象 slot = 新下游对象 ptr
}
```

注意　屏障技术不在栈上应用,因为要保证栈的运行效率。混合写屏障是 GC 的一种屏障机制,所以只是当程序执行 GC 的时候,才会触发这种机制。

接下来模拟混合写屏障的详细过程,希望读者能够更直观地看清楚整体流程。

现在假设当前场景如下所述。当 GC 开始的时候,初始化的内存对象结构如下:栈空间范围有 Root Set 根节点集合引用对象 1、对象 2 引用对象 2、对象 3 下游没有被引用对象。对象 5 没有上游对象,并且对象 5 引用对象 8,对象 8 下游没有被引用对象。堆空间范围有 Root Set 根节点集合引用对象 4,对象 4 引用对象 7,对象 7 下游没有被引用对象。对象 6

没有上游对象,同时对象6下游也没有被引用对象。这些内存对象均被标记为白色,并且全部被放置在白色标记表中,如图2.37所示。

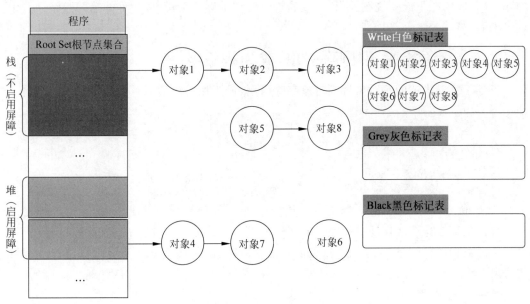

图2.37　混合写屏障流程(1)

现在GC开始,按照上述混合写屏障的几个步骤,它的第一步就是扫描栈区,将可达对象全部标记为黑色,所以扫描栈区结束的时候,对象1、对象2、对象3均可达,它们被标记成了黑色,同时也被加入黑色标记表中,如图2.38所示。

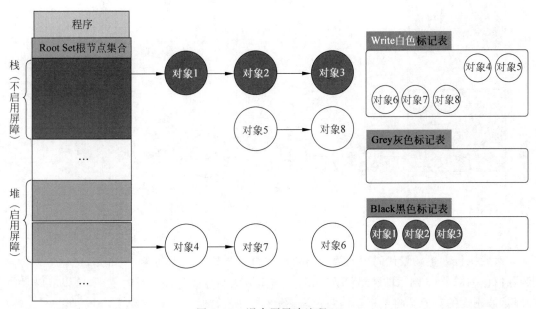

图2.38　混合写屏障流程(2)

接下来就来分析混合写屏障的一些场景,本节会列出 4 种场景,这 4 种场景均是通过如图 2.38 所示已经扫描完栈空间且可达对象被标记为黑色作为出发点。4 种场景分别是"堆删除引用,成为栈下游""栈删除引用,成为栈下游""堆删除引用,成为堆下游""栈删除引用,成为堆下游"。

2.4.2　场景 1：堆删除引用,成为栈下游

场景 1 主要描述的是对象被堆对象删除引用,成为栈对象的下游情况,伪代码如下:

```
//伪代码说明
//例如: 堆对象 4->对象 7 = 对象 7,含义是对象 7 被对象 4 引用

栈对象 1->对象 7 = 堆对象 7;          //将堆对象 7 挂在栈对象 1 下游
堆对象 4->对象 7 = null;           //对象 4 删除引用对象 7
```

现在执行上述场景代码中的第一条代码逻辑:栈对象 1->对象 7＝堆对象 7,将白色的对象 7 添加到黑色的对象 1 下游,这里需要注意的是,因为栈不启动写屏障机制,所以白色的对象 7 将直接挂在黑色的对象 1 下面,并且对象 7 的颜色依然是白色。现在扫描到对象 4,此时对象 4 被标记成了灰色,如图 2.39 所示。

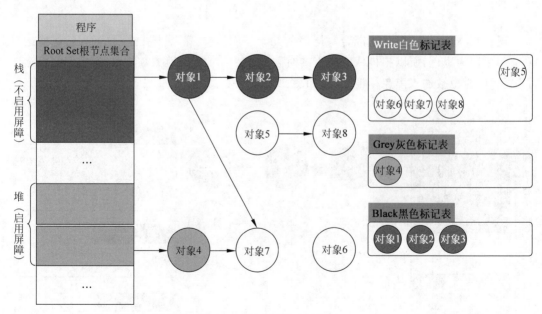

图 2.39　混合写屏障场景 1-1

然后执行上述场景代码中的第二条代码逻辑:堆对象 4->对象 7＝null,灰色的对象 4 删除白色的对象 7(删除即新赋值为 null)。这里因为对象 4 处在堆空间范围,所以会触发写屏障,被删除的对象 7 将被标记为灰色,如图 2.40 所示。

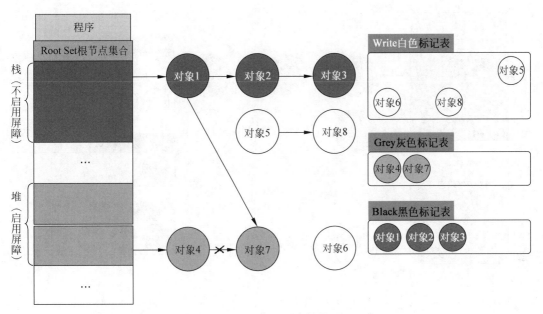

图 2.40　混合写屏障场景 1-2

所以通过场景一的情况来看，对象 7 最终被挂在了对象 1 的下游。由于对象 7 是灰色的，所以不会被当作垃圾进行回收，这样就保护了起来。在场景一的混合写屏障中，也不会再次给栈空间的对象启动 STW，再重新扫描一遍。接下来的过程就依旧遵循混合写屏障的三色标记法逻辑进行处理，最终对象 4 和对象 7 均会被标记为黑色，GC 最终会回收对象 5、对象 8 和对象 6。

2.4.3　场景 2：栈删除引用，成为栈下游

场景 2 主要描述的是对象被一个栈对象删除引用，成为另一个栈对象的下游情况，伪代码如下：

```
new 栈对象 9;                    //在栈空间新建一个对象 9
对象 9->对象 3 = 对象 3;         //将栈对象 3 挂在栈对象 9 下游
对象 2->对象 3 = null;          //对象 2 删除引用对象 3
```

现在执行上述场景代码中的第一条代码逻辑：new 栈对象 9，根据混合写屏障的限定条件，任何在栈范围上新创建的内存对象均会被标记为黑色。这里继承上述图 2.37 所描述的内存布局场景，所以对象 9 目前是被程序根节点集合引用的黑色对象，如图 2.41 所示。

然后执行上述场景代码中的第二条代码逻辑：对象 9->对象 3＝对象 3，对象 9 添加下游对象 3，因为对象 9 是栈范围空间，所以添加过程并不会触发写屏障，直接将对象 3 挂在对象 9 的下面即可，如图 2.42 所示。

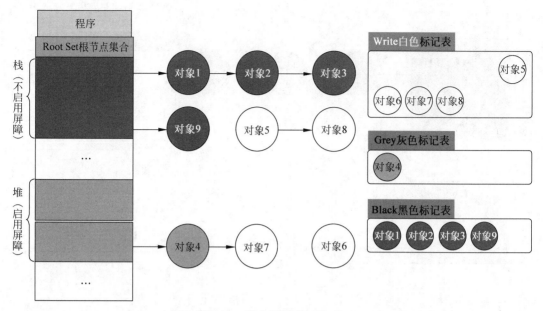

图 2.41　混合写屏障场景 2-1

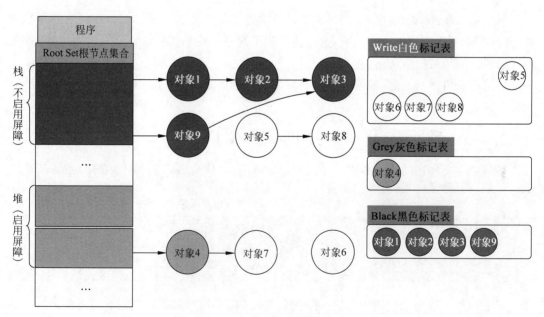

图 2.42　混合写屏障场景 2-2

　　最后执行上述场景代码中的第三条代码逻辑：对象 2->对象 3=null，对象 2 将删除下游对象 3。由于对象 2 属于栈范围内，所以依然不触发写屏障机制，对象 2 将直接将对象 3 从下游移除，如图 2.43 所示。

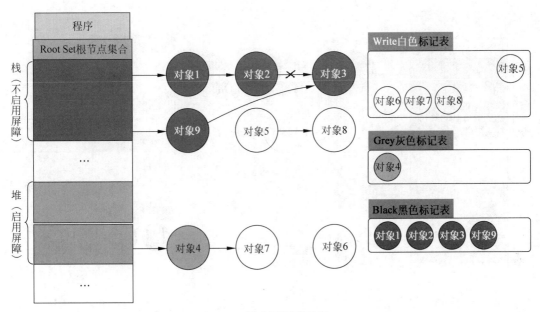

图 2.43　混合写屏障场景 2-3

通过上述过程可以看到,在混合写屏障的机制中,一个对象从一个栈对象下游转移到另一个对象的下游,由于栈对象均为黑色,所以不必启动写屏障和 STW 机制就能够保证对象的安全性,这也是混合写屏障的巧妙设计之处。

2.4.4　场景 3：堆删除引用,成为堆下游

场景 3 主要描述的是对象被一个堆对象删除引用,成为另一个堆对象下游的情况,伪代码如下:

```
堆对象 10 -> 对象 7 = 堆对象 7;          //将堆对象 7 挂在堆对象 10 下游
堆对象 4 -> 对象 7 = null;             //对象 4 删除引用对象 7
```

现在复原场景三的内存布局为在堆空间范围内有一个黑色对象 10(不为黑色也无所谓,因为对象 10 是堆空间可达对象,最终它会被标记为黑色),这里不考虑对象 10 可能是其他颜色的情况,因为黑色比较特殊。如果对象 10 为白色,则对象 10 的下游毕竟会被扫描到,也就是安全的,同理如果对象 10 为灰色,则对象 10 的下游也是安全的。只有对象 10 为黑色的时候,才会有下游内存不安全的情况,所以目前的内存布局如图 2.44 所示。

现在执行上述场景代码中的第一条代码逻辑:堆对象 10 -> 对象 7＝堆对象 7,堆对象 10 添加下游引用白色的堆对象 7。由于对象 10 是在堆空间范围内,这里的写操作将触发屏障机制,根据混合写屏障的限定条件,被添加的对象将被标记为灰色,所以白色的对象 7 将被标记为灰色,这样同时也间接地保护了白色的对象 6,如图 2.45 所示。

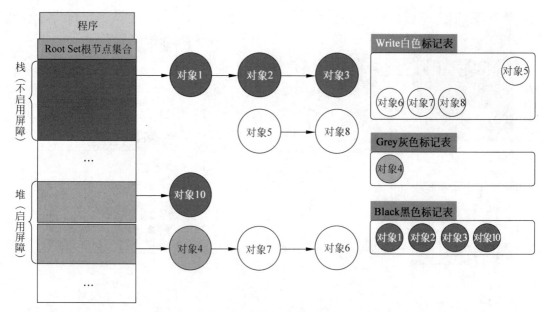

图 2.44　混合写屏障场景 3-1

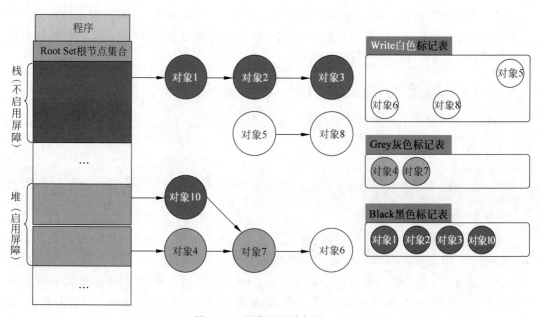

图 2.45　混合写屏障场景 3-2

　　然后执行上述场景代码中的第二条代码逻辑：堆对象 4 -> 对象 7＝null，灰色的堆对象 4 删除下游引用堆对象 7。由于对象 4 所在堆空间范围内，所以触发屏障机制，根据混合写屏障的限定条件，被删除的对象将被标记为灰色，所以将对象 7 标记为灰色（虽然对象 7 已经是灰色),如图 2.46 所示。

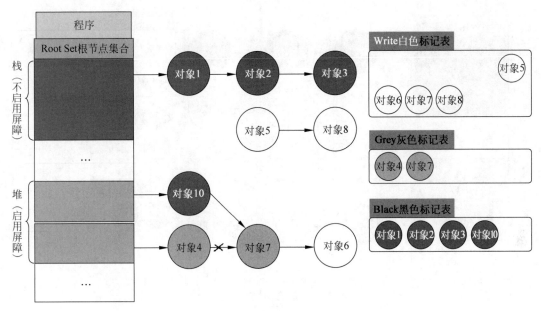

图 2.46　混合写屏障场景 3-3

通过上述几个过程,原本白色的对象 7 已经成功地从一个堆对象 4 的下面转移到一个黑色的堆对象 10 下面,并且对象 7 及它的下游对象(对象 6)均被保护起来,而整体过程中也没有用到 STW 来耽误程序的运行。

2.4.5　场景4:栈删除引用,成为堆下游

场景 4 主要描述的是对象从一个栈对象被删除引用,成为另一个堆对象的下游情况,伪代码如下:

```
栈对象1->对象2 = null;        //将栈对象1的下游对象2删除
堆对象4->对象7 = 栈对象2;     //对象4删除引用对象7,同时引用新下游对象2
```

这里依然延续图 2.37 的内存布局场景。执行上述场景代码中的第一条代码逻辑:栈对象 1->对象 2=null,栈对象 1 删除栈对象 2 的引用。由于对象 1 属于栈空间范围,所以不触发写屏障机制,此时对象 1 将直接删除对象 2 及对象 2 所关联的全部下游对象,如图 2.47 所示。

然后执行上述场景代码中的第二条代码逻辑:堆对象 4->对象 7=栈对象 2,这条代码实际上执行了两个动作。

第 1 个是将堆对象 4 之前的下游白色对象 7 删除。

第 2 个是将堆对象 4 的新下游对象添加为栈对象 2,如图 2.48 所示。

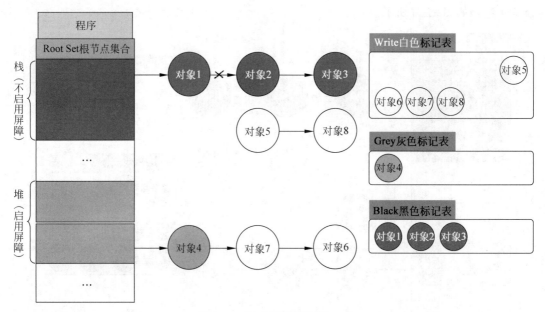

图 2.47　混合写屏障场景 4-1

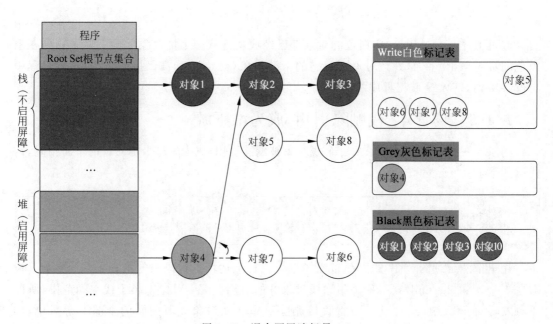

图 2.48　混合写屏障场景 4-2

当对象 4 在执行上述两个动作的时候，由于对象 4 在堆空间范围内，将触发写屏障机制，根据混合写屏障的限定条件，被删除的对象将被标记为灰色，新添加的对象也会被标记为灰色，所以对象 7 被标记为灰色对象，这样对象 7 的下游对象 6 就得到了保护。对象 2 是新添加的对象,那么对象 2 也将执行标记灰色的过程,这里由于对象 2 已经是黑色,属于安全的对象,所以对象 2 将继续保持黑色,如图 2.49 所示。

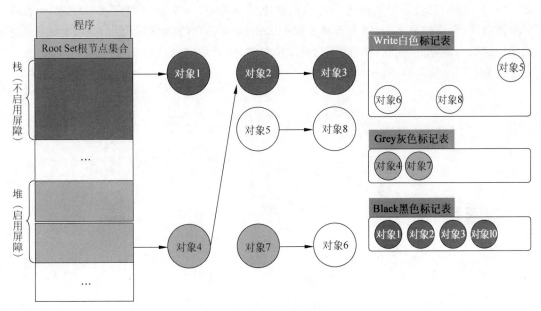

图 2.49　混合写屏障场景 4-3

最终成功地改变了一个本来是被栈引用的对象 2 挂在了堆对象 4 的下游,而依然保持内存的依赖关系和安全状态。之后会通过几次循环遍历,对象 1、对象 4、对象 2、对象 3 均会被标记为黑色,而对象 7 和对象 6 会在本轮 GC 中也被标记为黑色。本轮 GC 最后回收的白色内存是对象 5 和对象 8。

但这里有个疑问,对象 7 和对象 6 已经和程序的 Root Set 断开了,为什么却没有被回收? 这就是混合写屏障的延迟问题,在一定概率情况下,为了去掉 STW 会有一些内存延迟 1 个周期被回收。等到第二轮 GC,对象 7 和对象 6 如果没有外界添加,它们终将会成为白色垃圾内存而被回收。

2.5　小结

本章介绍了 Go 语言中内存 GC 垃圾回收机制的演进迭代。发现 GC 的回收机制一直在不断地优化,其目的是提高 GC 回收的性能。目前 Go 语言的垃圾回收性能已经非常出色了,本章只介绍到了 Go 语言的 1.8 版本,Go 语言的之后版本也有很多性能上的优化,但是几次变革较大的地方本章已介绍了。

垃圾回收目前是三色标记加上屏障机制,影响垃圾回收性能的是 STW 机制,为了保护内存的安全性,不得不有 STW,但是混合写屏障机制几乎可以完全不用 STW 进行并行的垃圾回收,程序并不需要暂停就可以动态地清理程序中的内存。

　　本章希望读者记住 Go 语言中 GC 演进的几次里程碑,它们各自也都不是十分完美的解决方案,但通过对比可以得出 Go V1.3 普通标记清除法,整体过程需要启动 STW,效率极低。Go V1.5 的三色标记加插入写屏障或删除写屏障方法,在堆空间启动写屏障,而在栈空间不启动,全部扫描之后,需要重新扫描一次栈(需要 STW),效率普通。Go V1.8 三色标记法加混合写屏障机制,在栈空间不启动屏障机制,而在堆空间启动屏障机制。整个过程几乎不需要 STW,效率较高。

第3章

Go 语言内存管理洗髓经

Go 语言的内存管理及设计也是开发者需要了解的领域之一，要理解 Go 语言的内存管理，就必须先理解操作系统及机器硬件是如何管理内存的。因为 Go 语言的内部机制是建立在这个基础之上的，它的设计本质上就是尽可能地发挥操作系统层面的优势，而避开导致低效的情况。

本章会围绕以下六个话题逐步展开。

（1）何为内存。

（2）内存为什么需要管理。

（3）操作系统是如何管理内存的。

（4）如何用 Go 语言自己实现一个内存管理模型。

（5）Go 语言内存管理之魂：TCMalloc。

（6）Go 语言中是如何管理内存的。

3.1 何为内存

说到内存，即使没有任何软件基础知识，第一印象也应该想到的是如图 3.1 所示的实物。

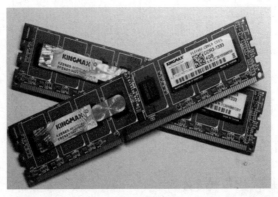

图 3.1 物理内存条

图 3.1 中的实物常被称为内存条,是计算机硬件组成的一部分,也是真正给软件提供内存的物理空间。如果计算机没有内存条,则根本谈不上有内存之说。

那么内存的作用是什么呢?如果将计算机的存储媒介中的处理性能与容量做一个对比,则会出现如图 3.2 所示的金字塔模型。

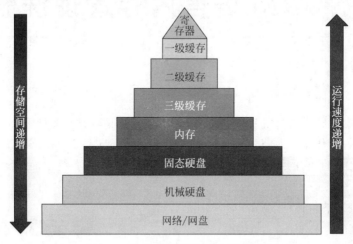

图 3.2　计算机存储媒介金字塔模型

从图 3.2 可以得出处理速度与存储容量是成反比的。也就是说,性能越强的计算机,其硬件资源越是稀缺,所以合理地利用和分配就越重要。

例如内存与硬盘的对比,因为硬盘的容量相对来讲非常廉价,虽然内存目前也可以用到 10GB 级别,但是从处理速度来看,两者的差距还是相差甚大的,具体如表 3.1 所示。

表 3.1　硬盘与内存的对比

DDR3 与硬盘速度对比	DDR4 与硬盘速度对比
DDR3 内存的读写速度大概 10GB/s	DDR4 内存的读写速度大概 50GB/s
固态硬盘的读写速度大概 300MB/s,大概是内存的三十分之一	固态硬盘的读写速度大概 300MB/s,大概是内存的二百分之一
机械硬盘的读写速度是 100MB/s,大概是内存的百分之一	机械硬盘的读写速度是 100MB/s,大概是内存的五百分之一

由于读写速度相差甚大,所以将大部分程序逻辑临时用的数据,全部存在内存之中,例如,变量、全局变量、函数跳转地址、静态库、执行代码、临时开辟的内存结构体(对象)等。

3.2　内存为什么需要管理

当存储的东西越来越多,也就发现物理内存的容量依然不够用,提高对物理内存的利用率和合理地分配内存,管理就变得非常重要了。

（1）操作系统会对内存进行非常详细的管理。

（2）基于操作系统的基础上，不同语言的内存管理机制也应运而生，有一些语言并没有提供自动的内存管理模式，有的语言却提供了自身程序的内存管理模式，如表3.2所示。

表 3.2　自动与非自动内存管理的语言

内存自动管理的语言（部分）	内存非自动管理的语言（部分）
Go	C
Java	C++
Python	Rust

为了降低内存管理的难度，像C、C++这样的编程语言会完全将分配和回收内存的权限交给开发者，而Rust则通过生命周期限定开发者对非法权限内存的访问并以此来自动回收，因而并没有提供自动管理的一套机制，但是像Go、Java、Python这类为了完全让开发者关注代码逻辑本身，语言层提供了一套管理模式。因为Go编程语言给开发者提供了一套内存管理模式，所以开发者有必要了解一下Go语言提供了哪些内存管理方式。

在理解Go语言层内存管理之前，应先了解操作系统针对物理内存提供了哪些管理方式，当插上内存条之后，通过操作系统是如何将软件存放在这个绿色的物理内存条中去的。

3.3　操作系统是如何管理内存的

对计算机来讲内存真正的载体是物理内存条，这个是实打实的物理硬件容量，所以在操作系统中定义的这部分容量叫物理内存。

物理内存的布局实际上就是一个内存大数组，如图3.3所示。

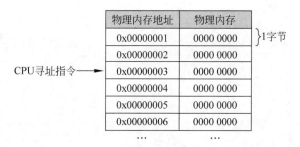

图 3.3　物理内存布局

每个元素都会对应一个地址，称为物理内存地址。CPU在运算的过程中，如果需要从内存中取1字节的数据，就需要基于这个数据的物理内存地址去运算，而且物理内存的地址是连续的，可以根据一个基准地址进行偏移来取得相应的连续内存数据。

一个操作系统是不可能只运行一个程序的，这个大数组物理内存势必要被多个程序分成多份，供每个程序使用，但是程序是活的，一个程序可能一会需要1MB的内存，一会又需要1GB的内存。操作系统只能取这个程序允许的最大内存极限来将内存分配给这个进程，但这样会导致每个进程都会多要去一部分内存,而这些多要的内存却大概率不会被使用,如图 3.4 所示。

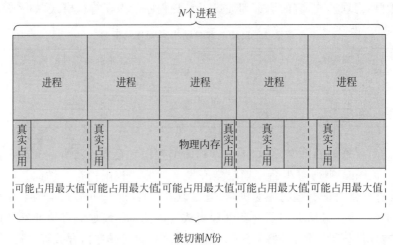

图 3.4　物理内存分配的困局

当 N 个程序同时使用同一块内存时,产生读写的冲突也在所难免。这样就会导致这些昂贵的物理内存条,几乎运行不了几个程序,内存的利用率也就提高不上来。

这就引出了操作系统的内存管理方式,操作系统提供了虚拟内存来解决这件事。

3.3.1　虚拟内存

所谓虚拟,类似假、凭空而造的意思。对比图 3.3 所示的物理内存布局,虚拟内存的大致表现方式如图 3.5 所示。

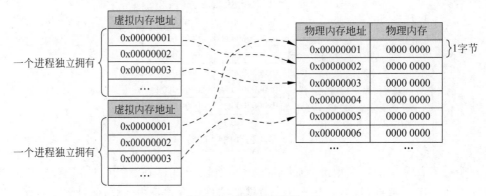

图 3.5　虚拟内存布局

虚拟内存地址是基于物理内存地址之上凭空而造的一个新的逻辑地址,而操作系统暴露给用户进程的只是虚拟内存地址,操作系统内部会对虚拟内存地址和真实的物理内存地址建立映射关系,来管理地址的分配,从而使物理内存的利用率提高。

这样用户程序(进程)只能使用虚拟的内存地址获取数据,系统会将这个虚拟地址翻译成实际的物理地址。这里每个程序统一使用一套连续虚拟地址,例如 0x 0000 0000～0x ffff ffff。从程序的角度来看,它觉得自己独享了一整块内存,并且不用考虑访问冲突的问题。系统会将虚拟地址翻译成物理地址,从内存上加载数据。

但如果仅仅把虚拟内存直接理解为地址的映射关系,那就低估虚拟内存的作用了。

虚拟内存的目的是解决以下几件事:

(1) 物理内存无法被最大化利用。

(2) 程序逻辑内存空间使用独立。

(3) 内存不够,继续虚拟磁盘空间。

对于(1)和(2)两点,上述已经有一定的描述了,其中针对(1)的最大化,虚拟内存还实现了"读时共享,写时复制"的机制,可以在物理层同一字节的内存地址被多个虚拟内存空间映射,表现方式如图 3.6 所示。

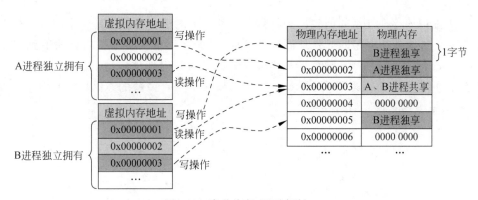

图 3.6　读时共享,写时复制

如图 3.6 所示,如果一个进程需要进行写操作,则这个内存将会被复制一份,成为当前进程的独享内存。如果是读操作,则可能多个进程访问的物理空间是相同的空间。

如果一个内存几乎是被读取的,则可能多个进程共享同一块物理内存,但是它们的各自虚拟内存是不同的。当然这个共享并不是永久的,当其中有一个进程对这个内存发生写操作时,就会复制一份,执行写操作的进程就会将虚拟内存地址映射到新的物理内存地址上。

对于第(3)点,是虚拟内存为了最大化利用物理内存,如果进程使用的内存足够大,则会导致物理内存短暂的供不应求,此时虚拟内存也会"开疆拓土"从磁盘(硬盘)上虚拟出一定量的空间,挂在虚拟地址上,而且这个动作对于进程来讲是不知道的,因为进程只能够"看见"自己的虚拟内存空间,如图 3.7 所示。

综上可见虚拟内存的重要性,不仅提高了利用率,而且整条内存调度的链路完全是对用户物理内存透明,用户可以安心地使用自身进程独立的虚拟内存空间进行开发。

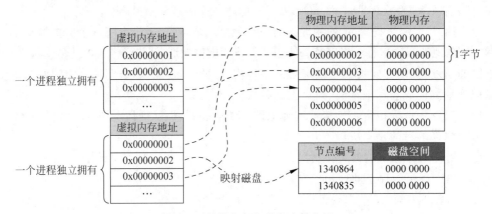

图 3.7　虚拟内存从磁盘映射空间

3.3.2　MMU 内存管理单元

对于虚拟内存地址是如何映射到物理内存地址上的呢？会不会是一个固定匹配地址逻辑处理的？假设使用固定匹配地址逻辑做映射，可能会出现很多虚拟内存映射到同一个物理内存上，如果发现被占用，则会再重新映射。这样对映射地址寻址的代价极大，所以操作系统又加了一层专门用来管理虚拟内存和物理内存映射关系的东西，即 MMU（Memory Management Unit，内存管理单元），如图 3.8 所示。

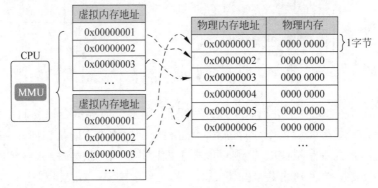

图 3.8　MMU 内存管理单元

MMU 是在 CPU 里的，或者说是 CPU 具有一个 MMU，下面来介绍一下 MMU 具体的管理逻辑。

3.3.3　虚拟内存本身怎么存放

虚拟内存本身是通过一个叫页表（Page Table）的东西实现的，接下来介绍页和页表这两个概念。

1. 页

页是操作系统中用来描述内存大小的一个单位名称。一个页的含义是大小为 4KB（1024×4＝4096 字节）的内存空间。操作系统对虚拟内存空间是按照这个单位来管理的。

2. 页表

页表实际上就是页的集合，即基于页的一个数组。页只表示内存的大小，而页表条目（PTE[①]）才是页表数组中的一个元素。

为了方便读者理解，下面用一个抽象的图来表示页、页表、页表元素 PTE 的概念和关系，如图 3.9 所示。

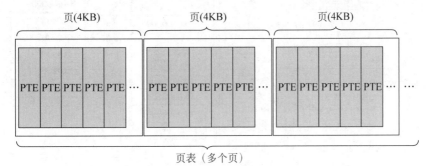

图 3.9　页、页表、PTE 之间的关系

虚拟内存的实现方式，大多数是通过页表实现的。操作系统虚拟内存空间被分成一页一页来管理，每页的大小为 4KB（当然这是可以配置的，不同操作系统不一样）。磁盘和主内存之间的置换也是以页为单位来操作的。4KB 算是通过实践折中出来的通用值，太小了会出现频繁置换，太大了又会浪费内存。

虚拟内存到物理内存的映射关系的存储结构类似上述图 3.9 中的页表记录，实则是一个数组。这里需要注意的是，页是一次读取的内存单元，但是真正到虚拟内存寻址的是 PTE，也就是页表中的一个元素。PTE 的大致内部结构如图 3.10 所示。

可以看出每个 PTE 是由一个有效位和一个物理页号或者磁盘地址组成，有效位表示当前虚拟页是否已经被缓存在主内存中（或者CPU 的高速缓存 Cache 中）。

	有效位	物理内存页号或磁盘地址	
1个PTE {	0	Null	PTE0
	1	0xff112233	PTE1
	0	Null	PTE2
	0	0x33ac93f1	PTE3
	1	0xbcff1463	PTE4

图 3.10　PTE 内部构造

虚拟页为何会有是否已经被缓存在主内存中一说？虚拟页表（简称页表）虽然作为虚拟

[①]　PTE 是 Page Table Entry 的缩写，表示页表条目。PTE 由一个有效位和 N 位地址字段构成，能够有效标识这个虚拟内存地址是否分配了物理内存。

内存与物理内存的映射关系,但是本身也需要存放在某个位置上,所以自身也占用一定内存,所以页表本身也被操作系统放在物理内存的指定位置。CPU 把虚拟地址给 MMU,MMU 去物理内存中查询页表,得到实际的物理地址。当然 MMU 不会每次都去查询,它自己也有一份缓存,叫作 Translation Lookaside Buffer(TLB)[①],是为了加速地址翻译。CPU、MMU 与 TLB 的相互关系如图 3.11 所示。

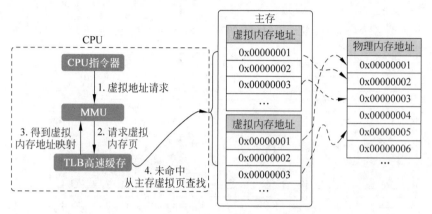

图 3.11　CPU、MMU 与 TLB 的交互关系

从图 3.11 可以看出,TLB 是虚拟内存页,即虚拟地址和物理地址映射关系的缓存层。MMU 当收到地址查询指令,第一时间请求 TLB,如果没有才会进行从内存中的虚拟页进行查找,这样可能会触发多次内存读取,而读取 TLB 则不需要内存读取,所进程读取的步骤如下:

(1)CPU 进行虚拟地址请求 MMU。

(2)MMU 优先从 TLB 中得到虚拟页。

(3)如果得到,则返给上层。

(4)如果没有,则从主存的虚拟页表中查询关系。

下面继续分析 PTE 的内部构造,根据有效位的特征可以得到不同的含义:

(1)有效位为 1,表示虚拟页已经被缓存在内存(或者 CPU 高速缓存 TLB-Cache)中。

(2)有效位为 0,表示虚拟页未被创建且没有占用内存(或者 CPU 高速缓存 TLB-Cache),或者表示已经创建虚拟页,但是并没有存储到内存(或者 CPU 高速缓存 TLB-Cache)中。

通过上述的标识位,可以将虚拟页集合分成三个子集,如表 3.3 所示。

---

① CPU 每次访问虚拟内存,虚拟地址都必须转换为对应的物理地址。从概念上讲,这个转换需要遍历页表,页表是三级页表,需要 3 次内存访问。也就是说,每次虚拟内存访问都会导致 4 次物理内存访问。简单点说,如果一次虚拟内存访问对应了 4 次物理内存访问,肯定比 1 次物理访问慢,这样虚拟内存肯定不会发展起来。幸运的是,有一个聪明的做法解决了大部分问题:现代 CPU 使用一小块关联内存,用来缓存最近访问的虚拟页的 PTE。这块内存称为 Translation Lookaside Buffer(TLB),参考 IA-64 Linux Kernel:Design and Implementation。

表 3.3　虚拟页被分成的三个子集

有　效　位	集　合　特　征
1	虚拟内存已创建和分配页,已缓存在物理内存(或 TLB-Cache)中
0	虚拟内存还未分配或创建
0	虚拟内存已创建和分配页,但未缓存在物理内存(或 TLB-Cache)中

对于 Go 语言开发者,对虚拟内存的存储结构了解到此步即可,如果想更深入地了解 MMU 存储结果,则可以翻阅其他操作系统或硬件相关书籍或资料。下面来分析一下访问一次内存的整体流程。

3.3.4　CPU 内存访问过程

一次 CPU 内存访问的详细流程如图 3.12 所示。

当某个进程进行一次内存访问指令请求时,将触发如图 3.12 所示的内存访问,具体的访问流程如下:

(1) 进程将内存相关的寄存器指令请求运算发送给 CPU,CPU 得到具体的指令请求。

(2) 计算指令被 CPU 加载到寄存器中,准备执行相关指令逻辑。

(3) CPU 对相关可能请求的内存生成虚拟内存地址。一个虚拟内存地址包括虚拟页号 VPN(Virtual Page Number)和虚拟页偏移量 VPO(Virtual Page Offset)[①]。

(4) 从虚拟地址中得到虚拟页号 VPN。

(5) 通过虚拟页号 VPN 请求 MMU 内存管理单元。

(6) MMU 通过虚拟页号查找对应的 PTE 条目(优先层 TLB 缓存查询)。

(7) 通过得到对应的 PTE 上的有效位来判断当前虚拟页是否在主存中。

(8) 如果索引到的 PTE 条目的有效位为 1,则表示命中,将对应 PTE 上的物理页号 PPN(Physical Page Number)和虚拟地址中的虚拟页偏移量 VPO 进行串联从而构造出主存中的物理地址 PA(Physical Address)[②],进入步骤(9)。

(9) 通过物理内存地址访问物理内存,当前的寻址流程结束。

(10) 如果有效位为 0,则表示未命中,一般称这种情况为缺页。此时 MMU 将产生一个缺页异常,抛给操作系统。

(11) 操作系统捕获到缺页异常,开始执行异常处理程序。

(12) 此时将选择一个牺牲页并将对应的所缺虚拟页调入并更正新页表上的 PTE,如果当前牺牲页有数据,则写入磁盘,得到物理内存页号 PPN(Physical Page Number)。

(13) 缺页处理程序更新之前索引到的 PTE,并且写入物理内存页号 PPN,有效位设置为 1。

---

① 一个虚拟地址 VA(Virtual Address)＝ 虚拟页号 VPN＋虚拟页偏移量 VPO。

② 一个物理地址 PA(Physical Address)＝物理页号 PPN×页长度 PageSize＋物理页号偏移 PPO(Physical Page Offset)。

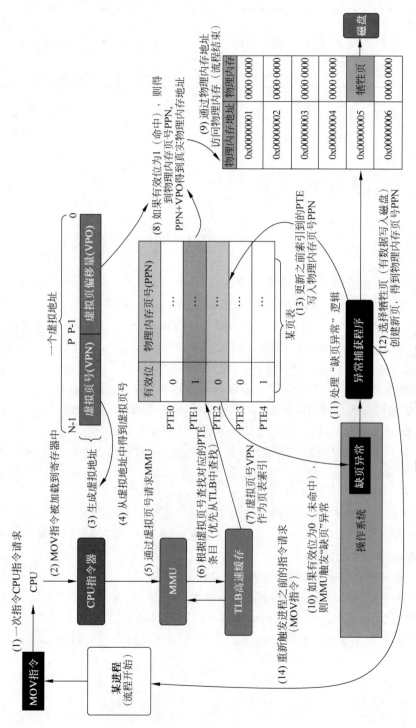

图 3.12 一次 CPU 内存访问的详细流程

(14) 缺页处理程序再次返回原来的进程，并且再次执行缺页指令，CPU 重新将虚拟地址发给 MMU，此时虚拟页已经存在物理内存中，本次一定会命中，通过步骤(1)～(9)流程，最终将请求的物理内存返给处理器。

以上就是一次 CPU 访问内存的详细流程。可以看出来在上述流程中，从第(10)步之后的流程就稍微有一些烦琐。类似产生异常信号、捕获异常，再处理缺页流程，如选择牺牲页，还要将牺牲页的数据存储到磁盘上等，所以如果频繁地执行步骤(10)～(14)会对性能影响很大。因为牺牲页有可能涉及磁盘的访问，而磁盘的访问速度非常慢，这样就会引发程序性能的急剧下降。

一般步骤(1)～(9)流程结束则表示页命中，反之为未命中，所以就会出现一个新的性能级指标，即命中率。命中率是访问次数与页命中次数之比。一般命中率低说明物理内存不足，数据在内存和磁盘之间交换频繁，但如果物理内存充分，则不会出现频繁的内存颠簸现象。

3.3.5　内存的局部性

上述了解到的内存命中率实际上是衡量每次内存访问均能被页直接寻址到而不是产生缺页的指标，所以如果经常在一定范围内，则出现缺页的情况就会降低，这就是程序的一种局部性特性的体现。

局部性就是在多次内存引用的时候，会出现有的内存被引用多次，而且在该位置附近的其他位置，也有可能接下来被引用。大多数程序会具备局部性的特点。

实际上操作系统在设计过程中经常会用到缓存来提升性能，或者在设计解决方案等架构的时候也会考虑到缓存或者缓冲层的概念，实则就是利用程序或业务的局部性特征。因为如果没有局部性的特性，则缓存级别将起不到太大的作用，所以在设计程序或者业务的时候应该多考虑增强程序局部性的特征，这样的程序执行起来会更快。

下面通过一个非常典型的案例来验证程序局部性，具体的代码如下：

```
//第一篇/chapter3/MyGolang/loop.go
package MyGolang

func Loop(nums []int, step int) {
    l : = len(nums)
    for i : = 0; i < step; i++{
        for j : = i; j < l; j += step {
            nums[j] = 4 //访问内存,并写入值
        }
    }
}
```

Loop()函数的功能是遍历数组 nums，并且将 nums 中的每个元素均设置为 4，但是这里用了一个 step 来规定每次遍历的跨度。可以跟读上述代码，如果 step 等于 1，则外层 for

循环只会执行 1 次,内层 for 循环则正常遍历 nums,与此相当的代码如下:

```go
func Loop(nums []int, step int) {
    l := len(nums)
    for j := 0; j < l; j += 1 {
        nums[j] = 4 //访问内存,并写入值
    }
}
```

如果 Step 等于 3,则表示外层 for 循环要一共完成 3 次,内层 for 循环每次遍历的数组下标值都相差 3。第一次遍历会被遍历的 nums 下标为 0、3、6、9、12……,第二次遍历会遍历的 nums 下标为 1、4、7、10、13……,第三次遍历会被遍历的 nums 下标为 2、5、8、11、14……,这样 3 次外循环就会完整遍历 nums 数组。

上述的程序表示访问数组的局部性,step 跨度越小,则表示访问 nums 相邻内存的局部性越好,step 越大则相反。

接下来用 Go 语言的 Benchmark 性能测试来分别对 step 取不同的值进行压测,来看一看通过 Benchmark 执行 Loop() 函数而统计出来的几种情况,最终消耗的时间差距为多少。首先创建 loop_test.go 文件,实现一个制作数组并且赋值初始化内存值的函数 CreateSource(),代码如下:

```go
//第一篇/chapter3/MyGolang/loop_test.go
package MyGolang

import "testing"

func CreateSource(len int) []int {
    nums := make([]int, 0, len)

    for i := 0 ; i < len; i++{
        nums = append(nums, i)
    }

    return nums
}
```

其次实现一个 Benchmark,制作一个长度为 10000 的数组,这里需要注意的是,创建完数组后要执行 b.ResetTimer() 重置计时,去掉 CreateSource() 消耗的时间,step 跨度为 1 的代码如下:

```go
//第一篇/chapter3/MyGolang/loop_test.go

func BenchmarkLoopStep1(b * testing.B) {
```

```
//制作源数据,长度为10000
src : = CreateSource(10000)

b. ResetTimer()
for i: = 0; i < b. N; i++{
    Loop(src, 1)
    }
}
```

Go 语言中的 b. N 表示 Go 一次压测最终循环的次数。BenchmarkLoopStep1()会将 *N* 次的总耗时时间除以 *N*,得到平均一次执行 Loop()函数的耗时。因为要对比多个 step 的耗时差距,按照上述代码再依次实现 step 为 2、3、4、5、6、12、16 等 Benchmark 性能测试,代码如下:

```
//第一篇/chapter3/MyGolang/loop_test.go
func BenchmarkLoopStep2(b * testing. B) {
    //制作源数据,长度为10000
    src : = CreateSource(10000)

    b. ResetTimer()
    for i: = 0; i < b. N; i++{
        Loop(src, 2)
    }
}

func BenchmarkLoopStep3(b * testing. B) {
    //制作源数据,长度为10000
    src : = CreateSource(10000)

    b. ResetTimer()
    for i: = 0; i < b. N; i++{
        Loop(src, 3)
    }
}

func BenchmarkLoopStep4(b * testing. B) {
    //制作源数据,长度为10000
    src : = CreateSource(10000)

    b. ResetTimer()
    for i: = 0; i < b. N; i++{
        Loop(src, 4)
    }
```

```
}

func BenchmarkLoopStep5(b * testing.B) {
    //制作源数据,长度为10000
    src : = CreateSource(10000)

    b.ResetTimer()
    for i: = 0; i < b.N; i++{
        Loop(src, 5)
    }
}

func BenchmarkLoopStep6(b * testing.B) {
    //制作源数据,长度为10000
    src : = CreateSource(10000)

    b.ResetTimer()
    for i: = 0; i < b.N; i++{
        Loop(src, 6)
    }
}

func BenchmarkLoopStep12(b * testing.B) {
    //制作源数据,长度为10000
    src : = CreateSource(10000)

    b.ResetTimer()
    for i: = 0; i < b.N; i++{
        Loop(src, 12)
    }
}

func BenchmarkLoopStep16(b * testing.B) {
    //制作源数据,长度为10000
    src : = CreateSource(10000)

    b.ResetTimer()
    for i: = 0; i < b.N; i++{
        Loop(src, 16)
    }
}
```

上述每个 Benchmark 都是相似的代码,只有 step 传参不同,接下来通过执行下述指令进行压测,指令如下:

```
$ go test – bench = . – count = 3
```

其中"count＝3"表示每个Benchmark要执行3次,这样可以更好地验证上述的结果,
具体的运行结果如下:

```
goos: darwin
goarch: amd64
pkg: MyGolang
BenchmarkLoopStep1 – 12          366787          2792 ns/op
BenchmarkLoopStep1 – 12          432235          2787 ns/op
BenchmarkLoopStep1 – 12          428527          2849 ns/op
BenchmarkLoopStep2 – 12          374282          3282 ns/op
BenchmarkLoopStep2 – 12          363969          3263 ns/op
BenchmarkLoopStep2 – 12          361790          3315 ns/op
BenchmarkLoopStep3 – 12          308587          3760 ns/op
BenchmarkLoopStep3 – 12          311551          4369 ns/op
BenchmarkLoopStep3 – 12          289584          4622 ns/op
BenchmarkLoopStep4 – 12          275166          4921 ns/op
BenchmarkLoopStep4 – 12          264282          4504 ns/op
BenchmarkLoopStep4 – 12          286933          4869 ns/op
BenchmarkLoopStep5 – 12          223366          5609 ns/op
BenchmarkLoopStep5 – 12          202597          5655 ns/op
BenchmarkLoopStep5 – 12          214666          5623 ns/op
BenchmarkLoopStep6 – 12          187147          6344 ns/op
BenchmarkLoopStep6 – 12          177363          6397 ns/op
BenchmarkLoopStep6 – 12          185377          6333 ns/op
BenchmarkLoopStep12 – 12         126860          9660 ns/op
BenchmarkLoopStep12 – 12         127557          9741 ns/op
BenchmarkLoopStep12 – 12         126658          9492 ns/op
BenchmarkLoopStep16 – 12          95116         12754 ns/op
BenchmarkLoopStep16 – 12          95175         12591 ns/op
BenchmarkLoopStep16 – 12          92106         12533 ns/op
PASS
ok   MyGolang 31.712s
```

对上述结果以第一行为例进行简单解读:

(1) BenchmarkLoopStep1－12中的12表示GOMAXPROCS(线程数)为12,这个在此
处不需要过度关心。

(2) 366787表示一共执行了366787次,即代码中b.N的值,这个值不是固定不变的。
实际上是通过循环调用366787次Loop()函数得到的最后性能结果。

(3) 2792 ns/op表示平均每次执行Loop()函数所消耗的时间是2792ns。

通过上述结果可以看出,随着Step参数的增加,内存访问的局部性就越差,执行Loop()的

性能也就越差,从 Step 为 16 和 Step 为 1 的结果来看,性能相差近 4~5 倍。

通过结果可以得出结论,如果要设计出一个更加高效的程序,则提高代码的局部性访问是非常有效的程序性能优化手段之一。

思考 在 Go 语言的 GPM 调度器模型中,为什么一个 G 开辟的子 G 优先放在当前的本地 G 队列中,而不是放在其他 M 上的本地 P 队列中? GPM 为何要满足局部性的调度设计?

3.4 如何用 Go 语言实现内存管理和内存池设计

本节介绍自主实现一个内存管理模块大致需要哪些基础的开发和组件建设。接下来的一些代码不需要读者去掌握,因为 Go 语言已经给开发者提供了内存管理模式,开发者不需要关心 Go 语言的内存分配情况,但是为了更好地理解 Go 语言的内存管理模型,需要了解如果自己实现一套简单的内存管理模块应该需要关注哪些点和需要实现哪些必要的模块和机制。

本节接下来的内容即是通过 Go 语言自我实现一个内存管理模块和内存池的建设,该模块非企业级开发而是帮助理解内存管理模型的教程型代码。

3.4.1 基于 Cgo 的内存 C 接口封装

因为 Go 语言已经内置了内存管理机制,所以如果用 Go 语言原生的语法结构(如 Slice、String、Map 等)都会自动触发 Go 语言的内存管理机制。本案例为了介绍如何实现一个自我管理的内存模型,所以直接使用 C 语言的 malloc()、free()系统调用来开辟和释放内存空间,使用 C 语言的 memcpy()、memmove()等进行内存的复制和移动。至于如何封装 Go 语法的 Malloc()、Free()、Memcpy()、Memmove()等函数,即利用了 Go 语言中的 Cgo 机制。

注意 Cgo 提供了 Go 语言和 C 语言相互调用的机制。可以通过 Cgo 用 Go 调用 C 的接口,对于 C++的接口可以用 C 包装一下提供给 Go 调用。被调用的 C 代码可以直接以源代码形式提供或者打包静态库或动态库在编译时的链接。

Cgo 的具体使用教程本章将不继续详细介绍,本章主要介绍在内存管理设计中所涉及的部分 Cgo 语法。

创建一个 zmem/目录,作为当前内存实现案例的项目名称。在 zmem/目录下再创建 c/文件夹,这里用来实现通过 Cgo 来封装 C 语言的内存管理接口。

在 c/目录下创建 memory.go 文件,分别封装 C 语言的内存接口,代码如下:

```
//zmem/c/memory.go

package c
```

```
/*
# include < string. h>
# include < stdlib. h>
*/
import "C"
import "unsafe"

func Malloc(size int) unsafe.Pointer {
    return C.malloc(C.size_t(size))
}

func Free(data unsafe.Pointer) {
    C.free(data)
}

func Memmove(dest, src unsafe.Pointer, length int) {
    C.memmove(dest, src, C.size_t(length))
}

func Memcpy(dest unsafe.Pointer, src []Byte, length int) {
    srcData : = C.CBytes(src)
    C.memcpy(dest, srcData, C.size_t(length))
}
```

接下来分别介绍上述代码几个需要注意的地方。

1. import "C"

代表 Cgo 模块的启动,其中 import "C"上面的全部注释代码(中间不允许有空白行)均为 C 语言原生代码。因为在下述接口封装中使用了 C 语言的 malloc()、free()、memmove()、memcpy()等函数,这些函数的声明需要包含头文件 string. h 和 stdlib. h,所以在注释部分添加了导入这两个头文件的代码,并且通过 import "C"导入。

2. unsafe. Pointer

这里以 malloc()系统调用为例,通过 man[①] 手册查看 malloc()函数的原型如下:

```
# include < stdlib. h>

void * malloc(size_t size);
```

函数 malloc()形参是 C 语言中的 size_t 数据类型,在 Go 语言中使用对应的 C 类型是 C. size_t,一般的 C 基本类型只需通过 C 包直接访问,但是对于 malloc()的返回值 void* 来

---

① Man 手册页(Manua pages,man page)是 Linux 操作系统在线软件文档的一种普遍形式。内容包括计算机程序库和系统调用等命令的帮助手册。

讲,这是一个万能指针,其用法类似 Go 语言中的 interface{},但是在语法上并不能将二者直接画等号,而 Go 语言给开发者提供了一个可以直接对等 C 中 void* 的数据类型,即 unsafe.Pointer。unsafe.Pointer 是 Go 语言封装好的可以比较自由访问的指针类型,其含义和 void* 万能指针相似。在语法上,也可以直接将 void* 类型数据赋值给 unsafe.Pointer 类型数据。

3. Go 与 C 的字符串等类型转换

在 Cgo 中 Go 的字符串与 Byte 数组都会转换为 C 的 char 数组,其中 Go 的 Cgo 模块提供了几种方法供开发者使用:

```
//Go 字符串转换为 C 字符串.C 字符串使用 malloc 分配,因此需要使用 C.free 以避免内存泄漏
func C.CString(string) * C.char

//Go Byte 数组转换为 C 的数组.使用 malloc 分配的空间,因此需要使用 C.free 避免内存泄漏
func C.CBytes([]Byte) unsafe.Pointer

//C 字符串转换为 Go 字符串
func C.GoString( * C.char) string

//C 字符串转换为 Go 字符串,指定转换长度
func C.GoStringN( * C.char, C.int) string

//C 数据转换为 Byte 数组,指定转换的长度
func C.GoBytes(unsafe.Pointer, C.int) []Byte
```

其中 C.CBytes()方法可以将 Go 的[]Byte 切片转换成 unsafe.Pointer 类型。利用这个转换功能,来分析一下是如何封装 memcpy()函数的:

```
func Memcpy(dest unsafe.Pointer, src []Byte, length int) {
    srcData := C.CBytes(src)
    C.memcpy(dest, srcData, C.size_t(length))
}
```

新封装的 Memcpy()的第 1 个形参是任意指针类型,表示复制的目标地址;第 2 个形参是[]Byte 类型,表示被复制的源数据;第 3 个参数表示本次复制数据的长度。因为 C 语言中的 memcpy()函数的原型如下:

```
# include < string.h >

void * memcpy(void * dst, const void * src, size_t n);
```

对于 src 数据源形参需要[]Byte 转换为 unsafe.Pointer,因此在调用 C 的接口时应通

过 C. CBytes()转换一下。

Free()和 Memmove()方法的封装和上述一样。Free()与 Malloc()对应，Memmove()
为移动一块连续内存。

接下来将上述封装做一个简单的单元测试，在 c/目录下创建 memory_test. go 文件，实
现代码如下：

```go
package c_test

import (
    "zmem/c"
    "Bytes"
    "encoding/binary"
    "fmt"
    "testing"
    "unsafe"
)

func IsLittleEndian() bool {
    var n int32 = 0x01020304

    //下面是为了将 int32 类型的指针转换成 Byte 类型的指针
    u := unsafe.Pointer(&n)
    pb := ( * Byte)(u)

    //取得 pb 位置对应的值
    b := * pb

    //由于 b 是 Byte 类型，最多保存 8 位，所以只能取得开始的 8 位
    //小端：04 (03 02 01)
    //大端：01 (02 03 04)
    return (b == 0x04)
}

func IntToBytes(n uint32) []Byte {
    x := int32(n)
    BytesBuffer := Bytes.NewBuffer([]Byte{})

    var order binary.ByteOrder
    if IsLittleEndian() {
        order = binary.LittleEndian
    } else {
        order = binary.BigEndian
    }
```

```
        binary.Write(BytesBuffer, order, x)

        return BytesBuffer.Bytes()
}

func TestMemoryC(t * testing.T) {
        data := c.Malloc(4)
        fmt.Printf(" data % + v, % T\n", data, data)
        myData := ( * uint32)(data)
         * myData = 5
        fmt.Printf(" data % + v, % T\n", * myData, * myData)

        var a uint32 = 100
        c.Memcpy(data, IntToBytes(a), 4)
        fmt.Printf(" data % + v, % T\n", * myData, * myData)

        c.Free(data)
}
```

单元测试接口是 TestMemoryC(),首先通过 Malloc()开辟 4 字节内存,然后将这 4 字节赋值为 5,打印结果看 data 的值是否为 5。最后将 100 通过 Memcpy()复制给这 4 字节,看最后的结果是否为 100,运行结果如下:

```
=== RUN   TestMemoryC
data 0x9d040a0, unsafe.Pointer
data 5, uint32
data 100, uint32
--- PASS: TestMemoryC (0.00s)
PASS
```

通过单元测试结果来看,目前的内存开辟和复制的相关接口可以正常使用,接下来基于这些接口实现内存管理的模块。

3.4.2　基础内存缓冲 Buf 实现

在 zmem 目录下再创建 mem 文件夹,包 mem 模块作为内存管理相关代码的包名,然后在 mem 目下面创建 buf.go 文件,作为 Buf 的代码实现,文件路径结构如下:

```
zmem/
├──  README.md
├──  c/
│     ├──  memory.go
│     └──  memory_test.go
```

```
├── go.mod
├── mem/
    └── buf.go
```

接下来定义一个 Buf 数据结构，具体的定义如下：

```go
//zmem/mem/buf.go

package mem

import "unsafe"

type Buf struct {
    //如果存在多个buffer,则采用链表的形式连接起来
    Next * Buf
    //当前 buffer 的缓存容量大小
    Capacity int
    //当前 buffer 的有效数据长度
    length int
    //未处理数据的头部位置索引
    head int
    //当前 buf 所保存的数据地址
    data unsafe.Pointer
}
```

一个 Buf 内存缓冲包含以下几个成员属性：

（1）Capacity，表示当前缓冲的容量大小，实则是底层内存分配的最大内存空间上限。

（2）length，当前缓冲区的有效数据长度，有效数据长度为用户存入但又未访问的剩余数据长度。

（3）head，缓冲中未处理的头部位置索引。

（4）data，当前 buf 所保存内存的首地址指针，这里用的是 unsafe.Pointer 类型，表示data 所存放的为基础的虚拟内存地址。

（5）Next，Buf 类型的指针，指向下一个 Buf 地址。Buf 与 Buf 之间的关系是一个链表结构。

一个 Buf 的数据内存结构布局如图 3.13 所示。

Buf 采用链表的集合方式，每个 Buf 通过 Next 进行关联，其中 Data 为指向底层开辟出来供用户使用的内存。一个内存中有几个刻度索引，内存首地址索引位置定义为 0，Head为当前用户应用有效数据的首地址索引，Length 为有效数据尾地址索引，有效数据的长度为"Length-Head"。Capacity 是开辟内存的尾地址索引，表示当前 Buf 的可使用内存容量。

接下来提供一个 Buf 的构造方法，具体的代码如下：

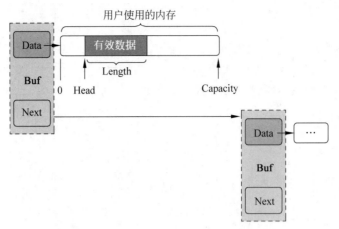

图 3.13　Buf 的数据内存结构布局

```
//zmem/mem/buf.go

//构造,创建一个 Buf 对象
func NewBuf(size int) * Buf {
  return &Buf{
    Capacity: size,
    length: 0,
    head: 0,
    Next: nil,
    data : c.Malloc(size),
  }
}
```

　　NewBuf( )接收一个 size 形参,用来表示开辟的内存空间长度。这里调用封装的 c.Malloc()方法来申请 size 长度的内存空间,并且赋值给 data。

　　Buf 被初始化之后,需要给 Buf 赋予让调用方传入数据的接口,这里允许一个 Buf 的内存可以赋予[]Byte 类型的源数据,方法名称是 SetBytes(),定义如下:

```
//zmem/mem/buf.go

//给一个 Buf 填充[]Byte 数据
func (b * Buf) SetBytes(src []Byte) {
  c.Memcpy(unsafe.Pointer(uintptr(b.data) + uintptr(b.head)), src, len(src))
  b.length += len(src)
}
```

　　操作一共由两个过程组成:

（1）将［］Byte 源数据 src 通过 C 接口的内存复制，给 Buf 的 data 赋值。这里需要注意的是被复制的 data 的起始地址是 b. head。

（2）复制之后 Buf 的有效数据长度要相应地累加偏移，具体的过程如图 3.14 所示。

这里需要注意的是，复制的起始地址会基于 data 的基地址向右偏移 head 的长度，因为定义从 Head 到 Length 是有效的合法数据。对于 unsafe. Pointer 的地址偏移需要转换为 uintptr 类型进行地址计算。

与 SetBytes（）对应的是 GetBytes（），是从 Buf 的 data 中获取数据，具体实现代码如下：

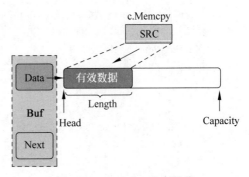

图 3.14　SetBytes 内存操作

```
//zmem/mem/buf.go

//获取一个 Buf 的数据，以[ ]Byte 形式展现
func (b * Buf) GetBytes() []Byte {
    data : = C.GoBytes(unsafe.Pointer(uintptr(b.data) + uintptr(b.head)), C.int(b.length))
    return data
}
```

其中 C. GoBytes（）是 Cgo 模块提供的将 C 数据转换为 Byte 数组的一个函数，并且可指定转换的长度。

取数据的起始地址依然是基于 data 进行 head 长度的偏移。

Buf 还需要提供一个 Copy（）方法，用来将其他 Buf 缓冲对象直接复制到自身当中，并且 head、length 等与对方完全一样，具体实现的代码如下：

```
//zmem/mem/buf.go

//将其他 Buf 对象数据复制到自己中
func (b * Buf) Copy(other * Buf) {
    c.Memcpy(b.data, other.GetBytes(), other.length)
    b.head = 0
    b.length = other.length
}
```

接下来需要提供可以移动 head 的方法，其作用是缩小有效数据长度，当调用方已经使用了一部分数据之后，这部分数据可能会变成非法的非有效数据，所以就需要将 head 向后偏移，以便缩小有效数据的长度，Buf 将提供一个名字叫 Pop（）的方法，具体定义如下：

```
//zmem/mem/buf.go

//处理长度为 len 的数据,移动 head 和修正 length
func (b * Buf) Pop(len int) {
    if b.data == nil {
        fmt.Printf("pop data is nil")
        return
    }
    if len > b.length {
        fmt.Printf("pop len > length")
        return
    }
    b.length -= len
    b.head += len
}
```

　　一次 Pop()操作,首先会判断弹出合法有效数据的长度是否越界,然后对应的 head 向右偏移,length 的有效长度相应地缩减,具体的流程如图 3.15 所示。

　　因为调用方经常地获取数据,然后调用 Pop()缩减有效长度,这样不出几次,可能就会导致 head 越来越接近 Capacity,也会导致有效数据之前的已经过期的非法数据越来越多,所以 Buf 需

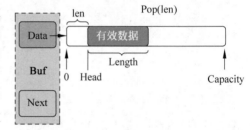

图 3.15　Pop 内存操作的 head 与 length 偏移

要提供一个 Adjust()方法,来将有效数据的内存迁移至 data 基地址位置,覆盖之前的已使用过的过期数据,将后续的空白可使用空间扩大。Adjust()的实现方法如下:

```
//zmem/mem/buf.go

//将已经处理过的数据清空,将未处理的数据提至数据首地址
func (b * Buf) Adjust() {
    if b.head != 0 {
        if (b.length != 0) {
            c.Memmove(b.data, unsafe.Pointer(uintptr(b.data) + uintptr(b.head)), b.length)
        }
        b.head = 0
    }
}
```

　　Adjust()调用之前封装好的 c.Memmove()方法,将有效数据内存平移至 Buf 的 data 基地址,同时将 head 重置到 0 位置,具体的流程如图 3.16 所示。

Buf 也要提供一个清空缓冲内存的方法 Clear()，Clear()实现起来很简单，只需将几个索引值清零，Clear()并不会以操作系统层面回收内存，因为 Buf 的是否回收及是否被重置等需要依赖 BufPool 内存池来管理，将在 3.4.3 节介绍内存池管理 Buf 的情况。为了降低系统内存的开辟和回收，Buf 可能长期在内存池中存在。调用方只需改变几个地址索引值便可以达到内存的使用和回收。Clear()方法的实现如下：

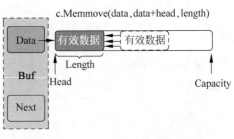

图 3.16　Adjust 操作的内存平移

```
//zmem/mem/buf.go

//清空数据
func (b * Buf) Clear() {
    b.length = 0
    b.head = 0
}
```

其他的提供的访问 head 和 length 的方法如下：

```
func (b * Buf) Head() int {
    return b.head
}

func (b * Buf) Length() int {
    return b.length
}
```

现在 Buf 的基本功能已经实现了，接下来实现对 Buf 的管理内存池模块。

3.4.3　内存池设计与实现

一个 Buf 只是一次内存使用所需要存放数据的缓冲空间，为了方便多个 Buf 直接申请与管理，则需要设计一个内存池来统一进行 Buf 的调配。

内存池的设计是预开辟内存，就是在首次申请创建内存池的时候，就将池子里全部可以被使用的 Buf 内存空间集合一并申请开辟出来。调用方在申请内存的时候，是通过内存池来申请的，内存池从 Buf 集合中选择未被使用或未被占用的 Buf 返给调用方。调用方在使用完 Buf 之后将 Buf 退还给内存池。这样调用方即使频繁地申请和回收小空间的内存也不会出现系统频繁地调用申请物理内存空间，降低了内存动态开辟的开销成本，业务方的内存访问速度也会有很大的提升。

下面实现内存池 BufPool,首先在 zmem/mem/目录下创建 buf_pool.go 文件,在当前文件实现 BufPool 内存池的功能,以及 BufPool 的数据结构,代码如下:

```go
//zmem/mem/buf_pool.go
package mem

import (
    "sync"
)

//内存管理池类型
type Pool map[int] * Buf

//Buf 内存池
type BufPool struct {
    //所有 buffer 的一个 map 集合句柄
    Pool Pool
    PoolLock sync.RWMutex

    //总 buffer 池的内存大小 单位为 KB
    TotalMem uint64
}
```

首先定义 Pool 数据类型,该类型表示管理全部 Buf 的 Map 集合,其中 Key 表示当前一组 Buf 的 Capacity 容量,Value 则是一个 Buf 链表。每个 Key 下面挂载着相同 Capacity 的 Buf 集合链表,其实是 BufPool 的成员属性,定义如下:

(1) Pool,当前内存池全部的 Buf 缓冲对象集合,是一个 Map 数据结构。

(2) PoolLock,对 Map 读写并发安全的读写锁。

(3) TotalMem,当前 BufPool 所开辟内存池申请虚拟内存的总容量。

接下来提供 BufPool 的初始化构造函数方法,BufPool 作为内存池,全局应该设计成唯一,所以采用单例模式设计,下面定义公共方法 MemPool(),用来初始化并且获取 BufPool 单例对象,具体的实现方式如下:

```go
//zmem/mem/buf_pool.go

//单例对象
var bufPoolInstance * BufPool
var once sync.Once

//获取 BufPool 对象(单例模式)
func MemPool() * BufPool{
    once.Do(func() {
```

```
        bufPoolInstance = new(BufPool)
        bufPoolInstance.Pool = make(map[int] * Buf)
        bufPoolInstance.TotalMem = 0
        bufPoolInstance.prev = nil
        bufPoolInstance.initPool()
    })

    return bufPoolInstance
}
```

　　全局遍历指针 bufPoolInstance 作为指向 BufPool 单例实例的唯一指针,通过 Go 语言标准库提供 sync.Once 来只执行依次的 Do()方法,以此来初始化 BufPool。在将 BufPool 成员均赋值完之后,最后通过 initPool()方法来初始化内存池的内存申请布局。

　　内存申请 initPool()会将内存分配结构,如图 3.17 所示。BufPool 会预先将所有要管理的 Buf 按照内存刻度大小进行分组,如 4KB 一组或 16KB 一组等。容量越小的 Buf,所管理的 Buf 链表的数量越多,容量越大的 Buf 数量则越少。全部的 Buf 关系通过 Map 数据结构来管理,由于 Buf 本身是链表数据结构,所以每个 Key 所对应的 Value 只需保存头节点 Buf 信息,之后的 Buf 可以通过 Buf 的 Next 指针找到。

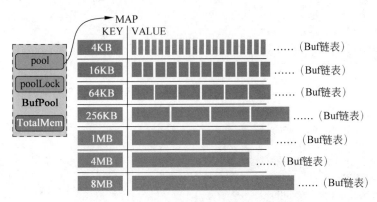

图 3.17　BufPool 内存池的内存管理布局

BufPool 的 initPool()初始化内存方法的具体实现如下:

```
//zmem/mem/buf_pool.go

const (
    m4K int = 4096
    m16K int = 16384
    m64K int = 655535
    m256K int = 262144
    m1M int = 1048576
```

```
    m4M int = 4194304
    m8M int = 8388608
)


/*
      初始化内存池 主要是预先开辟一定量的空间
    这里 BufPool 是一个 hash,每个 key 都是不同空间容量
    对应的 value 是一个 Buf 集合的链表

BufPool -->[m4K] -- Buf-Buf-Buf-Buf...(BufList)
           [m16K] -- Buf-Buf-Buf-Buf...(BufList)
           [m64K] -- Buf-Buf-Buf-Buf...(BufList)
           [m256K]-- Buf-Buf-Buf-Buf...(BufList)
           [m1M] -- Buf-Buf-Buf-Buf...(BufList)
           [m4M] -- Buf-Buf-Buf-Buf...(BufList)
           [m8M] -- Buf-Buf-Buf-Buf...(BufList)
 */
func (bp * BufPool) initPool() {
   //----> 开辟 4KB buf 内存池
   //4KB 的 Buf 预先开辟 5000 个,约 20MB 供开发者使用
   bp.makeBufList(m4K, 5000)

   //----> 开辟 16KB buf 内存池
   //16KB 的 Buf 预先开辟 1000 个,约 16MB 供开发者使用
   bp.makeBufList(m16K, 1000)

   //----> 开辟 64KB buf 内存池
   //64KB 的 Buf 预先开辟 500 个,约 32MB 供开发者使用
   bp.makeBufList(m64K, 500)

   //----> 开辟 256KB buf 内存池
   //256KB 的 Buf 预先开辟 200 个,约 50MB 供开发者使用
   bp.makeBufList(m256K, 200)

   //----> 开辟 1MB buf 内存池
   //1MB 的 Buf 预先开辟 50 个,约 50MB 供开发者使用
   bp.makeBufList(m1M, 50)

   //----> 开辟 4MB buf 内存池
   //4MB 的 Buf 预先开辟 20 个,约 80MB 供开发者使用
   bp.makeBufList(m4M, 20)

   //----> 开辟 8MB buf 内存池
   //8MB 的 io_buf 预先开辟 10 个,约 80MB 供开发者使用
   bp.makeBufList(m8M, 10)
}
```

其中 makeBufList() 为每次初始化一种刻度容量的 Buf 链表,代码如下:

```go
//zmem/mem/buf_pool.go

func (bp *BufPool) makeBufList(cap int, num int) {
    bp.Pool[cap] = NewBuf(cap)

    var prev *Buf
    prev = bp.Pool[cap]
    for i := 1; i < num; i++{
        prev.Next = NewBuf(cap)
        prev = prev.Next
    }
    bp.TotalMem += (uint64(cap)/1024) * uint64(num)
}
```

　　每次创建一行 BufList 之后,BufPool 内存池的 TotalMem 就对应增加相应申请内存的容量,这个属性就作为当前内存池已经从操作系统获取的内存总容量为多少。

　　现在 BufPool 已经具备了申请首次初始化内存池的能力,还应该提供从 BufPool 获取一个 Buf 内存的接口,同时需要当调用方使用完后,再将内存退还给 BufPool 的接口。

1. 获取 Buf

　　下面定义 Alloc() 方法来标识从 BufPool 中申请一个可用的 Buf 对象,代码如下:

```go
//zmem/mem/buf_pool.go

package mem

import (
    "errors"
    "fmt"
    "sync"
)
const (
    //总内存池最大限制 单位是 KB,所以目前的限制是 5GB
    EXTRA_MEM_LIMIT int = 5 * 1024 * 1024
)

/*
    开辟一个 Buf
*/
func (bp *BufPool) Alloc(N int) (*Buf, error) {
    //1 找到 N 最接近哪个 hash 组
    var index int
```

```
        if N <= m4K {
            index = m4K
        } else if (N <= m16K) {
            index = m16K
        } else if (N <= m64K) {
            index = m64K
        } else if (N <= m256K) {
            index = m256K
        } else if (N <= m1M) {
            index = m1M
        } else if (N <= m4M) {
            index = m4M
        } else if (N <= m8M) {
            index = m8M
        } else {
        return nil, errors.New("Alloc size Too Large!");
        }

        //2 如果该组已经没有,则需要额外申请,所以需要加锁保护
        bp.PoolLock.Lock()
        if bp.Pool[index] == nil {
            if (bp.TotalMem + uint64(index/1024)) >= uint64(EXTRA_MEM_LIMIT) {
                errStr := fmt.Sprintf("already use too many memory!\n")
                return nil, errors.New(errStr)
            }

            newBuf := NewBuf(index)
            bp.TotalMem += uint64(index/1024)
            bp.PoolLock.Unlock()
            fmt.Printf("Alloc Mem Size: %d KB\n", newBuf.Capacity/1024)
            return newBuf, nil
        }

        //3 如果该组有 Buf 内存存在,则得到一个 Buf 并返回,并且从 pool 中移除该内存块
        targetBuf := bp.Pool[index]
        bp.Pool[index] = targetBuf.Next
        bp.TotalMem -= uint64(index/1024)
        bp.PoolLock.Unlock()
        targetBuf.Next = nil
        fmt.Printf("Alloc Mem Size: %d KB\n", targetBuf.Capacity/1024)
        return targetBuf, nil
    }
```

Alloc()函数有 3 个关键步骤:

(1) 如果上层需要 N 字节大小的空间,找到与 N 最接近的 Buf 链表集合,从当前 Buf

集合取出。

（2）如果该组已经没有节点可供使用，则可以额外申请总申请长度不能够超过最大的限制大小 EXTRA_MEM_LIMIT。

（3）如果有该节点需要的内存块，则直接取出，并且将该内存块从 BufPool 移除。

2．退还 Buf

定义 Revert()方法，为将使用后的 Buf 退还给 BufPool 内存池，代码如下：

```go
//当 Alloc 之后,当前 Buf 被使用完,需要重置这个 Buf,并且需要将该 buf 放回 pool 中
func (bp * BufPool) Revert(buf * Buf) error {
   //每个 buf 的容量都是固定的,在 hash 的 key 中取值
   index := buf.Capacity
   //重置 buf 中的内置位置指针
   buf.Clear()

   bp.PoolLock.Lock()
   //找到对应的 hash 组 buf 首节点地址
   if _, ok := bp.Pool[index]; !ok {
     errStr := fmt.Sprintf("Index %d not in BufPoll!\n", index)
     return errors.New(errStr)
   }

   //将 buffer 插回链表头部
   buf.Next = bp.Pool[index]
   bp.Pool[index] = buf
   bp.TotalMem += uint64(index/1024)
   bp.PoolLock.Unlock()
   fmt.Printf("Revert Mem Size: %d KB\n",index/1024)

   return nil
}
```

Revert()会根据当前 Buf 的 Capacity 找到对应的 Hash 刻度，然后将 Buf 插入链表的头部，在插入之前通过 Buf 的 Clear()将 Buf 的全部有效数据清空。

3.4.4　内存池的功能单元测试

接下来对上述接口做一些单元测试，在 zmem/mem/目录下创建 buf_test.go 文件。

1．TestBufPoolSetGet

首先测试基本的 SetBytes()和 GetBytes()方法，单元测试代码如下：

```go
//zmem/mem/buf_test.go

package mem_test
```

```
import (
    "zmem/mem"
    "fmt"
    "testing"
)

func TestBufPoolSetGet(t * testing.T) {
    pool := mem.MemPool()

    buffer, err := pool.Alloc(1)
    if err != nil {
        fmt.Println("pool Alloc Error ", err)
        return
    }

    buffer.SetBytes([]Byte("Aceld12345"))
    fmt.Printf("GetBytes = % + v, ToString = % s\n", buffer.GetBytes(), string(buffer.
GetBytes()))
    buffer.Pop(4)
    fmt.Printf("GetBytes = % + v, ToString = % s\n", buffer.GetBytes(), string(buffer.
GetBytes()))
}
```

单元测试用例首先申请一个内存 buffer,接着设置"Aceld12345"内容,然后输出日志,接下来弹出有效数据 4 字节,再打印 buffer 可以访问的合法数据,最后执行单元测试代码,指令如下:

```
$ go test - run TestBufPoolSetGet
Alloc Mem Size: 4 KB
GetBytes = [65 99 101 108 100 49 50 51 52 53], ToString = Aceld12345
GetBytes = [100 49 50 51 52 53], ToString = d12345
PASS
ok    zmem/mem      0.010s
```

通过上述结果可得出通过 Pop(4)之后,已经弹出了 Acel 前 4 字节数据。

2. TestBufPoolCopy

接下来测试 Buf 的 Copy()赋值方法,具体的代码如下:

```
//zmem/mem/buf_test.go

package mem_test

import (
```

```
        "zmem/mem"
        "fmt"
        "testing"
)

func TestBufPoolCopy(t * testing.T) {
    pool := mem.MemPool()

    buffer, err := pool.Alloc(1)
    if err != nil {
        fmt.Println("pool Alloc Error ", err)
        return
    }

    buffer.SetBytes([]Byte("Aceld12345"))
    fmt.Printf("Buffer GetBytes = % + v\n", string(buffer.GetBytes()))

    buffer2, err := pool.Alloc(1)
    if err != nil {
        fmt.Println("pool Alloc Error ", err)
        return
    }
    buffer2.Copy(buffer)
    fmt.Printf("Buffer2 GetBytes = % + v\n", string(buffer2.GetBytes()))
}
```

将 buffer 复制的 buffer2 中，查看 buffer 存放的数据内容，执行单元测试指令和所得到的结果如下：

```
$ go test - run TestBufPoolCopy
Alloc Mem Size: 4KB
Buffer GetBytes = Aceld12345
Alloc Mem Size: 4KB
Buffer2 GetBytes = Aceld12345
PASS
ok    zmem/mem        0.008s
```

3. TestBufPoolAdjust

之后针对 Buf 的 Adjust()方法进行单元测试，相关代码如下：

```
//zmem/mem/buf_test.go

package mem_test
```

```
import (
  "zmem/mem"
  "fmt"
  "testing"
)

func TestBufPoolAdjust(t * testing.T) {
  pool := mem.MemPool()

  buffer, err := pool.Alloc(4096)
  if err != nil {
    fmt.Println("pool Alloc Error ", err)
    return
  }

  buffer.SetBytes([]Byte("Aceld12345"))
  fmt.Printf("GetBytes = % + v, Head = % d, Length = % d\n", buffer.GetBytes(), buffer.
Head(), buffer.Length())
  buffer.Pop(4)
  fmt.Printf("GetBytes = % + v, Head = % d, Length = % d\n", buffer.GetBytes(), buffer.
Head(), buffer.Length())
  buffer.Adjust()
  fmt.Printf("GetBytes = % + v, Head = % d, Length = % d\n", buffer.GetBytes(), buffer.
Head(), buffer.Length())
}
```

首先 buffer 被填充为"Aceld12345",然后打印 Head 索引和 Length 长度,接着通过
Pop 弹出有效数据 4 字节,继续打印日志,再通过 Adjust()重置 Head,最后输出 buffer 信
息,通过指令执行单元测试和得到的结果如下:

```
$ go test - run TestBufPoolAdjust
Alloc Mem Size: 4 KB
GetBytes = [65 99 101 108 100 49 50 51 52 53], Head = 0, Length = 10
GetBytes = [100 49 50 51 52 53], Head = 4, Length = 6
GetBytes = [100 49 50 51 52 53], Head = 0, Length = 6
PASS
ok    zmem/mem        0.009s
```

可以看出第三次输出的日志 Head 已经被重置为 0,并且 GetBytes()得到的有效数据
没有改变。

3.4.5　内存管理应用接口

3.4.1 节～3.4.4 节已经基本实现了一个简单的内存池管理,但如果希望更方便地使

用,则需要对 Buf 和 BufPool 再做一层封装,这里首先定义新数据结构 Zbuf,然后对 Buf 的基本操作进行封装,使内存管理的接口更加友好,在 zmem/mem/目录下创建 zbuf.go 文件,定义数据类型 Zbuf,具体的代码如下:

```
//zmem/mem/zbuf.go

package mem

//应用层的 buffer 数据
type ZBuf struct {
    b * Buf
}
```

接下来定义 Zbuf 对外提供的一些使用方法。

1. Clear()方法

Zbuf 的 Clear()方法实则是将 ZBuf 中的 Buf 退还给 BufPool,具体的代码如下:

```
//zmem/mem/zbuf.go

//清空当前的 ZBuf
func (zb * ZBuf) Clear() {
    if zb.b != nil {
        //将 Buf 重新放回 buf_pool 中
        MemPool().Revert(zb.b)
        zb.b = nil
    }
}
```

在 Buf 的 Clear()中调用了 MemPool()的 Revert()方法,回收了当前 Zbuf 中的 Buf 对象。

2. Pop()方法

Zbuf 的 Pop()方法对之前的 Pop 进行了一些安全性越界校验,具体的代码如下:

```
//zmem/mem/zbuf.go

//弹出已使用的有效长度
func (zb * ZBuf) Pop(len int) {
    if zb.b == nil || len > zb.b.Length() {
        return
    }

    zb.b.Pop(len)
```

```
    //当此时 Buf 的可用长度已经为 0 时,将 Buf 重新放回 BufPool 中
    if zb.b.Length() == 0 {
      MemPool().Revert(zb.b)
      zb.b = nil
    }
  }
```

如果 Buf 在 Pop()之后的有效数据长度为 0,就将当前 Buf 退还给 BufPool。

3. Data()方法

Zbuf 的 Data()方法用于返回 Buf 的数据,代码如下:

```
//zmem/mem/zbuf.go

//获取 Buf 中的数据
func (zb * ZBuf) Data() []Byte {
  if zb.b == nil {
    return nil
  }
  return zb.b.GetBytes()
}
```

4. Adjust()方法

Zbuf 的 Adjust()方法的封装没有任何改变,代码如下:

```
//zmem/mem/zbuf.go

//重置缓冲区
func (zb * ZBuf) Adjust() {
  if zb.b != nil {
    zb.b.Adjust()
  }
}
```

5. Read()方法

Zbuf 的 Read()方法是将数据填充到 Zbuf 的 Buf 中。Read()方法是将被填充的数据作为形参[]Byte 传递进来,代码如下:

```
//zmem/mem/zbuf.go

//将数据读取到 Buf 中
func (zb * ZBuf) Read(src []Byte) (err error){
  if zb.b == nil {
```

```
      zb.b, err = MemPool().Alloc(len(src))
      if err != nil {
          fmt.Println("pool Alloc Error ", err)
      }
  } else {
      if zb.b.Head() != 0 {
          return nil
      }
      if zb.b.Capacity - zb.b.Length() < len(src) {
          //不够存放,重新从内存池申请
          newBuf, err := MemPool().Alloc(len(src) + zb.b.Length())
          if err != nil {
              return nil
          }
          //将之前的 Buf 复制到新申请的 Buf 中
          newBuf.Copy(zb.b)
          //将之前的 Buf 回收到内存池中
          MemPool().Revert(zb.b)
          //新申请的 Buf 成为当前的 ZBuf
          zb.b = newBuf
      }
  }

  //将内容写进 ZBuf 缓冲中
  zb.b.SetBytes(src)

  return nil
}
```

如果当前 Zbuf 的 Buf 为空,则会向 BufPool 申请内存。如果传递的源数据超过了当前 Buf 所能承载的容量,则 Zbuf 会申请一个更大的 Buf,将之前的已有的数据通过 Copy() 方法复制到新申请的 Buf 中,之后将之前的 Buf 退还给 BufPool。

6. 其他可拓展方法

上述的 Read() 方法代表 Zbuf 从参数获取源数据,如果为了更方便地填充 Zbuf,可以封装类似接口,如在 Fd 文件描述符中将数据读取到 Zbuf 中、从文件将数据读取到 Zbuf 中、从网络套接字将数据读取到 Zbuf 中等,相关函数原型的代码如下:

```
//zmem/mem/zbuf.go

//从 Fd 文件描述符中读取数据
func (zb * ZBuf) ReadFromFd(fd int) error {
  //...
```

```
        return nil
    }

    //将数据写入 Fd 文件描述符中
    func (zb * ZBuf) WriteToFd(fd int) error {
        //...
        return nil
    }

    //从文件中读取数据
    func (zb * ZBuf) ReadFromFile(path string) error {
        //...
        return nil
    }

    func (zb * ZBuf) WriteToFile(path string) error {
        //...
        return nil
    }

    //从网络连接中读取数据
    func (zb * ZBuf) ReadFromConn(conn net.Conn) error {
        //...
        return nil
    }

    func (zb * ZBuf) WriteToConn(conn net.Conn) error {
        //...
        return nil
    }
```

这里就不一一展开了,具体实现方式和 Read()方法类似。这样 Zbuf 就可以通过不同的媒介来填充 Buf 并且使用,业务层只需面向 Zbuf 就可以获取数据,无须关心具体的 I/O 层逻辑。

3.5　Go 语言内存管理之魂 TCMalloc

在了解 Go 语言的内存管理之前,一定要了解基本的申请内存模式,即 TCMalloc (Thread Cache Malloc)。Go 语言的内存管理就是基于 TCMalloc 的核心思想来构建的。本节将介绍 TCMalloc 的基础理念和结构。

3.5.1 TCMalloc

TCMalloc 最大的优势就是每个线程都会独立维护自己的内存池。在之前章节介绍的自定义实现的 Go 语言内存池版 BufPool 实则是所有 Goroutine 或者所有线程共享的内存池,其关系如图 3.18 所示。

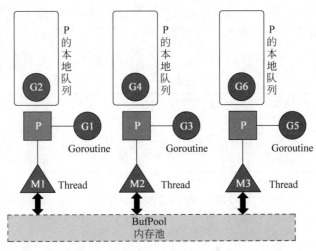

图 3.18 BufPool 内存池与线程 Thread 的关系

这种内存池的设计缺点显而易见,应用方全部的内存申请均需要和全局的 BufPool 交互,为了线程的并发安全,BufPool 频繁地申请内存和退还内存需要加互斥和同步机制,这样会影响内存的使用性能。

TCMalloc 则是为每个 Thread 预分配一块缓存,每个 Thread 在申请内存时首先会从这个缓存区 ThreadCache 申请,并且所有 ThreadCache 缓存区还共享一个叫作 CentralCache 的中心缓存。这里假设目前 Go 语言的内存管理用的是原生 TCMalloc 模式,此种情况线程与内存的关系如图 3.19 所示。

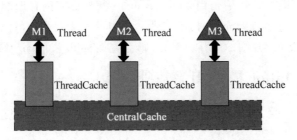

图 3.19 TCMalloc 内存池与线程 Thread 的关系

这样做的好处其一是 ThreadCache 作为每个线程独立的缓存,能够明显地提高 Thread 获取高命中的数据,其二是 ThreadCache 从堆空间一次性申请,即只触发一次系统调用。

每个 ThreadCache 还会共同访问 CentralCache,这个与 BufPool 类似,但是设计得更为精细一些。CentralCache 是所有线程共享的缓存,当 ThreadCache 的缓存不足时,就会从 CentralCache 获取,当 ThreadCache 的缓存充足或者过多时,则会将内存退还给 CentralCache,但是 CentralCache 由于共享,所以访问一定需要加锁。ThreadCache 作为线程独立的第一交互内存,访问无须加锁,CentralCache 则作为 ThreadCache 的临时补充缓存。

TCMalloc 的构造不仅于此,提供的 ThreadCache 和 CentralCache 可以解决小对象内存块的申请,但是对于大块内存 Cache 显然是不适合的。TCMalloc 将内存分为三类,如表 3.4 所示。

表 3.4　TCMalloc 的内存分类

对象	容量
小对象	$(0, 256\text{KB}]$
中对象	$(256\text{KB}, 1\text{MB}]$
大对象	$(1\text{MB}, +\infty)$

所以为了解决中对象和大对象的内存申请,TCMalloc 依然有一个全局共享内存堆 PageHeap,如图 3.20 所示。

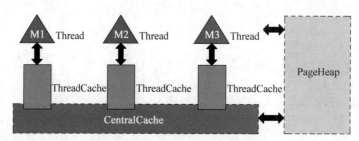

图 3.20　TCMalloc 中的 PageHeap

PageHeap 也是通过一次系统调用从虚拟内存中申请的,PageHeap 很明显是全局的,所以访问时一定要加锁。其作用是当 CentralCache 没有足够内存时会从 PageHeap 获取,当 CentralCache 内存过多或者充足时,则将低命中内存块退还 PageHeap。如果 Thread 需要大对象申请超过 Cache 容纳的内存块单元,则会直接从 PageHeap 获取。

3.5.2　TCMalloc 模型相关基础结构

在讲解 TCMalloc 的一些内部设计结构时,首先要了解的是 TCMalloc 定义的一些基本名词,如 Page、Span 和 Size Class。

1. Page

TCMalloc 中的 Page 与之前章节介绍操作系统对虚拟内存管理的 MMU 定义的物理页有相似的定义,TCMalloc 将虚拟内存空间划分为多份同等大小的 Page,每个 Page 默认为 8KB。

对于 TCMalloc 来讲，虚拟内存空间的全部内存都按照 Page 的容量被分成均等份，并且给每份 Page 标记了 ID 编号，如图 3.21 所示。

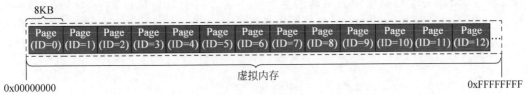

图 3.21 TCMalloc 将虚拟内存平均分成多份 Page

对 Page 进行编号的好处是，可以根据任意内存的地址指针，进行固定算法偏移计算，以此算出所在的 Page。

2. Span

多个连续的 Page 称为是一个 Span，其含义与操作系统管理的页表相似，Page 与 Span 的关系如图 3.22 所示。

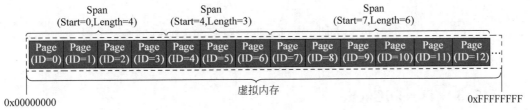

图 3.22 TCMalloc 中 Page 与 Span 的关系

TCMalloc 以 Span 为单位向操作系统申请内存。每个 Span 记录了第 1 个起始 Page 的编号 Start 和一共有多少个连续 Page 的数量 Length。

为了方便 Span 和 Span 之间的管理，Span 集合以双向链表的形式构建，如图 3.23 所示。

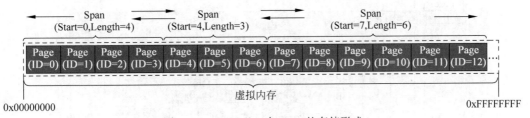

图 3.23 TCMalloc 中 Span 的存储形式

3. Size Class

参考表 3.4，对于 256KB 以内的小对象，TCMalloc 会将这些小对象集合划分成多个内存刻度[1]，同属于一个刻度类别下的内存集合称为一个 Size Class。这与之前章节自定义实

---

[1] TCMalloc 官方文档称一共划分 88 个 size-classes，Each small object size maps to one of approximately 88 allocatable size-classes，参考 TCMalloc：Thread-Caching Malloc，https://gperftools. github. io/gperftools/tcmalloc. html。

现的内存池类似,即将 Buf 划分为多个刻度的 BufList。

每个 Size Class 都对应一个大小,例如 8 字节、16 字节、32 字节等。在申请小对象内存的时候,TCMalloc 会根据使用方申请的空间大小就近向上取最接近的一个 Size Class 的 Span(由多个等空间的 Page 组成)内存块返给使用方。

如果将 Size Class、Span、Page 用一张图来表示,则具体的抽象关系如图 3.24 所示。

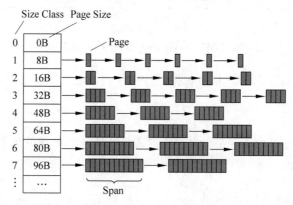

图 3.24　TCMalloc 中 Size Class、Page、Span 的结构关系

接下来剖析一下 ThreadCache、CentralCache、PageHeap 的内存管理结构。

3.5.3　ThreadCache

在 TCMalloc 中每个线程都会有一份单独的缓存,即 ThreadCache。ThreadCache 中对于每个 Size Class 都会有一个对应的 FreeList,FreeList 表示当前缓存中还有多少个空闲的内存可用,具体的结构布局如图 3.25 所示。

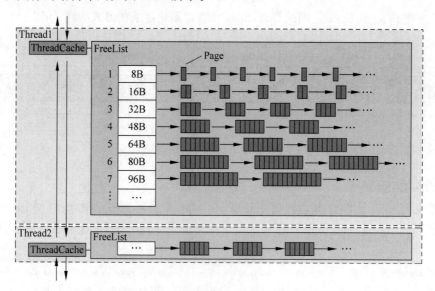

图 3.25　TCMalloc 中的 ThreadCache

使用方对于从 TCMalloc 申请的小对象，会直接从 ThreadCache 获取，实则是从 FreeList 中返回一个空闲的对象，如果对应的 Size Class 刻度下已经没有空闲的 Span 可以被获取，则 ThreadCache 会从 CentralCache 中获取。当使用方使用完内存之后，归还时也是直接归还给当前的 ThreadCache 中对应刻度下的 FreeList。

整条申请和归还的流程不需要加锁，因为 ThreadCache 为当前线程独享，但如果 ThreadCache 不够用，则需要从 CentralCache 申请内存，这个动作需要加锁。不同 Thread 之间的 ThreadCache 是以双向链表的结构进行关联，这是为了方便 TCMalloc 进行统计和管理。

3.5.4　CentralCache

CentralCache 由各个线程共用，所以与 CentralCache 获取内存交互时需要加锁。CentralCache 缓存的 Size Class 和 ThreadCache 的 Size Class 一样，这些缓存都被放在 CentralFreeList 中，当 ThreadCache 中的某个 Size Class 刻度下的缓存小对象不够用时，就会向 CentralCache 对应的 Size Class 刻度的 CentralFreeList 获取，同样地，如果 ThreadCache 有多余的缓存对象，则会退还给响应的 CentralFreeList，流程和关系如图 3.26 所示。

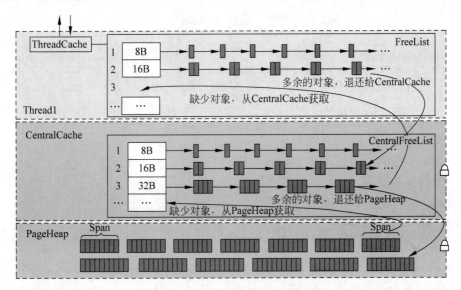

图 3.26　TCMalloc 中的 CentralCache

CentralCache 与 PageHeap 的角色关系与 ThreadCache 与 CentralCache 的角色关系相似，当 CentralCache 出现 Span 不足时，会从 PageHeap 申请 Span，以及将不再使用的 Span 退还给 PageHeap。

3.5.5　PageHeap

PageHeap 是提供 CentralCache 的内存来源。PageHeap 与 CentralCache 不同的是，

CentralCache 是与 ThreadCache 布局一模一样的缓存,主要针对 ThreadCache 的一层二级缓存起作用,并且只支持小对象内存分配,而 PageHeap 则是针对 CentralCache 的三级缓存。弥补对于中对象内存和大对象内存的分配,PageHeap 是直接和操作系统虚拟内存衔接的一层缓存,当 ThreadCache、CentralCache、PageHeap 都找不到合适的 Span 时,PageHeap 则会调用操作系统的内存申请系统的调用函数来从虚拟内存的堆区中取出内存填充到 PageHeap 中,具体的结构如图 3.27 所示。

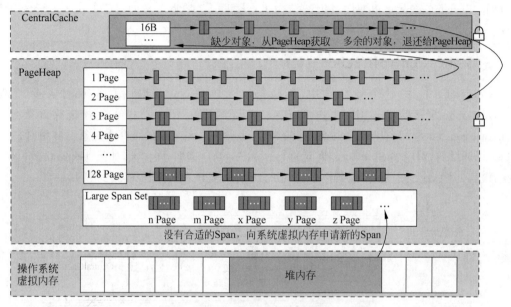

图 3.27　TCMalloc 中 PageHeap

PageHeap 内部的 Span 管理,采用两种不同的方式,对于 128 个 Page 以内的 Span 申请,每个 Page 刻度都会用一个链表形式的缓存来存储。对于 128 个 Page 以上的内存申请,PageHeap 以有序集合(C++标准库 STL 中的 Std∷Set 容器)来存放。

3.5.6　TCMalloc 的小对象分配

至此,已经介绍了 TCMalloc 的几种基础结构,接下来总结一下 TCMalloc 针对小对象、中对象和大对象的分配流程,小对象分配流程如图 3.28 所示。

小对象为占用内存小于或等于 256KB 的内存,参考图 3.28 中的流程,下面将介绍详细的流程:

(1)Thread 用户线程应用逻辑申请内存,当前 Thread 访问对应的 ThreadCache 获取内存,此过程不需要加锁。

(2)ThreadCache 得到申请内存的 SizeClass(一般向上取整,大于或等于申请的内存大小),通过 SizeClass 索引去请求自身对应的 FreeList。

(3)判断得到的 FreeList 是否为非空。

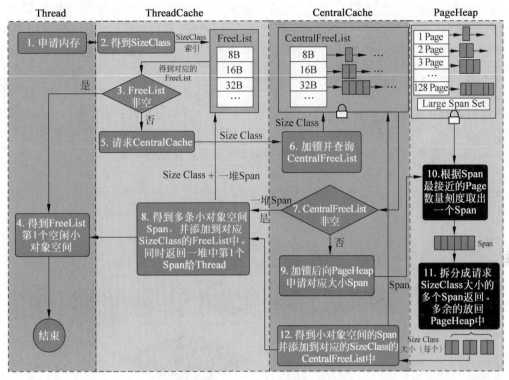

图 3.28 TCMalloc 小对象分配流程

（4）如果 FreeList 为非空,则表示目前有对应内存空间供 Thread 使用,得到 FreeList 第 1 个空闲 Span 后返给 Thread 用户逻辑,流程结束。

（5）如果 FreeList 为空,则表示目前没有对应 SizeClass 的空闲 Span 可使用,请求 CentralCache 并告知 CentralCache 具体的 SizeClass。

（6）CentralCache 收到请求后,加锁访问 CentralFreeList,根据 SizeClass 进行索引找到对应的 CentralFreeList。

（7）判断得到的 CentralFreeList 是否为非空。

（8）如果 CentralFreeList 为非空,则表示目前有空闲的 Span 可使用。返回多个 Span,将这些 Span(除了第 1 个 Span)放置于 ThreadCache 的 FreeList 中,并且将第 1 个 Span 返给 Thread 用户逻辑,流程结束。

（9）如果 CentralFreeList 为空,则表示目前没有可用的 Span,向 PageHeap 申请对应大小的 Span。

（10）PageHeap 得到 CentralCache 的申请,加锁请求对应的 Page 刻度的 Span 链表。

（11）PageHeap 将得到的 Span 根据本次流程请求的 SizeClass 大小为刻度进行拆分,分成 N 份 SizeClass 大小的 Span 返给 CentralCache,如果有多余的 Span,则放回 PageHeap 对应 Page 的 Span 链表中。

（12）CentralCache 得到对应的 N 个 Span，添加至 CentralFreeList 中，跳转至第（8）步。

综上是 TCMalloc 一次申请小对象的全部详细流程，接下来分析中对象的分配流程。

3.5.7　TCMalloc 的中对象分配

中对象为大于 256KB 且小于或等于 1MB 的内存。对于中对象申请分配的流程与处理小对象分配有一定的区别。对于中对象分配，Thread 不再按照小对象的流程路径向 ThreadCache 获取，而是直接从 PageHeap 获取，具体的流程如图 3.29 所示。

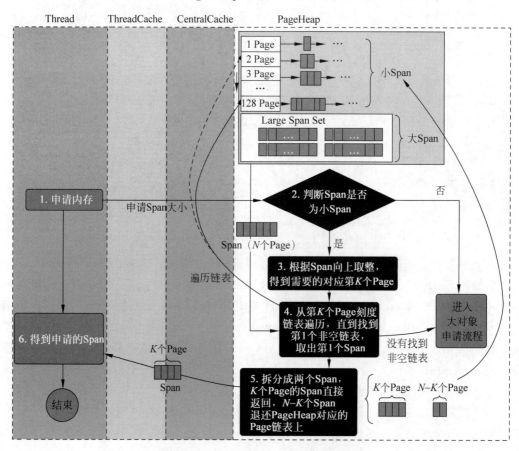

图 3.29　TCMalloc 中对象分配流程

PageHeap 将 128 个 Page 以内大小的 Span 定义为小 Span，将 128 个 Page 以上大小的 Span 定义为大 Span。由于一个 Page 为 8KB，所以 128 个 Page 为 1MB，对于中对象的申请，PageHeap 均按照小 Span 的申请流程，具体如下：

（1）Thread 用户逻辑层提交内存申请，如果本次申请内存超过 256KB 但不超过 1MB，则属于中对象申请。TCMalloc 将直接向 PageHeap 发起申请 Span 请求。

（2）PageHeap 接收到申请后需要判断本次申请是否属于小 Span（128 个 Page 以内），如果是，则申请小 Span，即中对象申请流程，如果不是，则进入大对象申请流程，3.5.8 节介绍。

（3）PageHeap 根据申请的 Span 在小 Span 的链表中向上取整，得到最适合的第 K 个 Page 刻度的 Span 链表。

（4）得到第 K 个 Page 链表刻度后，将 K 作为起始点，向下遍历找到第 1 个非空链表，直至 128 个 Page 刻度位置，如果找到，则停止，将停止处的非空 Span 链表作为提供此次返回的内存 Span，将链表中的第 1 个 Span 取出。如果找不到非空链表，则将本次申请当作大 Span 申请，进入大对象申请流程。

（5）假设本次获取的 Span 由 N 个 Page 组成。PageHeap 将 N 个 Page 的 Span 拆分成两个 Span，其中一个为 K 个 Page 组成的 Span，作为本次内存申请的返回，返给 Thread，另一个为 $N-K$ 个 Page 组成的 Span，重新插入 $N-K$ 个 Page 对应的 Span 链表中。

综上是 TCMalloc 对于中对象分配的详细流程。

3.5.8　TCMalloc 的大对象分配

对于超过 128 个 Page（1MB）的内存分配采用大对象分配流程。大对象分配与中对象分配情况类似，Thread 绕过 ThreadCache 和 CentralCache，直接向 PageHeap 获取。详细的分配流程如图 3.30 所示。

进入大对象分配流程除了申请的 Span 大于 128 个 Page 之外，对于中对象分配如果找不到非空链表也会进入大对象分配流程，大对象分配的具体流程如下：

（1）Thread 用户逻辑层提交内存申请，如果本次申请内存超过 1MB，则属于大对象申请。TCMalloc 将直接向 PageHeap 发起申请 Span。

（2）PageHeap 接收到申请后需要判断本次申请是否属于小 Span（128 个 Page 以内），如果是，则进入小 Span 中对象申请流程（3.5.7 节已介绍），如果不是，则进入大对象申请流程。

（3）PageHeap 根据 Span 的大小按照 Page 单元进行除法运算，向上取整，得到最接近 Span 的且大于 Span 的 Page 倍数 K，此时的 K 应该大于 128。如果是从中对象流程分过来的（中对象申请流程可能没有非空链表提供 Span），则 K 值应该小于 128。

（4）搜索 Large Span Set 集合，找到不小于 K 个 Page 的最小 Span（N 个 Page）。如果没有找到合适的 Span，则说明 PageHeap 已经无法满足需求，遇到此种情况时向操作系统虚拟内存的堆空间申请一堆内存，将申请到的内存安置在 PageHeap 的内存结构中，重新执行步骤（3）。

（5）将从 Large Span Set 集合得到的 N 个 Page 组成的 Span 拆分成两个 Span，K 个 Page 的 Span 直接返给 Thread 用户逻辑，$N-K$ 个 Span 退还给 PageHeap。其中如果 $N-K$ 大于 128，则退还到 Large Span Set 集合中，如果 $N-K$ 小于 128，则退还到 Page 链表中。

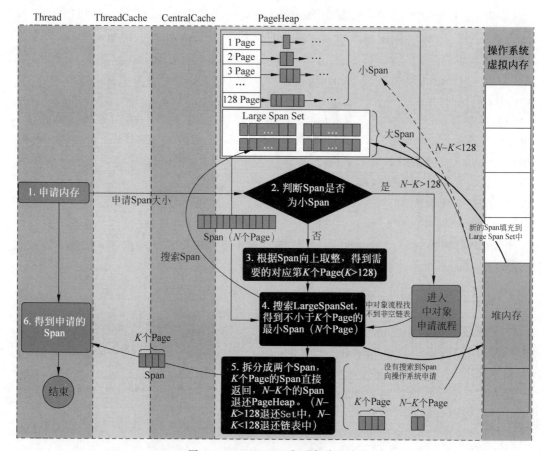

图 3.30　TCMalloc 大对象分配流程

综上是 TCMalloc 对于大对象分配的详细流程。

3.6　Go 语言堆内存管理

本节将介绍 Go 语言的内存管理模型,学习本节之前强烈建议读者将上述章节内容均理解透彻,更有助于理解 Go 语言的内存管理机制。

3.6.1　Go 语言内存模型层级结构

Go 语言内存管理模型的逻辑层次全景图,如图 3.31 所示。

Go 语言内存管理模型与 TCMalloc 的设计极其相似。基本轮廓和概念也几乎相同,只是一些规则和流程存在差异,接下来分析一下 Go 语言内存管理模型的基本层级模块的相关概念。

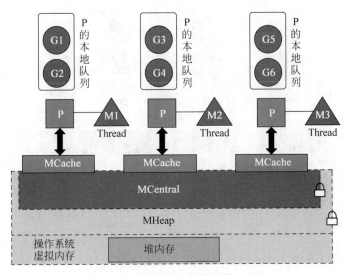

图 3.31　Go 语言内存管理模块关系

3.6.2　Go 语言内存管理单元相关概念

Go 语言内存管理中依然保留了 TCMalloc 中的 Page、Span、Size Class 等概念。

1. Page

与 TCMalloc 的 Page 一致。Go 语言内存管理模型延续了 TCMalloc 的概念，一个 Page 的大小依然是 8KB。Page 表示 Go 语言内存管理与虚拟内存交互时内存的最小单元。操作系统虚拟内存对于 Go 语言来讲，依然是划分成等份的 N 个 Page 组成的一块大内存公共池，如图 3.21 所示。

2. mSpan

与 TCMalloc 中的 Span 一致。mSpan 概念依然延续 TCMalloc 中的 Span 概念，在 Go 语言中将 Span 的名称改为 mSpan，依然表示一组连续的 Page。

3. Size Class 相关

Go 语言内存管理针对 Size Class 对衡量内存的概念又更加详细了很多，这里介绍一些基础的有关内存大小的名词及算法。

（1）Object Size，是指协程应用逻辑一次向 Go 语言内存申请的对象 Object 大小。Object 是 Go 语言内存管理模块针对内存管理更加细化的内存管理单元。一个 Span 在初始化时会被分成多个 Object。例如 Object Size 是 8B（8 字节）大小的 Object，所属的 Span 大小是 8KB（8192 字节），那么这个 Span 就会被平均分割成 1024（8192/8 ＝ 1024）个 Object。逻辑层向 Go 语言内存模型取内存，实则是分配一个 Object 出去。为了更好地让读者理解，这里假设了几个数据来标识 Object Size 和 Span 的关系，如图 3.32 所示。

图 3.32 中的 Num of Object 表示当前 Span 中一共存在多少个 Object。

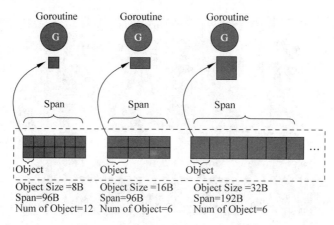

图 3.32　Object Size 与 Span 的关系

注意　Page 是 Go 语言内存管理与操作系统交互衡量内存容量的基本单元,Go 语言内存管理内部用来给对象存储内存的基本单元是 Object。

(2) Size Class,Go 语言内存管理中的 Size Class 与 TCMalloc 所表示的设计含义是一致的,都表示一块内存的所属规格或者刻度。Go 语言内存管理中的 Size Class 是针对 Object Size 来划分内存的,即划分 Object 大小的级别。例如 Object Size 在 1～8B 的 Object 属于 Size Class 1 级别,Object Size 在 8～16B 的属于 Size Class 2 级别。

(3) Span Class,这个是 Go 语言内存管理额外定义的规格属性,针对 Span 进行划分,是 Span 大小的级别。一个 Size Class 会对应两个 Span Class,其中一个 Span 为存放需要 GC 扫描的对象(包含指针的对象),另一个 Span 为存放不需要 GC 扫描的对象(不包含指针的对象),具体 Span Class 与 Size Class 的逻辑结构关系如图 3.33 所示。

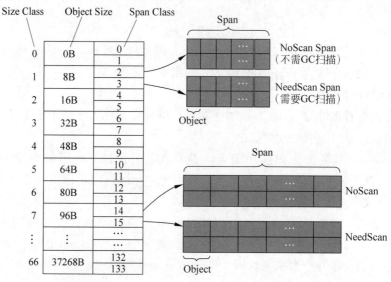

图 3.33　Span Class 与 Size Class 的逻辑结构关系

图 3.33 中 Size Class 和 Span Class 对应关系的计算方式可以参考 Go 语言源代码,如下:

```
//usr/local/go/src/runtime/mheap.go

type spanClass uint8

  …

func makeSpanClass(sizeclass uint8, noscan bool) spanClass {
    return spanClass(sizeclass << 1) | spanClass(bool2int(noscan))
}

  …
```

这里 makeSpanClass()函数为通过 Size Class 来得到对应的 Span Class,其中第 2 个形参 noscan 表示当前对象是否需要 GC 扫描,不难看出 Span Class 和 Size Class 的对应关系及计算公式如表 3.5 所示。

表 3.5　Span Class 和 Size Class 的对应关系及计算公式

对　象	Size Class 与 Span Class 对应公式
需要 GC 扫描	Span Class＝Size Class× 2＋0
不需要 GC 扫描	Span Class＝Size Class× 2＋1

4. Size Class 明细

如果再具体一些,则通过 Go 语言的源码可以看出,Go 语言给内存池固定划分了 66[①] 个 Size Class,这里列举了详细的 Size Class 和 Object 大小、存放的 Object 数量,以及每个 Size Class 对应的 Span 内存大小关系,代码如下:

```
//usr/local/go/src/runtime/sizeclasses.go

package runtime

//标题 Title 解释
//[class]: Size Class
//[Bytes/obj]: Object Size,一次对外提供内存 Object 的大小
//[B/span]: 当前 Object 所对应 Span 的内存大小
//[objects]: 当前 Span 一共有多少个 Object
//[tail waste]: 为当前 Span 平均分成 N 份 Object,会有多少内存浪费
//[max waste]: 当前 Size Class 最大可能浪费的空间所占百分比
```

---

① 参考 Go 1.14 版本,其中还有扩展到 128 个 Size Class 的对应关系,本书不详细介绍,具体细节可参考 Go 源码/usr/local/go/src/runtime/sizeclasses.go 文件。

//class	Bytes/obj	B/span	objects	tail waste	max waste
//1	8	8192	1024	0	87.50%
//2	16	8192	512	0	43.75%
//3	32	8192	256	0	46.88%
//4	48	8192	170	32	31.52%
//5	64	8192	128	0	23.44%
//6	80	8192	102	32	19.07%
//7	96	8192	85	32	15.95%
//8	112	8192	73	16	13.56%
//9	128	8192	64	0	11.72%
//10	144	8192	56	128	11.82%
//11	160	8192	51	32	9.73%
//12	176	8192	46	96	9.59%
//13	192	8192	42	128	9.25%
//14	208	8192	39	80	8.12%
//15	224	8192	36	128	8.15%
//16	240	8192	34	32	6.62%
//17	256	8192	32	0	5.86%
//18	288	8192	28	128	12.16%
//19	320	8192	25	192	11.80%
//20	352	8192	23	96	9.88%
//21	384	8192	21	128	9.51%
//22	416	8192	19	288	10.71%
//23	448	8192	18	128	8.37%
//24	480	8192	17	32	6.82%
//25	512	8192	16	0	6.05%
//26	576	8192	14	128	12.33%
//27	640	8192	12	512	15.48%
//28	704	8192	11	448	13.93%
//29	768	8192	10	512	13.94%
//30	896	8192	9	128	15.52%
//31	1024	8192	8	0	12.40%
//32	1152	8192	7	128	12.41%
//33	1280	8192	6	512	15.55%
//34	1408	16384	11	896	14.00%
//35	1536	8192	5	512	14.00%
//36	1792	16384	9	256	15.57%
//37	2048	8192	4	0	12.45%
//38	2304	16384	7	256	12.46%
//39	2688	8192	3	128	15.59%

//40	3072	24576	8	0	12.47 %
//41	3200	16384	5	384	6.22 %
//42	3456	24576	7	384	8.83 %
//43	4096	8192	2	0	15.60 %
//44	4864	24576	5	256	16.65 %
//45	5376	16384	3	256	10.92 %
//46	6144	24576	4	0	12.48 %
//47	6528	32768	5	128	6.23 %
//48	6784	40960	6	256	4.36 %
//49	6912	49152	7	768	3.37 %
//50	8192	8192	1	0	15.61 %
//51	9472	57344	6	512	14.28 %
//52	9728	49152	5	512	3.64 %
//53	10240	40960	4	0	4.99 %
//54	10880	32768	3	128	6.24 %
//55	12288	24576	2	0	11.45 %
//56	13568	40960	3	256	9.99 %
//57	14336	57344	4	0	5.35 %
//58	16384	16384	1	0	12.49 %
//59	18432	73728	4	0	11.11 %
//60	19072	57344	3	128	3.57 %
//61	20480	40960	2	0	6.87 %
//62	21760	65536	3	256	6.25 %
//63	24576	24576	1	0	11.45 %
//64	27264	81920	3	128	10.00 %
//65	28672	57344	2	0	4.91 %
//66	32768	32768	1	0	12.50 %

下面分别解释一下每一列的含义：

（1）Class 列为 Size Class 规格级别。

（2）Bytes/obj 列为 Object Size，即一次对外提供内存 Object 的大小（单位为 B），可能有一定的浪费，例如业务逻辑层需要 2B 的数据，实则会定位到 Size Class 为 1，返回一个 Object（8B）的内存空间。

（3）B/span 列为当前 Object 所对应 Span 的内存大小（单位为 B）。

（4）objects 列为当前 Span 一共有多少个 Object，该字段是通过 B/span 和 Bytes/obj 相除计算而来。

（5）tail waste 列为当前 Span 平均分成 N 份 Object 时会有多少内存浪费，这个值是通过 B/span 对 Bytes/obj 求余得出，即 span%obj。

（6）max waste 列为当前 Size Class 最大可能浪费的空间所占百分比。这里最大的情况就是一个 Object 保存的实际数据刚好是上一级 Size Class 的 Object 大小加上 1B。当前 Size Class 的 Object 所保存的真实数据对象都是这种情况,这些全部空间的浪费再加上最后的 tail waste 就是 max waste 最大浪费的内存百分比,具体如图 3.34 所示。

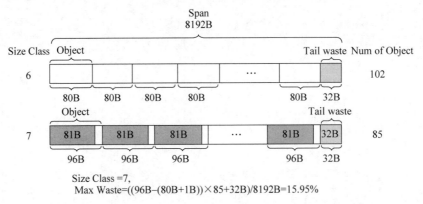

$$Size\ Class = 7,$$
$$Max\ Waste = ((96B - (80B + 1B)) \times 85 + 32B)/8192B = 15.95\%$$

图 3.34　Max Waste 最大浪费空间计算公式

图 3.34 中以 Size Class 为 7 的 Span 为例,通过源代码 runtime/sizeclasses.go 的详细 Size Class 数据可以得知具体 Span 的细节如下:

```
//class  Bytes/obj  B/span  objects  tail waste  max waste

  …
//6        80        8192      102       32        19.07 %
//7        96        8192      85        32        15.95 %
  …
```

从图 3.34 可以看出,Size Class 为 7 的 Span 如果每个 Object 均超过 Size Class 为 7 中的 Object 的 1 字节,就会导致 Size Class 为 7 的 Span 出现最大空间浪费情况。综上可以得出计算最大浪费空间比例的算法如下:

```
(本级 Object Size - (上级 Object Size + 1) * 本级 Object 数量) / 本级 Span Size
```

3.6.3　MCache

从概念来讲 MCache 与 TCMalloc 的 ThreadCache 十分相似,访问 MCache 依然不需要加锁而是直接访问,并且 MCache 中依然保存着各种大小的 Span。

虽然 MCache 与 ThreadCache 概念相似,但是二者存在一定的区别,MCache 与 Go 语言协程调度模型 GPM 中的 P 绑定,而不是和线程绑定。因为 Go 语言调度的 GPM 模型,真正可运行的线程 M 的数量与 P 的数量一致,即 GOMAXPROCS 个,所以 MCache 与 P 进行绑定更能节省内存空间,可以保证每个 G 使用 MCache 时不需要加锁就可以获取内存,而 TCMalloc 中的 ThreadCache 随着 Thread 的增多,ThreadCache 的数量相对成正比增多,二者绑定关系的区别如图 3.35 所示。

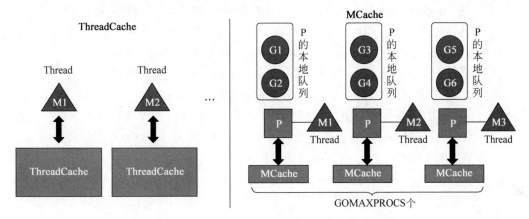

图 3.35 ThreadCache 与 MCache 的绑定关系区别

如果将图 3.35 中的 MCache 展开,来看 MCache 的内部构造,则具体的结构形式如图 3.36 所示。

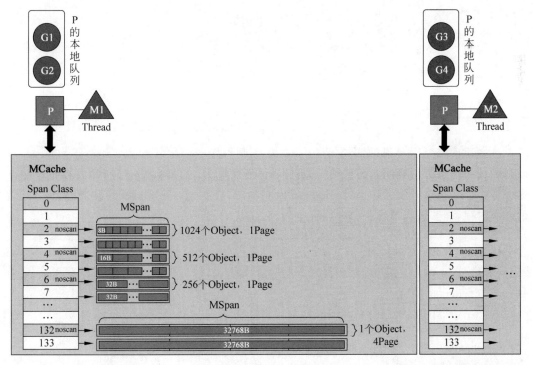

图 3.36 MCache 内部构造

协程逻辑层从 MCache 上获取内存时不需要加锁，因为一个 P 只有一个 M 在其上运行，不可能出现竞争，由于没有锁限制，所以 MCache 会加速内存分配。

MCache 中每个 Span Class 都会对应一个 MSpan，不同 Span Class 的 MSpan 的总体长度不同，参考 runtime/sizeclasses.go 文件中的标准规定划分。例如对于 Span Class 为 4 的 MSpan 来讲，存放内存大小为 1Page，即 8KB。每个对外提供的 Object 大小为 16B，共存放 512 个 Object。其他 Span Class 的存放方式与此类似。当其中某个 Span Class 的 MSpan 已经没有可提供的 Object 时，MCache 则会向 MCentral 申请一个对应的 MSpan。

在图 3.36 中应该会发现，对于 Span Class 为 0 和 1，也就是对应 Size Class 为 0 的规格刻度内存，MCache 实际上没有分配任何内存。因为 Go 语言内存管理对内存为 0 的数据申请做了特殊处理，如果申请的数据大小为 0，则将直接返回一个固定内存地址，不会进入 Go 语言内存管理的正常逻辑，相关 Go 语言源代码如下：

```
//usr/local/go/src/runtime/malloc.go

//Al Allocate an object of size Bytes.
//Sm Small objects are allocated from the per-P cache's free lists.
//La Large objects (> 32 kB) are allocated straight from the heap.
func mallocgc(size uintptr, typ * _type, needzero bool) unsafe.Pointer {
    …

    if size == 0 {
        return unsafe.Pointer(&zerobase)
    }

    …
}
```

从上述代码可以看到，如果申请的 size 为 0，则直接 return 一个固定地址 zerobase。下面来测试一下有关 0 空间申请的情况，在 Go 语言中，[0]int 和 struct{} 所需要大小均是 0，这也是为什么很多开发者在通过 Channel 做同步时，会发送一个 struct{} 数据，因为不会申请任何内存，能够适当节省一部分内存空间，测试代码如下：

```
//第一篇/chapter3/MyGolang/zeroBase.go
package main

import (
    "fmt"
)

func main() {
    var (
```

```
        //0 内存对象
        a struct{}
        b [0]int

        //100 个 0 内存 struct{}
        c [100]struct{}

        //100 个 0 内存 struct{},make 申请形式
        d = make([]struct{}, 100)
    )

    fmt.Printf(" % p\n", &a)
    fmt.Printf(" % p\n", &b)
    fmt.Printf(" % p\n", &c[50])        //取任意元素
    fmt.Printf(" % p\n", &(d[50]))      //取任意元素
}
```

运行结果如下:

```
$ go run zeroBase.go
0x11aac78
0x11aac78
0x11aac78
0x11aac78
```

从结果可以看出,全部的 0 内存对象分配,返回的都是一个固定的地址。

3.6.4 MCentral

MCentral 与 TCMalloc 中的 Central 概念依然相似。向 MCentral 申请 Span 时同样需要加锁。当 MCache 中某个 Size Class 对应的 Span 被一次次 Object 上层取走后,如果出现当前 Size Class 的 Span 空缺情况,MCache 则会向 MCentral 申请对应的 Span。Goroutine、MCache、MCentral、MHeap 互相交换的内存单位是不同的,具体如图 3.37 所示。

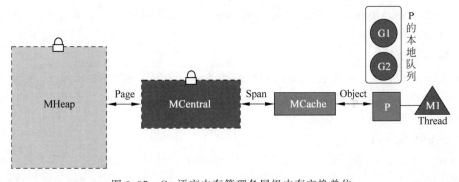

图 3.37 Go 语言内存管理各层级内存交换单位

其中协程逻辑层与 MCache 的内存交换单位是 Object，MCache 与 MCentral 的内存交换单位是 Span，而 MCentral 与 MHeap 的内存交换单位是 Page。

MCentral 与 TCMalloc 中的 Central 不同的是 MCentral 针对每个 Span Class 级别有两个 Span 链表，而 TCMalloc 中的 Central 只有一个。MCentral 的内部构造如图 3.38 所示。

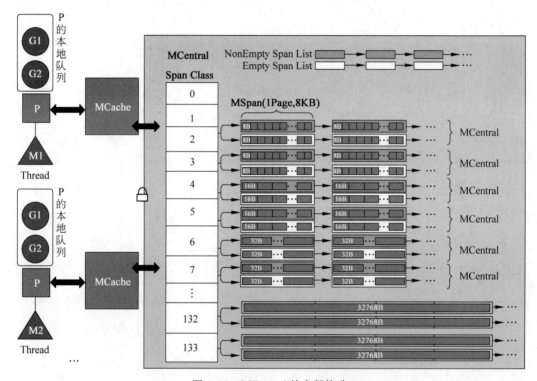

图 3.38　MCentral 的内部构造

MCentral 与 MCache 不同的是，每个级别保存的不是一个 Span，而是一个 Span List 链表。与 TCMalloc 中的 Central 不同的是，MCentral 每个级别都保存了两个 Span List。

注意　图 3.38 中 MCentral 表示一层抽象的概念，实际上每个 Span Class 对应的内存数据结构是一个 MCentral，即在 MCentral 这层数据管理中，实际上有 Span Class 个 MCentral 小内存管理单元。

1. NonEmpty Span List

NonEmpty Span List 表示还有可用空间的 Span 链表。链表中的所有 Span 都至少有 1 个空闲的 Object 空间。如果 MCentral 上游的 MCache 退还 Span，则会将退还的 Span 加入 NonEmpty Span List 链表中。

2. Empty Span List

Empty Span List 表示没有可用空间的 Span 链表。该链表上的 Span 都不确定是否还有空闲的 Object 空间。如果 MCentral 将一个 Span 提供给上游 MCache，则被提供的 Span

就会加入 Empty List 链表中。

注意 在 Go 1.16 版本之后，MCentral 中的 NonEmpty Span List 和 Empty Span List 均由链表管理改成集合管理，分别对应 Partial Span Set 和 Full Span Set。虽然存储的数据结构有变化，但是基本的作用和职责没有区别。

下面是 MCentral 层级中其中一个 Size Class 级别的 MCentral 的定义，Go 源代码（V1.14版本）如下：

```
//usr/local/go/src/runtime/mcentral.go , Go V1.14

//Central list of free objects of a given size.
//go:notinheap
type mcentral struct {
lock        mutex                    //申请 MCentral 内存分配时需要加的锁

spanclass spanClass                  //当前属于哪个 Size Class 级别

//list of spans with a free object, ie a nonempty free list
//还有可用空间的 Span 链表
nonempty mSpanList

//list of spans with no free objects (or cached in an MCache)
//没有可用空间的 Span 链表，或者当前链表里的 Span 已经交给 MCache
    empty mSpanList

    //nmalloc is the cumulative count of objects allocated from
    //this mcentral, assuming all spans in mcaches are
//fully-allocated. Written atomically, read under STW.
//nmalloc 是从该 mcentral 分配的对象的累积计数
//假设 mcaches 中的所有跨度都已完全分配
//以原子方式书写，在 STW 下阅读
    nmalloc uint64
}
```

在 Go V1.16 及之后版本（截止本书编写时）的相关 MCentral 结构代码如下：

```
//usr/local/go/src/runtime/mcentral.go , Go V1.16 +

…

type mcentral struct {
    //mcentral 对应的 spanClass
    spanclass spanClass
```

```
        partial [2]spanSet              //维护全部空闲的 Span 集合
        full [2]spanSet                 //维护存在非空闲的 Span 集合
}

...
```

新版本的改进是将 List 变成了两个 Set 集合,Partial 集合与 NonEmpty Span List 的责任类似,Full 集合与 Empty Span List 的责任类似。可以看到 Partial 和 Full 都是一个 [2]spanSet 类型,即每个 Partial 和 Full 都各有两个 spanSet 集合,这是为了给 GC 垃圾回收使用的,其中一个集合是已扫描的,另一个集合是未扫描的。

3.6.5　MHeap

Go 内存管理的 MHeap 依然继承了 TCMalloc 的 PageHeap 设计。MHeap 的上游是 MCentral,当 MCentral 中的 Span 不够时会向 MHeap 申请。MHeap 的下游是操作系统,当 MHeap 的内存不够时会向操作系统的虚拟内存空间申请。访问 MHeap 获取内存依然需要加锁。

MHeap 是内存块的管理对象,通过 Page 对内存单元进行管理。用来详细管理每一系列 Page 的结构称为一个 HeapArena,它们的逻辑层级关系如图 3.39 所示。

一个 HeapArena 占用内存 64MB[1],其中里面的内存是一个一个的 mspan,当然最小单元依然是 Page,图中没有表示出 mspan,因为多个连续的 Page 就是一个 mspan。所有的 HeapArena 组成的集合是一个 Arenas,即 MHeap 针对堆内存的管理。MHeap 是 Go 语言进程全局唯一的,所以访问依然加锁。图 3.39 中又出现了 MCentral,因为 MCentral 本属于 MHeap 中的一部分。只不过会优先从 MCentral 获取内存,如果没有 MCentral,则会从 Arenas 中的某个 HeapArena 获取 Page。

如果再详细剖析 MHeap 里面相关的数据结构和指针依赖关系,则可以参考图 3.40,这里不做过多解释,如果想详细理解 MHeap,则建议研读源代码/usr/local/go/src/runtime/mheap.go 文件。

MHeap 中的 HeapArena 占用了绝大部分的空间,其中每个 HeapArean 包含一个 bitmap,其作用是标记当前这个 HeapArena 的内存使用情况。其主要服务于 GC 垃圾回收模块,bitmap 共有两种标记,一种是标记对应地址中是否存在对象,另一种是标记此对象是否被 GC 模块标记过,所以当前 HeapArena 中的所有 Page 均会被 bitmap 所标记。

ArenaHint 为寻址 HeapArena 的结构,其有三个成员:

(1) addr 为指向的对应 HeapArena 的首地址。

(2) down 为当前的 HeapArena 是否可以扩容。

---

① 在 Linux 64 位操作系统上。

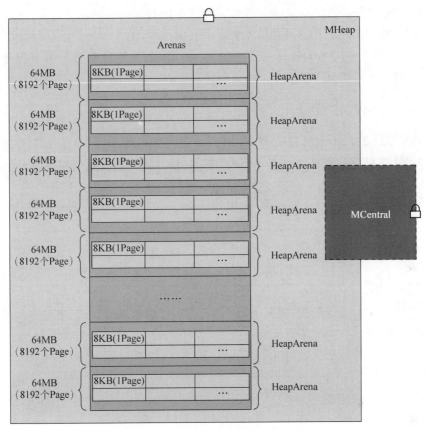

图 3.39 MHeap 内部逻辑层级构造

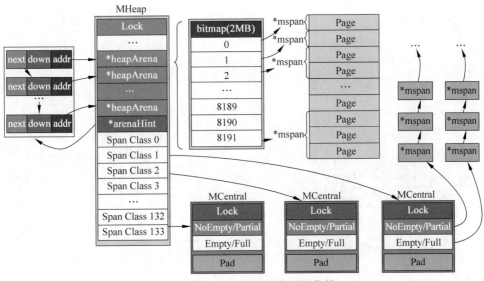

图 3.40 MHeap 数据结构引用依赖

（3）next 指向下一个 HeapArena 所对应的 ArenaHint 的首地址。

从图 3.40 可以看出，MCentral 实际上隶属于 MHeap 的一部分，从数据结构来看，每个 Span Class 对应一个 MCentral，而之前在分析 Go 语言内存管理的逻辑分层中，将这些 MCentral 集合统一归类为 MCentral 层。

3.6.6 Tiny 对象分配流程

在之前章节的表 3.4 中可以得到 TCMalloc 将对象分为小对象、中对象和大对象，而 Go 语言内存管理则将对象的分类进行了更细的划分，具体的划分区别对比如表 3.6 所示。

表 3.6 Go 语言内存与 TCMalloc 对内存的分类对比

TCMalloc	Go
小对象（0,256KB]	Tiny 对象 [1,16B)
中对象（256KB,1MB]	小对象 [16B,32KB]
大对象（1MB,+∞)	大对象（32KB,+∞)

针对 Tiny 微小对象的分配，实际上 Go 语言做了比较特殊的处理，之前在介绍 MCache 的时候并没有提及有关 Tiny 的存储和分配问题，MCache 中不仅保存着各个 Span Class 级别的内存块空间，还有一个比较特殊的 Tiny 存储空间，如图 3.41 所示。

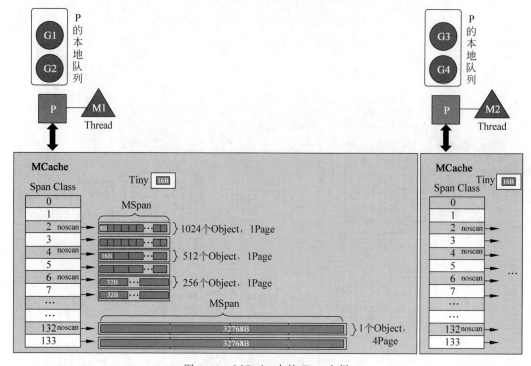

图 3.41　MCache 中的 Tiny 空间

Tiny 空间是从 Size Class＝2（对应 Span Class＝4 或 5）中获取一个 16B 的 Object，作为 Tiny 对象的分配空间。Go 语言内存管理为什么需要一个 Tiny 这样的 16B 空间？原因是如果协程逻辑层申请的内存空间小于或等于 8B，则根据正常的 Size Class 匹配会匹配到 Size Class＝1（对应 Span Class＝2 或 3），所以像 int32、Byte、bool 及小字符串等经常使用的 Tiny 微小对象，也都会使用从 Size Class＝1 申请的这 8B 的空间，但是类似 bool 或者 1 字节的 Byte，也都会各自独享这 8B 的空间，进而导致一定的内存空间浪费，如图 3.42 所示。

可以看出，当大量地使用微小对象时可能会对 Size Class＝1 的 Span 造成浪费，所以 Go 语言内存管理决定尽量不使用 Size Class＝1 的 Span，而是将申请的 Object 小于 16B 的申请统一归类为 Tiny 对象申请。具体的申请流程如图 3.43 所示。

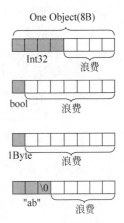

图 3.42　如果微小对象不存在 Tiny 空间

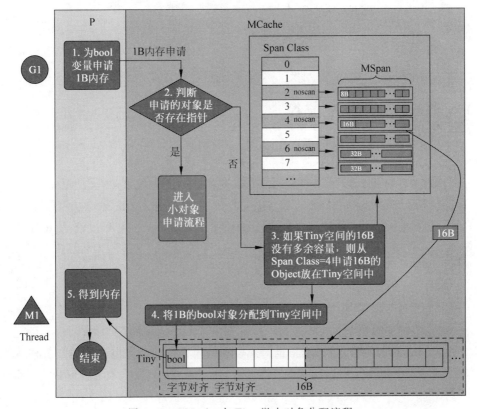

图 3.43　MCache 中 Tiny 微小对象分配流程

MCache 中对于 Tiny 微小对象的申请流程如下：

（1）P 向 MCache 申请微小对象，如一个 Bool 变量。如果申请的 Object 在 Tiny 对象的大小范围,则进入 Tiny 对象申请流程,否则进入小对象或大对象申请流程。

(2) 判断申请的 Tiny 对象是否包含指针,如果包含指针,则进入小对象申请流程(不会放在 Tiny 缓冲区,因为需要 GC 进入扫描等流程)。

(3) 如果 Tiny 空间的 16B 没有多余的存储容量,则从 Size Class=2(Span Class=4 或 5)的 Span 中获取一个 16B 的 Object 放置于 Tiny 缓冲区。

(4) 将 1B 的 Bool 类型放置在 16B 的 Tiny 空间中,以字节对齐的方式放置。

Tiny 对象的申请也达不到内存利用率 100%,以图 3.43 为例,当前 Tiny 缓冲 16B 的内存利用率为 $\frac{1+2+8}{16} \times 100\% = 68.75\%$,而如果不用 Tiny 微小对象的方式来存储,则内存的布局将如图 3.44 所示。

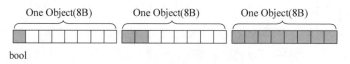

图 3.44 不用 Tiny 缓冲存储情况

可以算出利用率为 $\frac{1+2+8}{8 \times 3} \times 100\% = 45.83\%$。Go 语言内存管理通过 Tiny 对象的处理,可以平均节省 20%左右的内存。

3.6.7 小对象分配流程

3.6.6 节已经介绍了分配在 1B~16B 的 Tiny 对象的分配流程,对于对象在 16B~32B 的内存分配,Go 语言会采用小对象的分配流程。

分配小对象的标准流程是按照 Span Class 规格匹配的。在之前介绍 MCache 的内部构造时已经介绍了,MCache 一共有 67 份 Size Class,其中对 Size Class 为 0 的情况做了特殊处理,即直接返回一个固定的地址。Span Class 为 Size Class 的两倍,也就是 0~133 共 134 个 Span Class。

当协程逻辑层 P 主动申请一个小对象的时候,Go 语言内存管理的内存申请流程如图 3.45 所示。

下面来分析一下具体的流程:

(1) 首先协程逻辑层 P 向 Go 语言内存管理申请一个对象所需的内存空间。

(2) MCache 在收到请求后,会根据对象所需的内存空间计算出具体的大小 Size。

(3) 判断 Size 是否小于 16B,如果小于 16B,则进入 Tiny 微对象申请流程,否则进入小对象申请流程。

(4) 根据 Size 匹配对应的 Size Class 内存规格,再根据 Size Class 和该对象是否包含指针,来定位是从 noscan Span Class 还是从 scan Span Class 获取空间,如果没有指针,则锁定 noscan。

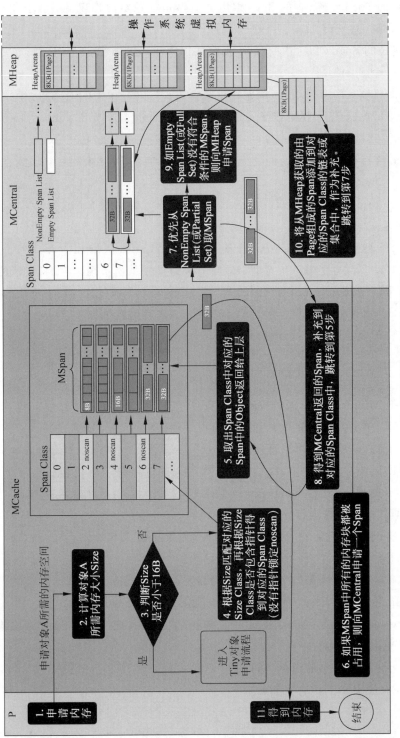

图 3.45 Go 语言小对象内存分配流程

（5）在定位的 Span Class 中的 Span 取出一个 Object 返给协程逻辑层 P，P 得到内存空间，流程结束。

（6）如果定位的 Span Class 中的 Span 所有的内存块 Object 都被占用，则 MCache 会向MCentral 申请一个 Span。

（7）MCentral 收到内存申请后，优先从相对应的 Span Class 中的 NonEmpty Span List（或 Partial Set，Go V1.16＋）里取出 Span（由多个 Object 组成），如果 NonEmpty Span List没有，则从 Empty List（或 Full Set Go V1.16＋）中取，返给 MCache。

（8）MCache 得到 MCentral 返回的 Span，补充到对应的 Span Class 中，之后再次执行第（5）步流程。

（9）如果 Empty Span List（或 Full Set）中没有符合条件的 Span，则 MCentral 会向MHeap 申请内存。

（10）MHeap 收到内存请求后从其中一个 HeapArena 从取出一部分 Pages 返给MCentral，当 MHeap 没有足够的内存时，MHeap 会向操作系统申请内存，将申请的内存也保存到 HeapArena 中的 mspan 中。MCentral 将从 MHeap 获取的由 Pages 组成的 Span 添加到对应的 Span Class 链表或集合中，作为新的补充，之后再次执行第（7）步。

（11）最后协程业务逻辑层得到该对象申请到的内存，流程结束。

3.6.8　大对象分配流程

小对象是在 MCache 中分配的，而大对象则直接从 MHeap 中分配。对于不满足MCache 分配范围的对象，均按照大对象分配流程处理。

大对象分配流程是协程逻辑层直接向 MHeap 申请对象所需要的适当 Pages，从而绕过从 MCache 到 MCentral 的烦琐申请内存流程，大对象的内存分配流程相对比较简单，具体的流程如图 3.46 所示。

下面分析具体的大对象内存分配流程：

（1）协程逻辑层申请大对象所需的内存空间，如果超过 32KB，则直接绕过 MCache 和MCentral 向 MHeap 申请。

（2）MHeap 根据对象所需的空间计算得到需要多少个 Page。

（3）MHeap 向 Arenas 中的 HeapArena 申请相对应的 Pages。

（4）如果 Arenas 中没有 HeapArena 可提供合适的 Pages 内存，则向操作系统的虚拟内存申请，并且填充至 Arenas 中。

（5）MHeap 返回大对象的内存空间。

（6）协程逻辑层 P 得到内存，流程结束。

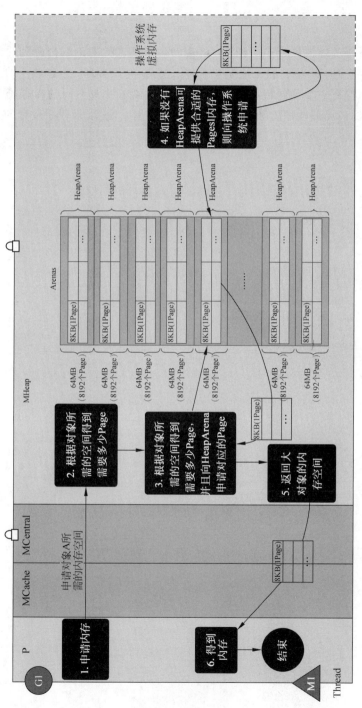

图3.46　Go语言大对象内存分配流程

3.7　小结

本章从操作系统的虚拟内存申请到 Go 语言内存模型进行理论的推进和逐层剖析。通过本章讲解的内存管理,可以了解无论是操作系统虚拟内存管理,还是 C++ 的 TCMalloc、Go 语言内存模型,均有一个共同特点,即分层的缓存机制。针对不同的内存场景采用不同的独特解决方式,提高局部性逻辑和细微粒度内存的复用率,这也是程序设计的至高理念。

第 4 章 深入理解 Linux 网络

I/O 复用并发模型

本章主要介绍服务器端对于网络并发模型及 Linux 系统下常见的网络 I/O 复用并发模型,其内容一共分为两部分。第一部分主要介绍网络并发中的一些基本概念及 Linux 下常见的原生 I/O 复用系统调用(epoll/select)等;第二部分主要介绍并发场景下常见的网络 I/O 复用模型,以及各自的优缺点。

4.1 网络并发模型中的几个基本概念

4.1.1 流

开发过程中,一般给流的定义有很多种,这里我们用三个特征来描述一个流的定义:
(1) 可以进行 I/O 操作的内核对象。
(2) 传输媒介可以是文件、管道、套接字等。
(3) 数据的入口是通过文件描述符(fd)描述。

4.1.2 I/O 操作

其实所有对流的读写操作,都可以称为 I/O 操作,如图 4.1 所示,是向一个已经满的流去执行写入操作,所以这次的写入实际上就是一个 I/O 操作。当然已经将流写满了,因此这次写入就会发生阻塞。

如果流为空,再执行读操作,则这次读取操作也是一个 I/O 操作,也依然会发生阻塞的情况,如图 4.2 所示。

图 4.1　传输媒介已满,再写入的 I/O 操作　　图 4.2　传输媒介已空,再读取的 I/O 操作

如图 4.1 和图 4.2 所示,都是对 I/O 的操作,当向一个容量已经满的传输媒介写数据的时候,这个 I/O 操作就会发生写阻塞。同理,当从一个容量为空的传输媒介读数据的时候,这个 I/O 操作就会发生读阻塞。

4.1.3 阻塞等待

通过 I/O 的读写过程得知阻塞的概念。如何来形象地表示一个阻塞的现象呢？如图 4.3 所示。

图 4.3　阻塞等待

假设小 G 今天清闲在家无事可做,小 G 家里有一部座机,这个是小 G 唯一可以和外界建立沟通的媒介。小 G 今天准备洗一双袜子,但是缺少一块肥皂,这个肥皂在等待快递员给小 G 送过来,而小 G 又是一个"单细胞动物",今天必须先把袜子洗完才能做其他的事,否则无事可做。此时小 G 这种在一天的生活流程中因等待某个资源导致生活节奏暂停的状态,就是阻塞等待状态。

4.1.4 非阻塞忙轮询

与阻塞等待相对应的状态是非阻塞忙轮询状态。假设小 G 性子比较急躁,每分钟必须给快递员打一次电话,"到底到没到?",如图 4.4 所示。

快递员每隔一段时间就会接到小 G 的电话询问,并告诉小 G 是否到了,这样小 G 就可以主动地知道所缺的肥皂资源是否已经抵达。小 G 此种不断通过通信媒介询问对方并且循环往复的状态就是一种非阻塞忙轮询的状态。

图 4.4　非阻塞,忙轮询

4.1.5 阻塞与非阻塞对比

(1) 阻塞等待:空出大脑可以安心睡觉,不影响快递员工作(不占用 CPU 宝贵的时间片)。

(2) 非阻塞忙轮询:浪费时间,浪费电话费,占用快递员时间(占用 CPU 及系统资源)。

很明显,通过上述的场景作为比较,阻塞等待这种方式,对于通信是有明显优势的,但阻塞等待也并非没有弊端。

4.2 解决阻塞等待缺点的办法

4.2.1 阻塞死等待的缺点

阻塞等待也是有非常明显的缺点的，现在有以下场景，如图4.5所示。

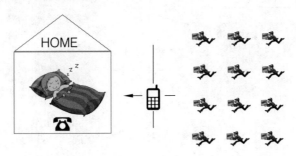

图 4.5 阻塞

同一时刻，小G只能被动地处理一个快递员的签收业务，其他快递员打电话时打不进来，小G的电话是座机，在签收的时候，接不到其他快递员的电话，所以阻塞等待的问题很明显，小G无法在同一时刻解决多个I/O的读写请求。

4.2.2 解决阻塞等待的办法1：多线程/多进程

那么解决这个问题，即使家里多买几个座机，依然是小G一个人接，也处理不过来，所以就需要用"分身术"创建多个自己来接电话(采用多线程或者多进程)来处理，如图4.6所示。

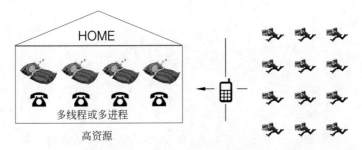

图 4.6 办法1：提高资源(开多线程/多进程)

这种方式就是没有多路I/O复用情况的解决方案，但是大量地开辟线程和进程也非常浪费资源，一个操作系统能够同时运行的线程和进程都有上限，尤其是进程占用内存的资源极高，这样也就限定了能够同时处理I/O数量的瓶颈。

4.2.3 解决阻塞等待的办法2：非阻塞忙轮询

如果不借助多线程/多进程的方式，该如何解决阻塞死等待这个问题呢？

　　如果采用非阻塞的方式,则可以用一个办法来监控多个 I/O 的状态,即可以采用粗暴的"非阻塞忙轮询"方式,如图 4.7 所示。

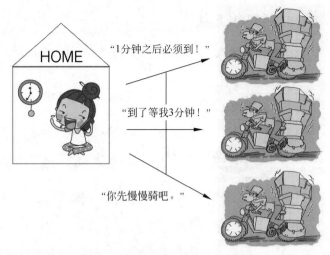

图 4.7　办法 2:非阻塞忙轮询

　　非阻塞忙轮询的方式可以让用户分别与每个快递员取得联系,宏观上来看,是同时可以与多个快递员沟通(并发效果),但是快递员在与用户沟通时会降低前进的速度(浪费CPU)。

　　非阻塞忙轮询的方式具体的实现逻辑伪代码如下:

```
while true {
    for i in 流[] {
            if i has 数据 {
                    读或者其他处理
            }
    }
}
```

　　一层循环下,不断地遍历流是否有数据,如果没有或者有,则进行逻辑处理,然后不停歇地进入下一次遍历,直到 for 循环结束,又回到 while true 的无限重复中,所以非阻塞忙轮询虽然能够在短暂的时间内监控每个 I/O 的读写状态,但是付出的代价是无限次不停歇地判断,这样往往会使 CPU 过于劳累,甚至占满 CPU 资源,所以非阻塞忙轮询并不是一个非常好的解决方案。

4.2.4　解决阻塞等待的办法 3:select

　　现在可以开设一个代收驿站,让快递员将包裹全部送到代收驿站。这个网点的管理员叫 select。这样小 G 就可以在家休息了,麻烦的事交给 select 就好了。当有包裹的时候,

select 负责给小 G 打电话,这期间小 G 在家睡觉就可以了,如图 4.8 所示。

图 4.8 办法 3:select

但 select 比较懒,他记不住快递的单号,也记不住货物的数量。他只会告诉小 G 包裹到了,但是哪个包裹到了,小 G 需要挨个地问一遍快递员。实现的逻辑伪代码如下:

```
while true {
    //阻塞
    select(流[]);

    //有消息抵达
    for i in 流[] {
            if i has 数据 {
                    读或者其他处理
            }
    }
}
```

select 的实现逻辑在 while true 的外层循环下,会有一个阻塞的过程,这个阻塞并不是永久阻塞,而是当 select 所监听的流中(多个 I/O 传输媒介),有一个流可以读写,select 就会立刻返回。得知 select 已经返回,则说明目前的流一定具备读写能力,这时候就可以遍历这个流,如果流有数据,就读出来处理,如果没有就看下一个流是否有。

用 select 并不会出现非阻塞忙轮询的无限判断的情况,因为 select 是可以阻塞的,阻塞的时候不占用任何 CPU 资源,但 select 有个明显的缺点,因为它每次都会返回全量的流集合,并不会告诉开发者哪个流可读写,哪个流不可读写,开发者需要再循环全量的流集合,再进行判断是否读写,所以即使只有 1 个流触发,开发者依然要用 for 将全部流扫描一遍,这显然是一种低效的方式。

4.2.5 解决阻塞等待的办法 4:epoll

现在这个快递代收驿站升级了,服务更加友善且能力更强,与 select 一样,小 G 依然可以在家休息,被动地接收 epoll 发来的通知,如图 4.9 所示。

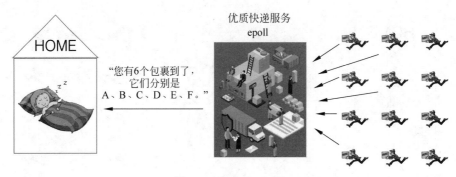

图 4.9 办法 4：epoll

epoll 的服务态度要比 select 好很多,在通知小 G 的时候,不仅会告诉小 G 有几个包裹到了,还会分别告诉小 G 是哪几个包裹。小 G 只需按照 epoll 给的答复,来询问快递员取包裹。实现逻辑的伪代码如下：

```
while true {
    //阻塞
    可处理的流[] = epoll_wait(epoll_fd);

    //有消息抵达,全部放在 "可处理的流[]"中
    for i in 可处理的流[] {
            读或者其他处理
    }
}
```

使用 epoll 来解决监听多个 I/O 的逻辑和 select 极相似,在使用过程中,有个重大的区别在于 epoll_wait 发生阻塞的时候,如果监控的流中有 I/O 可以读写,则 epoll_wait 会给开发者返回一个可以读写流的集合,但不可以读写的流 epoll 并不会返给开发者。这样实际上会减少开发者的无效遍历,这一点 epoll 要比 select 做得更优秀。另外一个地方在实现逻辑中看不出来,select 能够最大监听 I/O 的数量是一个固定的数(这个可以修改,但是毕竟困难,需要重新编译操作系统),而且这个数量也不是很大,但是 epoll 能够监听的最大的 I/O 数量与当前操作系统的内存大小成正比,所以 epoll 在监控 I/O 数量方面也比 select 优秀很多。

4.3　什么是 epoll

epoll 与 select、poll 一样,是对 I/O 多路复用的技术,它只关心"活跃"的连接,无须遍历全部描述符集合,它能够处理大量的连接请求(系统可以打开的文件数目取决于内存大小)。

对于服务器端网络开发的 Go 语言开发者来讲,很有必要了解 epoll 的基本开发过程。epoll 的开发流程属于 Linux 操作系统提供给用户态开发者的一系列系统调用函数,这些函数的直接接口是用 C 语言实现的,所以开发者一般基于 epoll 进行开发,即一般基于 C 语言进行开发,这样最接近操作系统,性能上也是最优的方法。

epoll 的开发流程基本可分为三大步骤:

(1) 创建 epoll。

(2) 控制 epoll。

(3) 等待 epoll。

接下来看一下 Linux 给开发者提供的 epoll 的原生接口是什么样子的。

1. 创建 epoll

函数原型定义如下:

```
/**
 * @param size 告诉内核监听的数目
 * @returns 返回一个 epoll 句柄(一个文件描述符)
 */
int epoll_create(int size);
```

使用的方式如下:

```
int epfd = epoll_create(1000);
```

当执行上述代码时,在内核中实则创建了一棵红黑树(平衡二叉树)的根节点 root,如图 4.10 所示。

这个根节点的关系与 epfd 是相对应的。

2. 控制 epoll

函数原型定义如下:

Kernel

图 4.10　epoll 系统调用(1)

```
/**
 * @param epfd 用 epoll_create 所创建的 epoll 句柄
 * @param op 表示对 epoll 监控描述符控制的动作
 *
 * EPOLL_CTL_ADD(将新的 fd 注册到 epfd)
 * EPOLL_CTL_MOD(修改已经注册的 fd 的监听事件)
 * EPOLL_CTL_DEL(epfd 删除一个 fd)
 *
 * @param fd 需要监听的文件描述符
 * @param event 告诉内核需要监听的事件
 *
```

```
 * @returns 成功时返回 0,失败时返回 - 1,errno 可查看错误信息
 */
int epoll_ctl(int epfd, int op, int fd, struct epoll_event * event);

struct epoll_event {
    __uint32_t events; /* epoll 事件 */
    epoll_data_t data; /* 用户传递的数据 */
}

/*
 * events : {EPOLLIN, EPOLLOUT, EPOLLPRI,
    EPOLLHUP, EPOLLET, EPOLLONESHOT}
 */
typedef union epoll_data {
    void * ptr;
    int fd;
    uint32_t u32;
    uint64_t u64;
} epoll_data_t;
```

使用的方式如下：

```
struct epoll_event new_event;

new_event.events = EPOLLIN | EPOLLOUT;
new_event.data.fd = 5;

epoll_ctl(epfd, EPOLL_CTL_ADD, 5, &new_event);
```

创建一个用户态的事件，绑定到某个 fd 上，然后添加到内核中的 epoll 红黑树中，如图 4.11 所示。

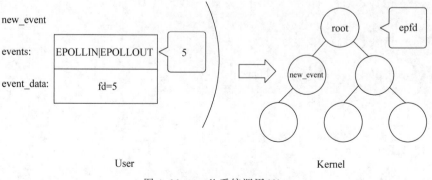

图 4.11 epoll 系统调用(2)

3. 等待 epoll

函数原型定义如下：

```
/**
*
* @param epfd 用 epoll_create 所创建的 epoll 句柄
* @param event 从内核得到的事件集合
* @param maxevents 告知内核这个 events 有多大
* 注意:值不能大于创建 epoll_create()时的 size
* @param timeout 超时时间
* -1: 永久阻塞
* 0: 立即返回,非阻塞
* >0: 指定微秒
*
* @returns 成功:有多少文件描述符就绪,时间到时返回 0
* 失败: -1,errno 可查看错误
*/
int epoll_wait(int epfd, struct epoll_event * event,
               int maxevents, int timeout);
```

使用的方式如下：

```
struct epoll_event my_event[1000];

int event_cnt = epoll_wait(epfd, my_event, 1000, -1);
```

epoll_wait 是一个阻塞的状态,如果内核检测到 I/O 的读写响应,则会抛给上层的 epoll_wait,返给用户态一个已经触发的事件队列,同时阻塞返回。开发者可以从队列中取出事件来处理,事件中有对应的 fd 具体是哪一个(之前添加 epoll 事件的时候已经绑定),如图 4.12 所示。

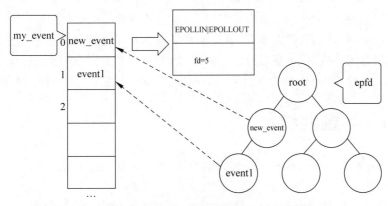

图 4.12　epoll 系统调用(3)

例如这次 epoll_wait 返回的就是一个 my_event 集合,其中每个元素均是一个 event 结构体,结构体里面有两个重要的元素,第 1 个是当前的事件类型(如:EPOLLIN 或者 EPOLLOUT,分别对应读和写事件),第 2 个是当前 event 所绑定的 fd(也可以绑定任意指针),如图 4.13 所示,epoll_wait 触发了两个事件,开发者只需遍历 my_event 并依次处理每个 event 事件就可以了。

4. 使用 epoll 编程主流程骨架

下面一段代码是基于 epoll 开发的一段主干代码:

```
int epfd = epoll_create(1000);

//将 listen_fd 添加进 epoll 中
epoll_ctl(epfd, EPOLL_CTL_ADD, listen_fd,&listen_event);

while (1) {
    //阻塞等待 epoll 中 的 fd 触发
    int active_cnt = epoll_wait(epfd, events, 1000, -1);

    for (i = 0 ; i < active_cnt; i++) {
            if (evnets[i].data.fd == listen_fd) {
                    //accept,并且将新 accept 的 fd 加进 epoll 中
            }
            else if (events[i].events & EPOLLIN) {
                    //对此 fd 进行读操作
            }
            else if (events[i].events & EPOLLOUT) {
                    //对此 fd 进行写操作
            }
    }
}
```

这里并没有加数据处理和网络处理实现,只是说明 epoll 的事件交互流程。写一个服务器端代码,首先要对 listen_fd(监听端口的 fd)进行读事件的监听,并且将这个事件放置在 epoll 堆里,当 listen_fd 触发可读事件,就说明有新的客户端连接创建过来,此时 epoll_wait 的阻塞就会返回,通过判断 fd 是否为 listen_fd 来做与客户端建立连接的动作,将建立好的连接放置到 epoll 堆里,等待下次可读可写事件触发,这就是 epoll 开发的基本流程。

4.4 epoll 的触发模式

本节作为附加节,介绍 epoll 触发模式的种类,如果不想进一步关心 epoll 的触发方式,则可以跳过本节。

epoll 给开发者提供了两种触发模式,它们分别是水平触发与边缘触发。

4.4.1　水平触发

水平触发(Level Triggered,LT)的主要特点是,如果用户在监听 epoll 事件,当内核有事件的时候,则会复制给用户态事件,但是如果用户只处理了一次,则剩下没有处理的将会在下一次 epoll_wait 再次返回该事件,如图 4.13 和图 4.14 所示。

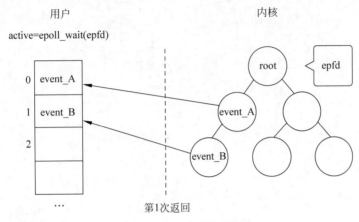

图 4.13　epoll 系统调用(4)

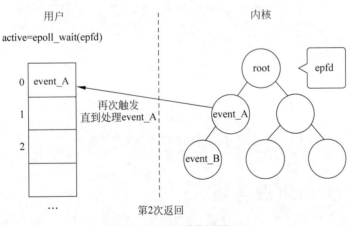

图 4.14　epoll 系统调用(5)

这样如果用户永远不处理这个事件,就会导致每次都有该事件从内核到用户的复制,如图 4.15 所示,耗费性能,但是水平触发相对安全,最起码事件不会丢掉,除非用户处理完毕。

4.4.2　边缘触发

边缘触发(Edge Triggered,ET)与水平触发相反,当内核有事件到达时,只会通知用户一次,无论用户处理还是不处理,以后都不会再通知。这样减少了复制过程,提高了性能,但是相对来讲,如果用户马虎而忘记处理,则会产生丢事件的情况,如图 4.16 所示。

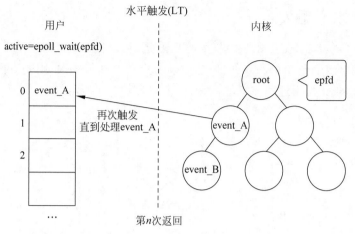

图 4.15　epoll 系统调用（6）

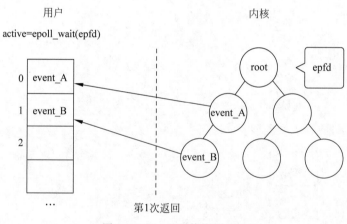

图 4.16　epoll 系统调用（7）

4.5　简单的 epoll 服务器

接下来基于 epoll 的基本开发过程，实现一个基于 epoll 的服务器，本节用 C 语言分别实现服务器端部分和客户端部分。

4.5.1　服务器端实现

下面的是服务器端的实现，详细代码如下：

```
//第一篇/chapter4/epoll_server.c
#include <stdio.h>
```

```c
# include < stdlib. h >
# include < ctype. h >
# include < string. h >

# include < unistd. h >
# include < sys/types. h >
# include < sys/socket. h >
# include < arpa/inet. h >

# include < sys/epoll. h >

# define SERVER_PORT (7778)
# define EPOLL_MAX_NUM (2048)
# define BUFFER_MAX_LEN (4096)

char buffer[BUFFER_MAX_LEN];

void str_toupper(char * str)
{
    int i;
    for (i = 0; i < strlen(str); i ++) {
        str[i] = toupper(str[i]);
    }
}

int main(int argc, char ** argv)
{
    int listen_fd = 0;
    int client_fd = 0;
    struct sockaddr_in server_addr;
    struct sockaddr_in client_addr;
    socklen_t client_len;

    int epfd = 0;
    struct epoll_event event, * my_events;

    //socket
    listen_fd = socket(AF_INET, SOCK_STREAM, 0);

    //bind
    server_addr.sin_family = AF_INET;
    server_addr.sin_addr.s_addr = htonl(INADDR_ANY);
    server_addr.sin_port = htons(SERVER_PORT);
    bind(listen_fd, (struct sockaddr * )&server_addr, sizeof(server_addr));
```

```
    //listen
    listen(listen_fd, 10);

    //epoll create
    epfd = epoll_create(EPOLL_MAX_NUM);
    if (epfd < 0) {
        perror("epoll create");
        goto END;
    }

    //listen_fd -> epoll
    event.events = EPOLLIN;
    event.data.fd = listen_fd;
    if (epoll_ctl(epfd, EPOLL_CTL_ADD, listen_fd, &event) < 0) {
        perror("epoll ctl add listen_fd ");
        goto END;
    }

    my_events = malloc(sizeof(struct epoll_event) * EPOLL_MAX_NUM);


    while (1) {
        //epoll wait
        int active_fds_cnt = epoll_wait(epfd, my_events, EPOLL_MAX_NUM, -1);
        int i = 0;
        for (i = 0; i < active_fds_cnt; i++) {
            //if fd == listen_fd
            if (my_events[i].data.fd == listen_fd) {
                //accept
                client_fd = accept(listen_fd, (struct sockaddr * )&client_addr, &client_len);
                if (client_fd < 0) {
                    perror("accept");
                    continue;
                }

                char ip[20];
                printf("new connection[ % s: % d]\n", inet_ntop(AF_INET, &client_addr.sin_addr,
ip, sizeof(ip)), ntohs(client_addr.sin_port));

                event.events = EPOLLIN | EPOLLET;
                event.data.fd = client_fd;
                epoll_ctl(epfd, EPOLL_CTL_ADD, client_fd, &event);
            }
            else if (my_events[i].events & EPOLLIN) {
                printf("EPOLLIN\n");
                client_fd = my_events[i].data.fd;
```

```
                //do read

                buffer[0] = '\0';
                int n = read(client_fd, buffer, 5);
                if (n < 0) {
                    perror("read");
                    continue;
                }
                else if (n == 0) {
                    epoll_ctl(epfd, EPOLL_CTL_DEL, client_fd, &event);
                    close(client_fd);
                }
                else {
                    printf("[read]: %s\n", buffer);
                    buffer[n] = '\0';

                    str_toupper(buffer);
                    write(client_fd, buffer, strlen(buffer));
                    printf("[write]: %s\n", buffer);
                    memset(buffer, 0, BUFFER_MAX_LEN);

                    /*
                        event.events = EPOLLOUT;
                        event.data.fd = client_fd;
                        epoll_ctl(epfd, EPOLL_CTL_MOD, client_fd, &event);
                    */
                }
            }
            else if (my_events[i].events & EPOLLOUT) {
                printf("EPOLLOUT\n");
                /*
                    client_fd = my_events[i].data.fd;
                    str_toupper(buffer);
                    write(client_fd, buffer, strlen(buffer));
                    printf("[write]: %s\n", buffer);
                    memset(buffer, 0, BUFFER_MAX_LEN);

                    event.events = EPOLLIN;
                    event.data.fd = client_fd;
                    epoll_ctl(epfd, EPOLL_CTL_MOD, client_fd, &event);
                */
            }
        }
    }
}

END:
```

```
        close(epfd);
        close(listen_fd);
        return 0;
}
```

4.5.2 客户端实现

下面的是客户端的实现,详细代码如下:

```
//第一篇/chapter4/epoll_client.c
# include < stdio. h >
# include < stdlib. h >
# include < string. h >
# include < strings. h >

# include < sys/types. h >
# include < sys/socket. h >
# include < arpa/inet. h >
# include < unistd. h >
# include < fcntl. h >

# define MAX_LINE (1024)
# define SERVER_PORT (7778)

void setnoblocking( int fd)
{
    int opts = 0;
    opts = fcntl(fd, F_GETFL);
    opts = opts | O_NONBLOCK;
    fcntl(fd, F_SETFL);
}

int main( int argc, char ** argv)
{
    int sockfd;
    char recvline[MAX_LINE + 1] = {0};

    struct sockaddr_in server_addr;

    if (argc != 2) {
        fprintf(stderr, "usage ./client < SERVER_IP >\n");
        exit(0);
    }
```

```
//创建 socket
if ( (sockfd = socket(AF_INET, SOCK_STREAM, 0)) < 0) {
    fprintf(stderr, "socket error");
    exit(0);
}

//server addr 赋值
bzero(&server_addr, sizeof(server_addr));
server_addr.sin_family = AF_INET;
server_addr.sin_port = htons(SERVER_PORT);

if (inet_pton(AF_INET, argv[1], &server_addr.sin_addr) <= 0) {
    fprintf(stderr, "inet_pton error for %s", argv[1]);
    exit(0);
}

//连接服务器端
if (connect(sockfd, (struct sockaddr *) &server_addr, sizeof(server_addr)) < 0) {
    perror("connect");
    fprintf(stderr, "connect error\n");
    exit(0);
}

setnoblocking(sockfd);

char input[100];
int n = 0;
int count = 0;

//不断地从标准输入字符串
while (fgets(input, 100, stdin) != NULL)
{
    printf("[send] %s\n", input);
    n = 0;
    //把输入的字符串发送到服务器中去
    n = send(sockfd, input, strlen(input), 0);
    if (n < 0) {
        perror("send");
    }

    n = 0;
    count = 0;

    //读取服务器返回的数据
    while (1)
```

```
    {
        n = read(sockfd, recvline + count, MAX_LINE);
        if (n == MAX_LINE)
        {
            count += n;
            continue;
        }
        else if (n < 0){
            perror("recv");
            break;
        }
        else {
            count += n;
            recvline[count] = '\0';
            printf("[recv] % s\n", recvline);
            break;
        }
    }
}

    return 0;
}
```

4.6　Linux 下常见的网络 I/O 复用并发模型

本节主要介绍常见的 Server 的并发模型,这些模型与编程语言本身无关,有的编程语言可能在语法上直接表明了模型本质,所以开发者没必要一定基于模型去编写,只需了解并发模型的构成和特点,本节使用的一些模型需要读者了解基本的多路 I/O 复用知识,在 4.1～4.5 节介绍。

4.6.1　模型 1：单线程 Accept(无 I/O 复用)

模型 1 是单线程的 Server,并且不适用任何 I/O 复用机制,实现一个基本的网络服务器,其结构如图 4.17 所示。

其主要流程如下：

(1) 首选启动一个 Server 服务器端进程,其中包括主线程 main thread。一个基本的服务器端 Socket 编程需要几个关键步骤,创建一个 ListenFd(服务器端监听套接字),将这个 ListenFd 绑定到需要服务的 IP 和端口上,然后执行阻塞 Accept 被动等待远程的客户端建立连接,每次客户端 Connect 连接过来,main thread 中 accept 响应并建立连接。

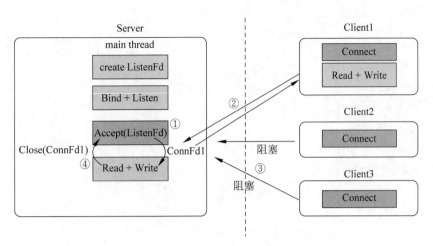

图 4.17 网络并发模型 1：单线程 Accept

（2）这里第 1 个连接过来的 Client1 请求服务器端连接，服务器端 Server 创建连接成功，得到 ConnFd1 套接字后，依然在 main thread 串行处理套接字读写，并处理业务。

（3）在（2）处理业务时，如果有新客户端 Connect 过来，Server 无响应，直到当前套接字将全部业务处理完毕。

（4）当前客户端处理完后，结束连接，处理下一个客户端请求。

以上是模型一的服务器端整体执行逻辑。

注意 模型一的优缺点如下。

优点：

模型一的 Socket 编程流程清晰且简单，适合学习使用，可以基于模型一很快地了解 Socket 基本编程流程。

缺点：

该模型并非并发模型，而是串行的服务器，同一时刻，监听并响应最大的网络请求量为 1，即并发量为 1。

综上，仅适合学习基本 Socket 编程，不适合任何服务器 Server 构建。

4.6.2 模型 2：单线程 Accept＋多线程读写业务（无 I/O 复用）

模型 2 是主进程启动一个 main thread 线程，其中 main thread 进行 Socket 初始化的过程和模型 1 是一样的，如果有新的 Client 建立连接请求进来，就会出现和模型一不同的地方，如图 4.18 所示。

其主要流程如下：

（1）主线程 main thread 执行阻塞 Accept，每次客户端 Connect 连接过来，main thread 中 accept 响应并建立连接。

（2）创建连接成功，得到 Connfd1 套接字后，创建一个新线程 thread1，用来处理客户端的读写业务。main thread 依然回到 Accept 阻塞，等待新客户端。

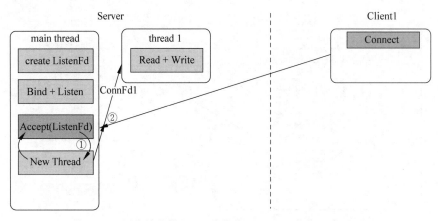

图 4.18 网络并发模型 2：单线程 Accept＋多线程读写(1)

（3）thread1 通过套接字 ConnFd1 与客户端进行通信读写。

（4）Server 在（2）处理业务中，如果有新客户端 Connect 过来，main thread 中 Accept 依然响应并建立连接，重复（2）的过程，如图 4.19 所示。

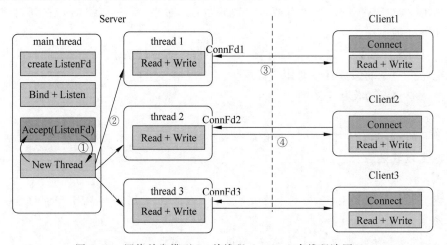

图 4.19 网络并发模型 2：单线程 Accept＋多线程读写(2)

以上是模型 2 的服务器端整体执行逻辑。

注意 模型 2 的优缺点如下。

优点：

基于模型 1，单线程 Accept（无 I/O 复用）支持了并发的特性。使用灵活，一个客户端对应一个线程单独处理，Server 处理业务内聚程度高，客户端无论如何写，服务器端均会有一个线程做资源响应。

缺点：

随着客户端数量的增多，需要开辟的线程也增多，客户端与 Server 线程数量的关系为 1∶1，对于高并发场景，线程数量受到硬件限制。对于长连接，客户端一旦无业务读写，只要不关闭,Server 的对应线程依然需要保持连接(心跳、健康监测等机制),占用连接资源和线程开销资源,从而造成资源浪费。仅适合客户端数量不大,并且数量可控的场景使用。仅适合学习基本 Socket 编程,不适合任何服务器 Server 构建。

4.6.3　模型3：单线程多路I/O复用

模型3是在单线程的基础上添加多路 I/O 复用机制,这样就减少了多开销线程的弊端,模型3的流程如下:

(1)主线程 main thread 创建 ListenFd 之后,采用多路 I/O 复用机制(如:select、epoll)进行 I/O 状态阻塞监控。如果有 Client1 客户端 Connect 请求,并且 I/O 复用机制检测到 ListenFd 触发读事件,则进行 Accept 建立连接,并将新生成的 ConnFd1 加入监听 I/O 集合中,如图 4.20 所示。

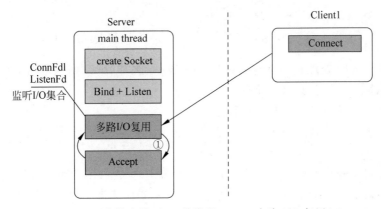

图 4.20　网络并发模型3：单线程 Accept 多路 I/O 复用(1)

(2)Client1 再次进行正常读写业务请求,main thread 的多路 I/O 复用机制阻塞返回,会触发该套接字的读/写事件等,如图 4.21 所示。

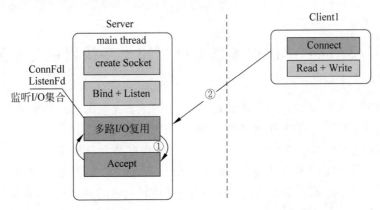

图 4.21　网络并发模型3：单线程 Accept 多路 I/O 复用(2)

（3）对于 Client1 的读写业务，Server 依然在 main thread 执行流程继续执行，此时如果有新的客户端 Connect 连接请求过来，Server 将没有即时响应，如图 4.22 所示。

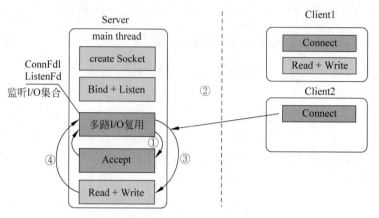

图 4.22　网络并发模型 3：单线程 Accept 多路 I/O 复用(3)

（4）等到 Server 处理完一个连接的 Read＋Write 操作，继续回到多路 I/O 复用机制阻塞，其他连接过来时重复(2)、(3)流程。

以上是模型 3 的服务器端整体执行逻辑。

注意　模型 3 的优缺点如下。

优点：

单流程解决了可以同时监听多个客户端读写状态的模型，不需要 1 : 1 的客户端的线程数量关系。多路 I/O 复用阻塞，非忙询状态，不浪费 CPU 资源，CPU 利用率较高。

缺点：

虽然可以监听多个客户端的读写状态，但是同一时间内，只能处理一个客户端的读写操作，实际上读写的业务并发为 1。多客户端访问 Server，业务为串行执行，大量请求会有排队延迟现象，当 Client3 占据 main thread 流程时，Client1 和 Client2 流程卡在 I/O 复用，等待下次监听触发事件。

4.6.4　模型 4：单线程多路 I/O 复用＋多线程读写业务(业务工作池)

模型四是基于模型 3 的一种改进版，但是改进的地方是在处理应用层消息业务本身，将这部分承担的压力交给一个工作池来处理，整体的执行流程如下：

（1）主线程 main thread 创建 ListenFd 之后，采用多路 I/O 复用机制（如：select、epoll）进行 I/O 状态阻塞监控。如果有 Client1 客户端 Connect 请求，并且 I/O 复用机制检测到 ListenFd 触发读事件，则进行 Accept 建立连接，并将新生成的 ConnFd1 加入监听 I/O 集合中，如图 4.23 所示。

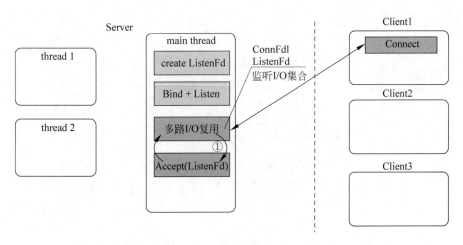

图 4.23　网络并发模型 4：单线程多路 I/O 复用＋业务工作池(1)

当 ConnFd1 有可读消息时，触发读事件，并且进行读写消息。

（2）main thread 按照固定的协议读取消息，并且交给工作池，工作池在 Server 启动之前就已经开启固定数量的 thread，里面的线程只处理消息业务，不进行套接字读写操作，如图 4.24 所示。

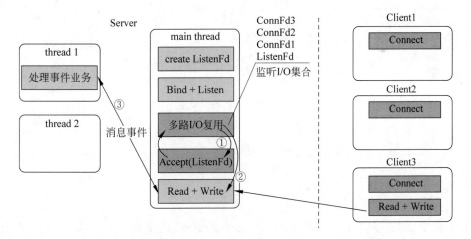

图 4.24　网络并发模型 4：单线程多路 I/O 复用＋业务工作池(2)

（3）工作池处理完业务，会触发 ConnFd1 写事件，将回执客户端的消息通过 main thread 写给对方，如图 4.25 所示。

接下来 Client2 的读写请求的逻辑就是重复上述(1)～(4)的过程，一般把这种基于消息事件的业务层处理的线程称为业务工作池，如图 4.26 所示。

以上是模型 4 的服务器端整体执行逻辑。

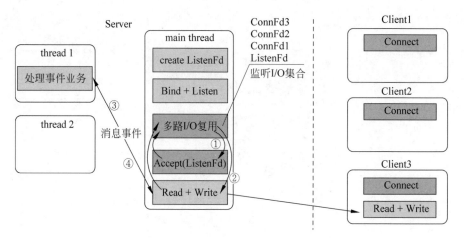

图 4.25　网络并发模型 4：单线程多路 I/O 复用＋业务工作池(3)

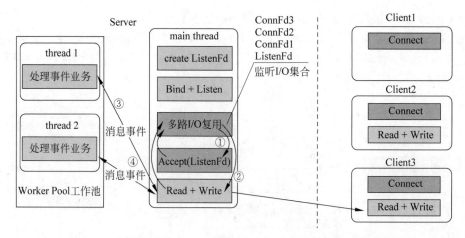

图 4.26　网络并发模型 4：单线程多路 I/O 复用＋业务工作池(4)

注意　模型 4 的优缺点如下。

优点：

对于模型 3，将业务处理部分通过工作池分离出来，减少多客户端访问 Server，业务为串行执行，大量请求会有排队延迟时间。实际上读写的业务并发为 1，但是业务流程并发为 Worker Pool 线程数量，加快了业务处理并行效率。

缺点：

读写依然由 main thread 单独处理，最高读写并行通道依然为 1。虽然有多个 worker 线程处理业务，但是最后返回客户端时依旧需要排队，因为出口还是 main thread 的 Read＋Write。

4.6.5　模型 5：单线程 I/O 复用＋多线程 I/O 复用（连接线程池）

模型 5 在单线程 I/O 复用机制的基础上再加上多线程的 I/O 复用机制，看上去很烦琐，但是这种模型确实是目前最通用和最高效的解决方案，下面来分析一下模型五的整体逻辑：

（1）Server 在启动监听之前，开辟固定数量（N）的线程，用 Thread Pool 管理，如图 4.27 所示。

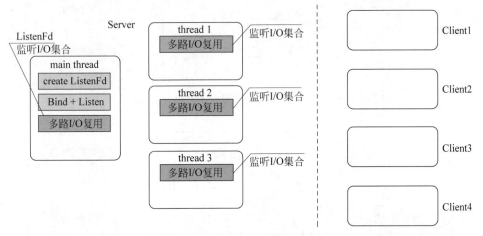

图 4.27　网络并发模型 5：单线程多路 I/O 复用＋多线程 I/O 复用（1）

（2）主线程 main thread 创建 ListenFd 之后，采用多路 I/O 复用机制（如 select、epoll）进行 I/O 状态阻塞监控。如果有 Client1 客户端 Connect 请求，并且 I/O 复用机制检测到 ListenFd 触发读事件，则进行 Accept 建立连接，并将新生成的 ConnFd1 分发给 Thread Pool 中的某个线程进行监听。

（3）Thread Pool 中的每个 thread 都启动多路 I/O 复用机制（select、epoll），用来监听 main thread 是否建立成功及分发下来的 Socket 套接字。

（4）如图 4.28 所示，thread1 监听 ConnFd1、ConnFd2，thread2 监听 ConnFd3，thread3 监听 ConnFd4。当对应的 ConnFd 有读写事件时，对应的线程处理该套接字的读写及业务。

所以，将这些固定承担 epoll 多路 I/O 监控的线程集合称为线程池，如图 4.29 所示。

以上是模型五的服务器端整体执行逻辑。

注意　模型五的优缺点如下。

优点：

将 main thread 的单流程读写分散到多线程完成，这样增加了同一时刻的读写并行通道，并行通道数量为 N，N 为线程池 thread 数量。Server 同时监听的 ConnFd 套接字数量几乎成倍增大，之前的全部监控数量取决于 main thread 的多路 I/O 复用机制的最大限制（select 默认为 1024，epoll 默认与内存大小相关，3 万～6 万不等），所以理论上单点 Server

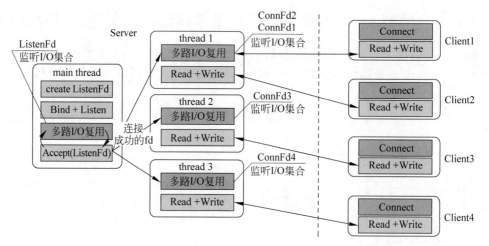

图 4.28　网络并发模型 5：单线程多路 I/O 复用＋多线程 I/O 复用(2)

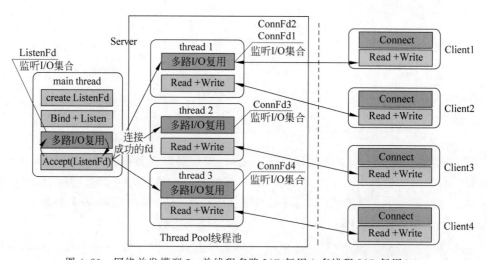

图 4.29　网络并发模型 5：单线程多路 I/O 复用＋多线程 I/O 复用(3)

最高响应并发数量为 $N×(3$ 万～6 万$)$ $(N$ 为线程池数量,建议与 CPU 核心成比例 $1：1)$。如果良好的线程池数量和 CPU 核心数适配,则可以尝试将 CPU 核心与 thread 进行绑定,从而降低 CPU 的切换频率,提升每个 thread 处理合理业务的效率,降低 CPU 切换成本及开销。

缺点：

虽然监听的并发数量提升了,但是最高读写并行通道依然为 N,而且多个身处同一个 thread 的客户端会出现读写延迟现象,实际上每个 thread 的模型特征与模型三的单线程多路 I/O 复用一致。

4.6.6　模型5(进程版)：单进程多路I/O复用＋多进程I/O复用

模型5(进程版)和模型五的流程大致一样,这里的主要区别是由线程池变更为进程池,如图 4.30 所示。

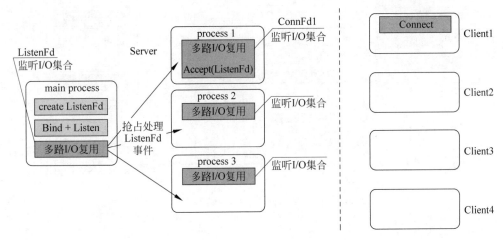

图 4.30　网络并发模型 5——进程池版本(1)

模型5(进程版)需要注意的是,进程之间的资源都是独立的,所以当有客户端(如Client1)建立请求的时候,main process(主进程)的 I/O 复用会监听到 ListenFd 的可读事件,如果在线程模型中,则可以直接 Accept 并以此将连接创建,并且将新创建的 ConnFd 交给线程中的某个 I/O 复用机制来监控,因为线程与线程中的资源是共享的,但是在多进程中则不能这么做。main process 如果进行 Accept 得到的 ConnFd 并不能传递给子进程,因为它们都有各自的文件描述符序列,所以在多进程版本,主进程 ListenFd 触发读事件,应该由主进程发送信号告知子进程目前有新的连接可以建立,最终应该由某个子进程进行 Accept 完成连接建立过程,同时得到与客户端通信的套接字 ConnFd。最终用自己的多路 I/O 复用机制来监听当前进程创建的 ConnFd。

如图 4.31 所示,进程版与"模型 5——单线程 I/O 复用＋多线程 I/O 复用(连接线程池)"无大差异。不同处总结如下：

(1) 进程和线程的内存布局不同导致,main process(主进程)不再进行 Accept 操作,而是将 Accept 过程分散到各个子进程(process)中。

(2) 进程的特性,资源独立,所以 main process 如果 Accept 成功的 fd,则其他进程无法共享资源,所以需要各子进程自行 Accept 创建连接。

(3) main process 只是监听 ListenFd 状态,一旦触发读事件(有新连接请求)。通过一些 IPC(进程间通信：如信号、共享内存、管道)等,让各自子进程 Process 竞争 Accept 完成连接建立,并各自监听。

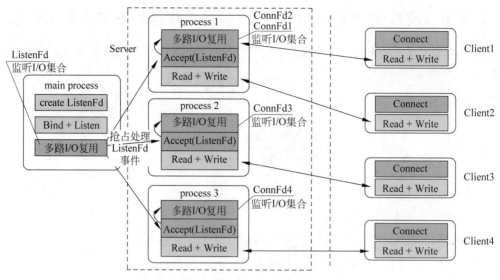

图 4.31 网络并发模型 5——进程池版本(2)

注意 模型 5(进程版)的优缺点如下。

与模型 5 单线程 I/O 复用＋多线程 I/O 复用(连接线程池)无大差异。多进程内存资源空间占用稍微大一些,多进程模型安全稳定性较强,这也是因为各自进程互不干扰的特点导致。

4.6.7 模型 6：单线程多路 I/O 复用＋多线程 I/O 复用＋多线程

本节介绍一个更加复杂的模型 6,在基于模型 5 的基础上再加上一个多线程处理读写,服务器端逻辑如下。

(1) Server 在启动监听之前,开辟固定数量(N)的线程,用 Thread Pool 管理,如图 4.32 所示。

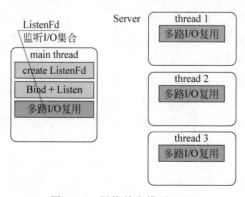

图 4.32 网络并发模型 6(1)

（2）主线程 main thread 创建 ListenFd 之后，采用多路 I/O 复用机制（如 select、epoll）进行 I/O 状态阻塞监控。如果有 Client1 客户端 Connect 请求，并且 I/O 复用机制检测到 ListenFd 触发读事件，则进行 Accept 并以此建立连接，然后将新生成的 ConnFd1 分发给 Thread Pool 中的某个线程进行监听，如图 4.33 所示。

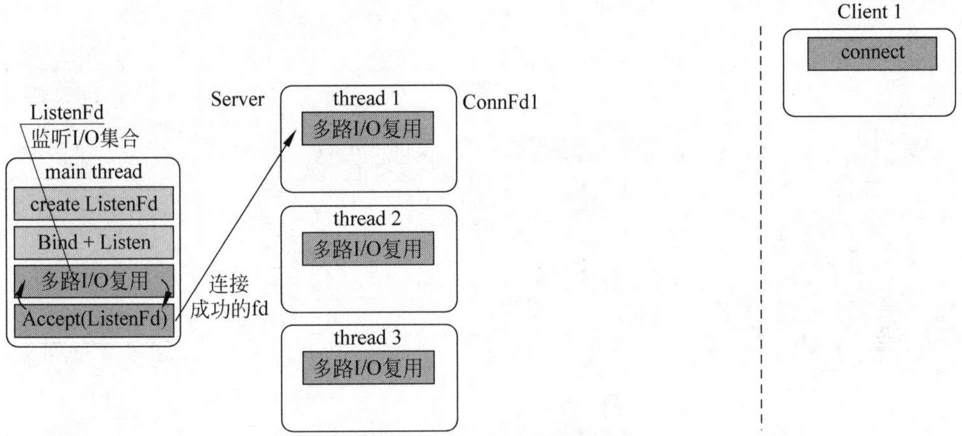

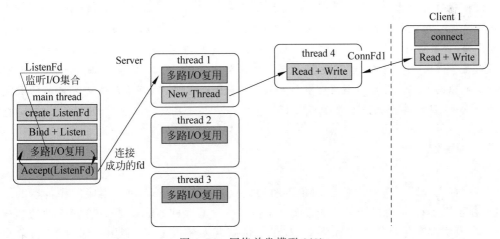

图 4.33　网络并发模型 6(2)

（3）Thread Pool 中的每个 thread 都启动多路 I/O 复用机制（select、epoll），用来监听 main thread 是否建立成功及分发下来的 Socket 套接字。一旦其中某个被监听的客户端套接字触发了 I/O 读写事件，就会立刻开辟一个新线程来处理 I/O 读写业务，如图 4.34 所示。

图 4.34　网络并发模型 6(3)

（4）当某个读写线程完成当前读写业务时，如果当前套接字没有被关闭，则将当前客户端套接字（如 ConnFd3）重新加回线程池的监控线程中，同时自身线程自我销毁。

以上是模型 6 的处理逻辑。

注意　模型 6 的优缺点如下。

优点：

在模型五的单线程 I/O 复用＋多线程 I/O 复用（连接线程池）基础上，除了能够保证同时响应的最高并发数，还能解决读写并行通道局限的问题。同一时刻的读写并行通道，达到最大化极限，一个客户端可以对应一个单独执行流程处理读写业务，读写并行通道与客户端数量为 1：1 关系，如图 4.35 所示。

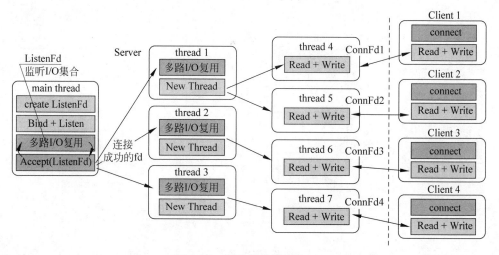

图 4.35　网络并发模型 6(4)

缺点：

该模型过于理想化，因为要求 CPU 核心数量足够大。如果硬件 CPU 数量可数（目前的硬件情况），则该模型将造成大量的 CPU 切换成本及浪费。因为为了保证读写并行通道与客户端 1：1 的关系，Server 需要开辟的 thread 数量就与客户端一致，线程池中做多路 I/O 复用的监听线程池绑定 CPU 数量将变得毫无意义。如果每个临时的读写 thread 都能够绑定一个单独的 CPU，则此模型将是最优模型，但是目前 CPU 的数量无法与客户端的数量达到一个量级，目前甚至相差几个量级。

4.7　小结

本章首先介绍了多路 I/O 复用机制解决的问题，以及 epoll 的常用接口和基本的结构分析，在基于 I/O 复用机制的理论基础上，本章整理了 7 种 Server 服务器并发处理结构模型，每个模型都有各自的特点和优势，对于应付高并发和高 CPU 利用率的模型，目前多数采用的是模型 5（或模型 5（进程版）），如 Nginx 就是类似模型 5（进程版）的改版。

至于并发模型并非设计得越复杂越好，也不是线程开辟得越多越好，开发者要考虑硬件的利用与切换成本的开销。模型六的设计就极为复杂，线程较多，但以当今的硬件能力无法支撑，反倒导致该模型性能极差，所以对于不同的业务场景也要选择适合的模型构建，并不是一定要使用某个模型来解决问题。

第二篇　Go语言编程进阶之路

第 5 章，有关 **Goroutine** 无限创建的分析。

本章主要从操作系统层面来分析进程、线程、协程的区别，在了解协程特点的基础上，分析是否可以无限地创建 Goroutine，以及限定 Goroutine 数量的几种办法及对比。通过了解本章的内容，开发者可以清楚如何更好地控制程序 Go 严重泄漏而导致的内存占用过高等问题。最后本章会基于控制 Goroutine 办法的基础上，实现协程 Worker 工作池的设计。

第 6 章，**Go 语言中的逃逸现象，变量"何时在栈、何时在堆"。**

Go 语言编译器会自动决定把一个变量放在栈还是放在堆，编译器会做逃逸分析（Escape Analysis）当变量的作用域没有超出函数范围时，就可以在栈上；反之则必须分配在堆，本章节主要演示 Go 语言逃逸现象。

第 7 章，**interface 剖析与 Go 语言中面向对象思想。**

interface 关键字与 interface{}类型内部剖析，在结合 interface 表现的面向对象思想，在开发工程中如何开发可以起到一种非常好的 interface 使用模式，其中包括开闭原则的设计、依赖倒转原则的设计等。

第 8 章，**defer 践行中必备的要领。**

defer 作为 Go 语言比较特殊的语法，在实际开发使用过程中会有一些盲区知识点容易让开发者陷入困境，本章将详细地罗列出 defer 在一些使用场景中的细节问题和案例代码分析。

第 9 章，**Go 语言中常用的问题及性能调试实践方法。**

主要分析并介绍程序运行过程中 CPU 的利用率情况，以及 Go 语言程序的内存使用情况，还有 pprof 工具的使用及查看。

第 10 章，**make 和 new 的原理性区别。**

make 和 new 是 Go 语言内嵌的两个关键字，很多开发工程师并不太清楚如何来区分，本章主要通过一些常见的使用来介绍 make 和 new 在使用过程中需要注意的地方并结合一些代码进行场景分析,罗列出如果错误使用二者会带来哪些问题。

第 11 章,精通 Go Modules 项目依赖管理。

Go Modules 是 Go 语言的依赖解决方案,发布于 Go 1.11,成长于 Go 1.12,丰富于 Go 1.13,正式于 Go 1.14 推荐在生产上使用,Go Modules 目前集成在 Go 的工具链中,只要安装了 Go,自然而然也就可以使用 Go Modules 了。本章将介绍 Go Modules 的一些管理方法。

第 12 章,ACID、CAP、BASE 的分布式理论推进。

分布式实际上就是单一的本地一体解决方案,在硬件或者资源上无法满足业务需求时,而采取的一种分散式多节点解决方案,即可以扩容资源的一种解决思路。它研究如何把一个需要非常巨大的计算能力才能解决的问题分成许多小的问题,然后把这些小问题分配给多个计算机进行处理,最后把这些计算结果综合起来得到最终的结果。本章将介绍 ACID、CAP、BASE 理论的演进过程。

第 5 章　有关 Goroutine 无限

创建的分析

本章主要从操作系统层面来分析进程、线程、协程的区别，在了解协程特点的基础上，分析是否可以无限地创建 Goroutine，以及限定 Goroutine 数量的几种办法及对比。通过了解本章的内容，开发者可以清楚如何更好地控制程序 Go 语言严重泄漏而导致的内存占用过高等问题。最后本章会基于控制 Goroutine 办法的基础上，实现协程 Worker 工作池的设计。

5.1　从操作系统分析进程、线程、协程的区别

进程、线程、协程实际上都是为并发而生，但是它们各自的模样是完全不一致的，本节会分析它们各自的特点和关系。本书不重点介绍什么是进程和线程，而是提炼进程、线程、协程的主要特点及区别，并且是基于 Linux 操作系统环境来分享进程、线程。

5.1.1　进程内存

进程是一个可执行程序在运行中而形成的一个独立的内存体，这个内存体有自己独立的地址空间，Linux 操作系统会给每个进程分配一个虚拟内存空间，其中 32 位操作系统为 4GB，64 位操作系统则会更大。进程有自己的堆空间，进程直接被操作系统调度。操作系统实则也是以进程为单位，分配系统资源，如 CPU 时间片、内存等资源，所以以此特点划分进程被称作操作系统资源分配的最小单位，如图 5.1 所示。

5.1.2　线程内存

线程也可以被称为轻量级进程（Light Weight Process，LWP），是 CPU 调度执行的最小单位。

为什么线程会被称作最小的执行单位？这是因为线程具备的一些特征。多个线程共同"寄生"在一个进程上，这些线程都拥有各自的栈空间，但其他的内存空间都和其他线程一起共享，如图 5.2 所示。由于这个特性，使线程之间的内存关联性很大，但互相通信却很简单，堆区、全局区等数据都共享，只需要加锁机制便可以完成同步通信。这种特征同时也让线程之间关联性较大，如一个线程出问题，则会导致进程也出问题，进而也可能导致其他线程也出问题。

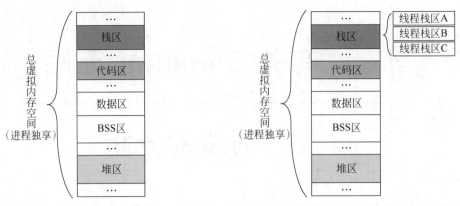

图 5.1　进程虚拟内存空间　　　　　图 5.2　线程拥有独立的栈,共享进程全部其他内存资源

5.1.3　执行单元

对于 Linux 操作系统来讲,并不会去区分即将执行的单元是进程还是线程,进程和线程都是一个单独的执行单位,CPU 会一视同仁,平均分配时间片,所以开发者可以通过给一个进程提高内部线程的数量,从而增加被 CPU 分配到时间片的比例。这也是很多时候开发者发现多开一些线程就能够提高进程运行效率的原因,实则这样可以让固定的 CPU 资源能够更多地分配到自己程序上,如图 5.3 所示。

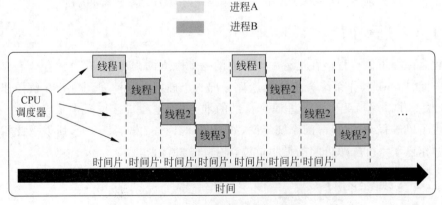

图 5.3　CPU 调度分配时间片

在图 5.3 中,进程 A 有一个线程 1,进程 B 有 3 个线程,分别为 1、2、3。通常进程 B 被分到的时间片的总和会更多,获得的 CPU 资源也就更多。

是不是线程可以无限制多呢？答案当然不是的,当 CPU 在内核态切换一个执行单元的时候,会有时间成本和性能开销,如图 5.4 所示。

切换内核栈和切换硬件上下文都会触发性能的开销,切换时会保存寄存器中的内容,将之前的执行流程状态保存,也会导致 CPU 高速缓存失效。

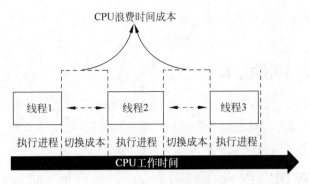

图 5.4　CPU 切换成本

这两个切换，我们没必要太深入研究，可以理解为它所带来的后果和影响是由于页表查找是一个很慢的过程，因此通常使用 Cache 来缓存常用的地址映射，这样可以加速页表查找，Cache 失效导致命中率降低，因此虚拟地址转换为物理地址就会变慢，表现出来的就是程序运行会变慢。

所以不能大量地开辟线程，因为线程执行流程越多，CPU 切换的时间成本就越大。很多编程语言就想了个解决办法，既然不能左右和优化 CPU 切换线程的开销，那么能否让CPU 内核态不切换执行单元，而是在用户态切换执行流程。

开发者没有权限修改操作系统的内核机制，因此只能在用户态再创建一个伪执行单元，这就是协程，如图 5.5 所示。

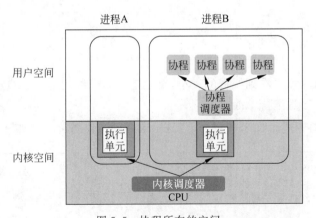

图 5.5　协程所在的空间

5.2　协程的切换成本

协程切换之所以比线程快，主要有以下两点：

（1）协程切换完全在用户空间进行线程切换，涉及特权模式切换，需要在内核空间完成。

（2）协程切换相比线程切换做的事情更少，线程需要有内核和用户态的切换，以及系统调用过程。

5.2.1　协程切换成本

协程切换非常简单，就是把当前协程的 CPU 寄存器的状态保存起来，然后将需要切换进来的协程的 CPU 寄存器状态加载到 CPU 寄存器上就可以了，而且完全在用户态进行，一般来讲一次协程上下文切换最多只需几十纳秒的时间。

5.2.2　线程切换成本

系统内核调度的对象是线程，因为线程是调度的基本单元（进程是资源拥有的基本单元，进程的切换需要做的事情更多，这里暂时不讨论进程切换），而线程的调度只有拥有最高权限的内核空间才可以完成，所以线程的切换涉及用户空间和内核空间的切换，也就是特权模式切换，然后需要操作系统调度模块完成线程调度，而且除了和协程基本相同的 CPU 上下文，还有线程私有的栈和寄存器等，上下文比协程多一些。

5.2.3　内存占用

进程在 32 位操作系统中占用 4GB 内存，在 64 位系统中则更多，线程跟不同的操作系统版本占用内存有所差异，查看指令如下：

```
$ ulimit -s
8192
```

通过 ulimit 指令可以看到线程的大小，单位是 KB，但线程基本的量级单位为 MB，一般是 4~64MB 不等，多数维持 10MB 上下。

协程占用多少内存，下面来测试一下，这里选择的操作系统环境如下：

```
$ more /proc/cpuinfo | grep "model name"
model name   : Intel(R) Core(TM) i7-5775R CPU @ 3.30GHz
model name   : Intel(R) Core(TM) i7-5775R CPU @ 3.30GHz

(2 个 CPU )

$ grep MemTotal /proc/meminfo
MemTotal:        2017516 kB

(2GB 内存)

$ getconf LONG_BIT
```

```
64

(64 位操作系统)

$ uname - a
Linux Ubuntu 4.15.0 - 91 - generic #92 - Ubuntu SMP Fri Feb 28 11:09:48 UTC 2020 x86_64 x86_64
x86_64 GNU/linux
```

通过下面的测试程序,来执行,代码如下:

```go
//第二篇/chapter5/goroutine_size.go
package main

import (

    "time"
)

func main() {

    for i : = 0; i < 200000; i++{

        go func() {

            time.Sleep(5 * time.Second)

        }()

    }

    time.Sleep(10 * time.Second)
}
```

程序运行前:

```
top - 00:16:24 up 7:08, 1 user, load average: 0.08, 0.03, 0.01
任务: 288 total, 1 running, 218 sleeping, 0 stopped, 0 zombie
% Cpu0 : 0.0 us, 0.0 sy, 0.0 ni,100.0 id, 0.0 wa, 0.0 hi, 0.0 si, 0.0 st
% Cpu1 : 0.3 us, 0.3 sy, 0.0 ni, 99.3 id, 0.0 wa, 0.0 hi, 0.0 si, 0.0 st
KiB Mem : 2017516 total, 593836 free, 1163524 used, 260156 buff/cache
KiB Swap: 969960 total, 574184 free, 395776 used. 679520 avail Mem
free 的 mem 为 1163524,
```

程序运行中:

```
top - 00:17:12 up 7:09, 1 user, load average: 0.04, 0.02, 0.00
任务: 290 total, 1 running, 220 sleeping, 0 stopped, 0 zombie
% Cpu0 : 4.0 us, 1.0 sy, 0.0 ni, 95.0 id, 0.0 wa, 0.0 hi, 0.0 si, 0.0 st
% Cpu1 : 8.8 us, 1.4 sy, 0.0 ni, 89.9 id, 0.0 wa, 0.0 hi, 0.0 si, 0.0 st
KiB Mem : 2017516 total, 89048 free, 1675844 used, 252624 buff/cache
KiB Swap: 969960 total, 563688 free, 406272 used. 168812 avail Mem
free 的 mem 为 1675844,
```

20万个协程占用了约 500 000KB,平均一个协程占用约 2.5KB。既然 Go 的协程切换
成本如此小,占用内存也那么小,是否可以无限开辟呢?

5.3　Go 是否可以无限创建,如何限定数量

5.2 节分析了 Go 协程的切换开销成本和内存占用,协程都非常明显地具备优势,面对
如此强大的诱惑,开发者是否真的可以让 Go 协程的数量泛滥而不去特意控制呢? 本节将
针对此话题继续讲解。

5.3.1　不控制 Goroutine 数量引发的问题

Goroutine 具备如下两个特点:体积轻量、优质的 GMP 调度。那么 Goroutine 是否可
以无限开辟呢? 如果做一个服务器或者一些高业务的场景,能否随意地开辟 Goroutine 并
且任其数量泛滥而不去主动回收 Goroutine 呢? 能否通过强大的 GC 和优质的调度算法来
支撑呢?

可以先看如下一段代码:

```go
//第二篇/chapter5/goroutine_max.go
package main

import (
    "fmt"
    "math"
    "runtime"
)

func main() {
    //模拟用户需求业务的数量
    task_cnt := math.MaxInt64

    for i := 0; i < task_cnt; i++{
        go func(i int) {
            //... do some busi...
```

```
        fmt.Println("go func ", i, " goroutine count = ", runtime.NumGoroutine())
    }(i)
  }
}
```

结果如下：

```
...
...
go  func  73362     goroutine  count  =   70074
go  func  73496     goroutine  count  =   70090
go  func  1500220   goroutine  count  =   1132354
go  func  1500513   goroutine  count  =   1132353
go  func  1500227   goroutine  count  =   1132352
go  func  74103     goroutine  count  =   70088
go  func  14161     goroutine  count  =   14116
go  func  457524    goroutine  count  =   503289
go  func  1500307   goroutine  count  =   1132348
go  func  1500091   goroutine  count  =   1132348
go  func  1500519   goroutine  count  =   1132346
go  func  1500092   goroutine  count  =   1132345
go  func  1500886   goroutine  count  =   1132344
go  func  1500523   goroutine  count  =   1132343
go  func  1499968   goroutine  count  =   1132352
go  func  1500095   goroutine  count  =   1132341
go  func  33177     goroutine  count  =   31738
go  func  1500419   goroutine  count  =   1132339
go  func  1500759   goroutine  count  =   1132344
go  func  1500531   goroutine  count  =   1132337
go  func  73497     goroutine  count  =   70087
go  func  1500760   goroutine  count  =   1132335
go  func  1500420   goroutine  count  =   1132334
go  func  1500890   goroutine  count  =   1132337
go  func  1500535   goroutine  count  =   1132332
go  func  161872    goroutine  count  =   151547
go  func  456085    goroutine  count  =   503280
go  func  456372    goroutine  count  =   503279
go  func  73767     goroutine  count  =   70099
go  func  1500424   goroutine  count  =   1132327
go  func  1500538   goroutine  count  =   1132326
go  func  160928    goroutine  count  =   151546
go  func  73768     goroutine  count  =   70102
go  func  1500894   goroutine  count  =   1132323
panic: too many concurrent operations on a single file or socket (max 1048575)
```

```
goroutine 1501390 [running]:
internal/poll.( * fdMutex).rwlock(0xc00001e120, 0x7600000000, 0xc000000076)
    /usr/local/go/src/internal/poll/fd_mutex.go:147 + 0x13f
internal/poll.( * FD).writeLock(...)
    /usr/local/go/src/internal/poll/fd_mutex.go:239
internal/poll.( * FD).Write(0xc00001e120, 0xc1343fd7c0, 0x2d, 0x40, 0x0, 0x0, 0x0)
    /usr/local/go/src/internal/poll/fd_UNIX.go:255 + 0x5d
os.( * File).write(...)
    /usr/local/go/src/os/file_UNIX.go:280
os.( * File).Write(0xc00000e018, 0xc1343fd7c0, 0x2d, 0x40, 0x2b, 0xc0023e8f28, 0x10090cb)
    /usr/local/go/src/os/file.go:153 + 0x77
fmt.Fprintln(0x10ecac0, 0xc00000e018, 0xc0023e8f88, 0x4, 0x4, 0x2b, 0x0, 0x0)
    /usr/local/go/src/fmt/print.go:265 + 0x8b
fmt.Println(...)
    /usr/local/go/src/fmt/print.go:274
main.main.func1(0x16e85a)
    /Users/Aceld/Nutstore Files/Golang/Code/第二篇/chapter11/goroutine_max.go:18 + 0x10c
created by main.main
    /Users/Aceld/Nutstore Files/Golang/Code/第二篇/chapter11/goroutine_max.go:15 + 0x43
panic: too many concurrent operations on a single file or socket (max 1048575)

...
```

最后被操作系统以 kill 信号或因资源紧缺遭遇 panic 错误退出，强制终结该进程。

所以，迅速地开辟 Goroutine 且不控制并发 Goroutine 的数量，会在短时间内占据操作系统的资源（CPU、内存、文件描述符等）。

在执行上述程序的过程中实际发生了三个灾难过程，即 CPU 使用率浮动上涨、内存占用不断上涨和主进程崩溃（被杀掉了）。

这些资源实际上是所有用户态程序共享的资源，所以大批的 Goroutine 最终引发的灾难不仅是自身，还会关联其他运行的程序。

因此在编写逻辑业务的时候，限制 Goroutine 是必须重视的问题。

5.3.2　一些简单方法控制 Goroutine 的数量

方法一，只用有 buffer 的 channel 来限制，代码如下：

```
//第二篇/chapter5/limit_goroutine_1.go
package main

import (
    "fmt"
    "math"
```

```go
    "runtime"
)

func busi(ch chan bool, i int) {

    fmt.Println("go func ", i, " goroutine count = ", runtime.NumGoroutine())
    <- ch
}

func main() {
    //模拟用户需求业务的数量
    task_cnt := math.MaxInt64
    //task_cnt := 10

    ch := make(chan bool, 3)

    for i := 0; i < task_cnt; i++ {

        ch <- true

        go busi(ch, i)
    }

}
```

结果如下：

```
...
go  func  352277  goroutine  count  =  4
go  func  352278  goroutine  count  =  4
go  func  352279  goroutine  count  =  4
go  func  352280  goroutine  count  =  4
go  func  352281  goroutine  count  =  4
go  func  352282  goroutine  count  =  4
go  func  352283  goroutine  count  =  4
go  func  352284  goroutine  count  =  4
go  func  352285  goroutine  count  =  4
go  func  352286  goroutine  count  =  4
go  func  352287  goroutine  count  =  4
go  func  352288  goroutine  count  =  4
go  func  352289  goroutine  count  =  4
go  func  352290  goroutine  count  =  4
go  func  352291  goroutine  count  =  4
go  func  352292  goroutine  count  =  4
```

```
go  func  352293  goroutine  count  =  4
go  func  352294  goroutine  count  =  4
go  func  352295  goroutine  count  =  4
go  func  352296  goroutine  count  =  4
go  func  352297  goroutine  count  =  4
go  func  352298  goroutine  count  =  4
go  func  352299  goroutine  count  =  4
go  func  352300  goroutine  count  =  4
go  func  352301  goroutine  count  =  4
go  func  352302  goroutine  count  =  4
...
```

从结果看,程序并没有出现崩溃的现象,而是按部就班地执行,并且 Go 的数量控制在 3[①],从数字来看,是不是在运行的 Goroutine 有几十万个呢? 下面用一张图来表示上述代码的 Go 数量控制的结构关系,如图 5.6 所示。

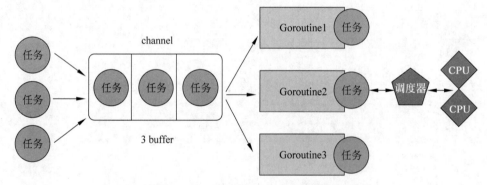

图 5.6   channel 限定 Goroutine 的数量

这里用了 buffer 为 3 的 channel,在写的过程中,实际上限制了速度,代码如下:

```
for i : = 0; i < go_cnt; i++{   //循环速度

    ch <- true

    go busi(ch, i)
}
```

for 循环的速度,因为这个速度决定了 Go 的创建速度,而 Go 的结束速度取决于 busi() 函数的执行速度。这样实际上就能够保证同一时间内运行的 Goroutine 的数量与 buffer 的数量一致,从而达到限定的效果。

但是这段代码有一个小问题,就是如果把 go_cnt 的数量变得小一些,会出现输出的结

---

① 结果中 Goroutine 的数量为 4 的原因是因为还有一个 Main Goroutine。

果不正确,代码如下:

```go
//第二篇/chapter5/limit_goroutine_1_wrong.go
package main

import (
    "fmt"
    //"math"
    "runtime"
)

func busi(ch chan bool, i int) {

    fmt.Println("go func ", i, " goroutine count = ", runtime.NumGoroutine())
    <-ch
}

func main() {
    //模拟用户需求业务的数量
    //task_cnt := math.MaxInt64
    task_cnt := 10

    ch := make(chan bool, 3)

    for i := 0; i < task_cnt; i++{

        ch <- true

        go busi(ch, i)
    }

}
```

结果如下:

```
go  func  2  goroutine  count  =  4
go  func  3  goroutine  count  =  4
go  func  4  goroutine  count  =  4
go  func  5  goroutine  count  =  4
go  func  6  goroutine  count  =  4
go  func  1  goroutine  count  =  4
go  func  8  goroutine  count  =  4
```

因为 main 将全部的 Go 开辟完之后,就立刻退出进程了,所以想让全部的 Go 都执行,
需要在 main 的最后进行阻塞操作。

　　方法二,只使用 sync 同步机制。如果不用 channel 来限定,则可以通过 sync 的同步机制来对 Go 的数量进行限定,代码如下:

```go
//第二篇/chapter5/limit_goroutine_2.go
package main

import (
    "fmt"
    "math"
    "sync"
    "runtime"
)

var wg = sync.WaitGroup{}

func busi(i int) {

    fmt.Println("go func ", i, " goroutine count = ", runtime.NumGoroutine())
    wg.Done()
}

func main() {
    //模拟用户需求业务的数量
    task_cnt := math.MaxInt64


    for i := 0; i < task_cnt; i++{
     wg.Add(1)
        go busi(i)
    }

    wg.Wait()
}
```

　　从运行效果来看,单纯地使用 sync 依然无法控制 Goroutine 的数量,因为最终程序的结果依然是崩溃,运行程序一段时间,结果如下:

```
...
go  func  7562   goroutine  count  =  7582
go  func  24819  goroutine  count  =  17985
go  func  7685   goroutine  count  =  7582
go  func  24701  goroutine  count  =  17984
go  func  7563   goroutine  count  =  7582
go  func  24821  goroutine  count  =  17983
```

```
go  func  24822    goroutine  count  =  17983
go  func  7686     goroutine  count  =  7582
go  func  24703    goroutine  count  =  17982
go  func  7564     goroutine  count  =  7582
go  func  24824    goroutine  count  =  17981
go  func  7687     goroutine  count  =  7582
go  func  24705    goroutine  count  =  17980
go  func  24706    goroutine  count  =  17980
go  func  24707    goroutine  count  =  17979
go  func  7688     goroutine  count  =  7582
go  func  24826    goroutine  count  =  17978
go  func  7566     goroutine  count  =  7582
go  func  24709    goroutine  count  =  17977
go  func  7689     goroutine  count  =  7582
go  func  24828    goroutine  count  =  17976
go  func  24829    goroutine  count  =  17976
go  func  7567     goroutine  count  =  7582
go  func  24711    goroutine  count  =  17975
//操作系统停止响应
```

上述虽然可以达到同步效果,但是如果耗费的速度跟不上 Go 生产的速度,则最终还是会导致 Go 的数量泛滥而造成系统资源被占满,最后程序只能以崩溃收场。

方法三,channel 与 sync 同步组合方式。了解方法二的问题之后,可以让生产方和消耗方的速度达成一致,这里就需要用一个 channel 来保证二者速度一致,从而可以达到限制 Goroutine 的数量,代码如下:

```go
//第二篇/chapter5/limit_goroutine_3.go
package main

import (
    "fmt"
    "math"
    "sync"
    "runtime"
)

var wg = sync.WaitGroup{}

func busi(ch chan bool, i int) {

    fmt.Println("go func ", i, " goroutine count = ", runtime.NumGoroutine())

    <- ch
```

```
        wg.Done()
}

func main() {
    //模拟用户需求 Go 业务的数量
    task_cnt := math.MaxInt64

    ch := make(chan bool, 3)

    for i := 0; i < task_cnt; i++{
        wg.Add(1)

        ch <- true

        go busi(ch, i)
    }

    wg.Wait()
}
```

结果如下：

```
...
go  func  228851  goroutine  count  =  4
go  func  228852  goroutine  count  =  4
go  func  228853  goroutine  count  =  4
go  func  228854  goroutine  count  =  4
go  func  228855  goroutine  count  =  4
go  func  228856  goroutine  count  =  4
go  func  228857  goroutine  count  =  4
go  func  228858  goroutine  count  =  4
go  func  228859  goroutine  count  =  4
go  func  228860  goroutine  count  =  4
go  func  228861  goroutine  count  =  4
go  func  228862  goroutine  count  =  4
go  func  228863  goroutine  count  =  4
go  func  228864  goroutine  count  =  4
go  func  228865  goroutine  count  =  4
go  func  228866  goroutine  count  =  4
go  func  228867  goroutine  count  =  4
...
```

这样程序就不会再造成资源占满而崩溃的问题了，而且运行 Go 的数量控制住了，即在 buffer 为 3 的这个范围内。

方法四，利用无缓冲 channel 与任务发送/执行分离方式。发送和执行分离方式的代码如下：

```go
//第二篇/chapter5/limit_goroutine_4.go
package main

import (
    "fmt"
    "math"
    "sync"
    "runtime"
)

var wg = sync.WaitGroup{}

func busi(ch chan int) {

    for t : = range ch {
        fmt.Println("go task = ", t, ", goroutine count = ", runtime.NumGoroutine())
        wg.Done()
    }
}

func sendTask(task int, ch chan int) {
    wg.Add(1)
    ch <- task
}

func main() {

    ch : = make(chan int)                      //无 buffer channel

    goCnt : = 3                                 //启动 Goroutine 的数量

    for i : = 0; i < goCnt; i++{
        //启动 go
        go busi(ch)
    }

    taskCnt : = math.MaxInt64                   //模拟用户需求业务的数量

    for t : = 0; t < taskCnt; t++{
        //发送任务
        sendTask(t, ch)
    }

    wg.Wait()
}
```

结果如下：

```
...
go   task  =  130069  ,  goroutine  count  =  4
go   task  =  130070  ,  goroutine  count  =  4
go   task  =  130071  ,  goroutine  count  =  4
go   task  =  130072  ,  goroutine  count  =  4
go   task  =  130073  ,  goroutine  count  =  4
go   task  =  130074  ,  goroutine  count  =  4
go   task  =  130075  ,  goroutine  count  =  4
go   task  =  130076  ,  goroutine  count  =  4
go   task  =  130077  ,  goroutine  count  =  4
go   task  =  130078  ,  goroutine  count  =  4
go   task  =  130079  ,  goroutine  count  =  4
go   task  =  130080  ,  goroutine  count  =  4
go   task  =  130081  ,  goroutine  count  =  4
go   task  =  130082  ,  goroutine  count  =  4
go   task  =  130083  ,  goroutine  count  =  4
go   task  =  130084  ,  goroutine  count  =  4
go   task  =  130085  ,  goroutine  count  =  4
go   task  =  130086  ,  goroutine  count  =  4
go   task  =  130087  ,  goroutine  count  =  4
go   task  =  130088  ,  goroutine  count  =  4
go   task  =  130089  ,  goroutine  count  =  4
go   task  =  130090  ,  goroutine  count  =  4
go   task  =  130091  ,  goroutine  count  =  4
go   task  =  130092  ,  goroutine  count  =  4
go   task  =  130093  ,  goroutine  count  =  4
...
```

执行流程大致如下，这里实际上是将任务的发送和执行做了业务上的分离。使消息出去，输入 SendTask 的频率可设置，并且执行 Goroutine 的数量也可设置。也就是既可控制输入（生产），又可控制输出（消费），使可控更加灵活。这也是很多 Go 框架的 Worker 工作池的最初设计理念，如图 5.7 所示。

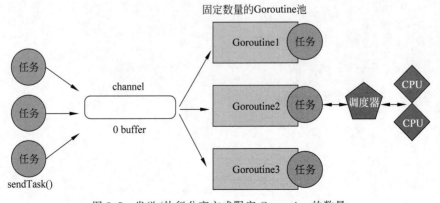

图 5.7　发送/执行分离方式限定 Goroutine 的数量

以上几种方法便是目前有关限定 Goroutine 的基础设计思路。

5.4　动态保活 Worker 工作池设计

至此，了解了如何限定 Goroutine 的数量，接下来有必要了解一下如何创建一个
Worker 工作池来实现一个通用的限定 Goroutine 的解决办法。这里的 Worker 的概念实则
是每个正在被调度且执行业务任务的 Goroutine。本节将简单地设计一个 Worker 工作池。

5.4.1　如何确定一个 Goroutine 已经死亡

实际上，Go 语言并没有给开发者暴露如何知道一个 Goroutine 是否存在接口，如果要
证明一个 Go 是否存在，则可以在子 Goroutine 的业务中，定期地写一个 Keeplive 的
Channel，然后由主 Goroutine 来发现当前子 Go 的状态。Go 语言在 Go 和 Go 之间没有像
进程和线程那样有强烈的父子、兄弟等关系，每个 Go 实际上对于调度器都是一个独立的平
等的执行流程。

注意　如果要监控子线程、子进程的死亡状态，就没有这么简单了，这里也要感谢 Go
的调度器给开发者提供的方便，既然用 Go，就要基于 Go 的调度器实现该模式。

那么，如何做到得知一个 Goroutine 已经死亡了呢？子 Goroutine 和主 Goroutine 需要
做如下动作。

1. 子 Goroutine

可以通过给一个被监控的 Goroutine 添加一个 defer ，当 recover() 捕获到当前
Goroutine 的异常状态时通过 channel 给主 Goroutine 发送一个死亡信号。

2. 主 Goroutine

在主 Goroutine 上，从这个 channel 读取内容，当读到内容时，就重启这个子 Goroutine，
当然主 Goroutine 需要记录子 Goroutine 的 ID，这样就可以有针对性地启动了。

5.4.2　Worker 工作池的设计

这里以一个工作池的场景来对上述方式进行实现，WorkerManager 作为主 Goroutine，
Worker 作为子 Goroutine。

WorkerManager 的实现代码如下：

```
//第二篇/chapter5/worker_pool.go

/*
   WorkerManager
*/

type WorkerManager struct {
```

```
    //用来监控 Worker 是否已经死亡的缓冲 channel
    workerChan chan * worker
    //一共要监控的 Worker 的数量
    nWorkers int
}

//创建一个 WorkerManager 对象
func NewWorkerManager(nworkers int) * WorkerManager {
    return &WorkerManager{
        nWorkers:nworkers,
        workerChan: make(chan * worker, nworkers),
    }
}

//启动 worker 池,并为每个 Worker 分配一个 ID,让每个 Worker 进行工作
func (wm * WorkerManager)StartWorkerPool() {
    //开启一定数量的 Worker
    for i := 0; i < wm.nWorkers; i++{
        i := i
        wk := &worker{id: i}
        go wk.work(wm.workerChan)
    }

    //启动保活监控
    wm.KeepLiveWorkers()
}

//保活监控 Workers
func (wm * WorkerManager) KeepLiveWorkers() {
    //如果有 Worker 已经死亡,则 workChan 会得到具体死亡的 Worker,然后输出异常,最后重启
    for wk := range wm.workerChan {
        //log the error
        fmt.Printf("Worker % d stopped with err: [ % v] \n", wk.id, wk.err)
        //reset err
        wk.err = nil
        //当前这个 wk 已经死亡了,需要重新启动它的业务
        go wk.work(wm.workerChan)
    }
}
```

Worker 的实现代码如下:

```
//第二篇/chapter5/worker_pool.go

/ *
```

```
    Worker
* /

type worker struct {
    id int
    err error
}

func (wk * worker) work(workerChan chan <- * worker) (err error) {
    //任何 Goroutine 只要异常退出或者正常退出都会调用 defer 函数,所以在 defer 中向
    //WorkerManager 的 WorkChan 发送通知
    defer func() {
        //捕获异常信息,防止 panic 直接退出
        if r : = recover(); r != nil {
            if err, ok : = r.(error); ok {
                wk.err = err
            } else {
                wk.err = fmt.Errorf("Panic happened with [ % v]", r)
            }
        } else {
            wk.err = err
        }

        //通知主 Goroutine,当前子 Goroutine 已经死亡
        workerChan <- wk
    }()

    //do something
    fmt.Println("Start Worker...ID = ", wk.id)

    //每个 Worker 睡眠一定时间之后,panic 退出或者 Goexit()退出
    for i : = 0; i < 5; i++{
        time.Sleep(time.Second * 1)
    }

    panic("worker panic..")
    //runtime.Goexit()

    return err
}
```

5.4.3　测试 Worker 工作池

main()函数的代码如下:

```
//第二篇/chapter5/worker_pool.go

/*
  main
*/
func main() {
  wm := NewWorkerManager(10)

  wm.StartWorkerPool()
}
```

结果如下：

```
$ go run workmanager.go
Start  Worker...ID  =  2
Start  Worker...ID  =  1
Start  Worker...ID  =  3
Start  Worker...ID  =  4
Start  Worker...ID  =  7
Start  Worker...ID  =  6
Start  Worker...ID  =  8W
Start  Worker...ID  =  9
Start  Worker...ID  =  5
Start  Worker...ID  =  0
Worker  9  stopped with err: [Panic happened with [worker panic..]]
Worker  1  stopped with err: [Panic happened with [worker panic..]]
Worker  0  stopped with err: [Panic happened with [worker panic..]]
Start  Worker...ID  =  9
Start  Worker...ID  =  1
Worker  2  stopped with err: [Panic happened with [worker panic..]]
Worker  5  stopped with err: [Panic happened with [worker panic..]]
Worker  4  stopped with err: [Panic happened with [worker panic..]]
Start  Worker...ID  =  0
Start  Worker...ID  =  2
Start  Worker...ID  =  4
Start  Worker...ID  =  5
Worker  7  stopped with err: [Panic happened with [worker panic..]]
Worker  8  stopped with err: [Panic happened with [worker panic..]]
Worker  6  stopped with err: [Panic happened with [worker panic..]]
Worker  3  stopped with err: [Panic happened with [worker panic..]]
Start  Worker...ID  =  3
Start  Worker...ID  =  6
Start  Worker...ID  =  8
Start  Worker...ID  =  7
...
...
```

从结果可以看出，无论子 Goroutine 是因为 panic()异常退出，还是因为 Goexit()退出，都会被主 Goroutine 监听到并且重启。这样就能够起到保活的功能了，但如果线程死亡，则又该如何保证呢？Go 开发实际上是基于 Go 的调度器来开发的，进程和线程级别的死亡会导致调度器死亡，此种情况全部基础框架都将会塌陷，所以就要依赖线程和进程的保活机制了，这将不再涉及 Go 设计保活机制的范畴。读者可以关注一些有关进程和线程的保活机制方案。

5.5　小结

本章主要介绍了有关 Goroutine 的限制数量问题，分别从进程、线程及协程的区别讲起，最终得到协程的优势是占用内存空间小且切换成本也小等优点，但是如果任意地开辟协程也会带来一定的系统灾难。通过案例等分析，提供了几种可以限定协程数量的方法，这里主要是针对 Goroutine 的限定方法，当然限定协程未必是一定要做的，如果开发者已经开发好了程序，并且能够从逻辑上做到合理地退出协程，或者显示调用 runtime. Goexit()函数来终止当前协程，则可以不做限定协程数量的处理，因为这样可以避免协程的数量泄漏。

Go 语言虽然提供了良好的 GC 垃圾回收机制，但是对于 Goroutine 的数量控制，GC 并不能做得非常智能，这一部分的回收控制还需要开发者自己从代码上进行优化和控制，如果开发者开辟的协程过多，则说明是一种内存泄漏的表现形式。

第6章 Go 语言中的逃逸现象，

变量"何时在栈、何时在堆"

Go 语言有 GC 功能，与 C 语言不同，Go 语言不需要手动去回收内存资源。如果是 C 语言或者 C++ 语言，则在一个函数内声明变量，在函数退出后就会自动被释放，因为这些是局部变量，它们本身分配在栈上。如果想要变量的生命周期超过当前函数，就需要调用类似 malloc() 方法（C++ 可以用 new 关键字）在堆上申请内存，当程序不需要这块内存时，可以再调用 free() 方法（C++ 可以用 delete 关键字）来释放。

上面这一系列烦琐的操作，在 Go 语言是不需要的。Go 语言的编译器会自动分析，找出哪些变量需要开辟，哪些不需要。编译器在编译的过程中就能够确定开发者程序的预知和对该变量的声明周期的预知，编译器的这个分析过程就称之是逃逸分析。本章会介绍 Go 语言中产生的逃逸现象并且分析出编译器是如何做出判断的，但编译器并不会百分之百地按照开发工程师的意愿来编译。开发者在开发程序过程中如果理解 Go 语言的逃逸分析过程，则会有意识地帮助编译器做出判断，进而使开发者所开发的程序变得高效。

6.1 Go 语言中的逃逸现象

接下来看一段代码，假设一名 C 或 C++ 工程师，应该对内存的开辟和释放非常敏感。接下来以一段代码示例来对比一下同一个流程的代码分别用 Go 语言和 C/C++ 语言实现时在编译过程中的差异。

6.1.1 Go 语言中访问子函数的局部变量

分析下面的代码，为什么在 Go 语言中可以正常编译且运行，却没有报编译错误，具体的代码如下：

```
//第二篇/chapter6/golang_gc_pro.go
package main

func foo(arg_val int)( * int) {

    var foo_val int = 11;
```

```
        return &foo_val;
    }

    func main() {

        main_val := foo(666)

        println( * main_val)
    }
```

编译并且运行的结果如下:

```
    $ go run pro_1.go
    11
```

确实如此,这段代码没有报错,成功地输出了11,这应该是 Go 语言习以为常的事情了,但是了解 C/C++的读者应该知道,这种情况是一定不允许的。因为外部函数使用了子函数的局部变量,理论上来讲,子函数的 foo_val 的生命周期早就销毁了才对,所以在外层函数 main 函数中,如果访问子函数的 foo_val 局部变量,则一定是访问一个已经被操作系统回收的空间,从而出现编译问题。

6.1.2　C/C++中访问子函数的局部变量

为了证明上述分析,现在来看同样逻辑的 C/C++代码,具体的代码如下:

```
//第一篇/chapter3/cpp_gc_pro.cpp
# include < stdio.h >

int * foo( int arg_val) {

    int foo_val = 11;

    return &foo_val;
}

int main()
{
    int * main_val = foo(666);

    printf(" % d\n", * main_val);
}
```

这是一段和上述 Go 语言代码几乎一样的 C/C++版本代码,依然在外层 main 函数访问

子函数的变量 foo_val,现在编译这段代码,看一看结果如何:

```
$ gcc pro_1.c
pro_1.c: In function 'foo':
pro_1.c:7:12: warning: function returns address of local variable [ - Wreturn - local - addr]
    return &foo_val;
           ^~~~~~~~
```

编译时可以通过,但是编译器给出了一个警告,function returns address of local variable,如果忽略这个警告去执行这个程序,再来看一看结果如何[①]。

```
$ ./a.out
段错误 (核心已转储)
```

结果如预期一样,程序崩溃,系统给程序发送了终止信号。C/C++编译器明确给出了警告,foo 把一个局部变量的地址返回了,反而 Go 的编译器并没有给出任何警告,难道是 Go 编译器识别不出这个问题吗?

6.2　逃逸分析过程示例

Go 语言编译器会自动决定把一个变量放在栈还是放在堆,编译器会做逃逸分析 (Escape Analysis),当发现变量的作用域没有超出函数范围时,就可以放在栈上,反之则必须分配在堆。

6.2.1　示例过程

Go 语言声称这样可以释放程序员关于内存的使用限制,更多地让程序员关注于程序功能及逻辑本身。接下来分析一段 Go 语言中出现的逃逸分析现象,看下面的示例代码:

```go
//第二篇/chapter6/escape_analysis.go
package main

func foo(arg_val int) ( * int) {

    var foo_val1 int = 11;
    var foo_val2 int = 12;
    var foo_val3 int = 13;
    var foo_val4 int = 14;
```

---

① Linux 下默认生成的可执行程序的文件名称是 a.out。

```
    var foo_val5 int = 15;

    //此处循环为了防止 go 编译器将 foo 优化成 inline(内联函数)
    //如果是内联函数,则 main 调用 foo 将是原地展开,所以 foo_val1 – 5 相当于 main 作用域的变量
    //即使 foo_val3 发生逃逸,地址与其他也是连续的
    for i : = 0; i < 5; i++{
        println(&arg_val, &foo_val1, &foo_val2, &foo_val3, &foo_val4, &foo_val5)
    }

    //将 foo_val3 返给 main 函数
    return &foo_val3;
}

func main() {
    main_val : = foo(666)

    println( * main_val, main_val)
}
```

接下来,编译并且运行上述的示例代码:

```
$ go run pro_2.go
0xc000030758   0xc000030738   0xc000030730   0xc000082000   0xc000030728   0xc000030720
0xc000030758   0xc000030738   0xc000030730   0xc000082000   0xc000030728   0xc000030720
0xc000030758   0xc000030738   0xc000030730   0xc000082000   0xc000030728   0xc000030720
0xc000030758   0xc000030738   0xc000030730   0xc000082000   0xc000030728   0xc000030720
0xc000030758   0xc000030738   0xc000030730   0xc000082000   0xc000030728   0xc000030720
13   0xc000082000
```

这里能看到 foo_val3 是返给 main()的局部变量,其中地址应该是 0xc000082000,很明显与 foo_val1、foo_val2、foo_val3、foo_val4 等不是连续的。

接下来用 go tool compile 指令测试一下:

```
$ go tool compile – m pro_2.go
pro_2.go:24:6: can inline main
pro_2.go:7:9: moved to heap: foo_val3
```

在编译的时候,foo_val3 被编译器判定为逃逸变量,因此将 foo_val3 放在堆中开辟。现在通过汇编来证实一下上述的结论是否成立,指令如下:

```
$ go tool compile – S pro_2.go > pro_2.S
```

打开 pro_2.S 文件,搜索 runtime.newobject 关键字,如下述示例代码中的第 24 行:

```
...
16   0x0021   00033   (pro_2.go:5)    PCDATA   $0, $0
17   0x0021   00033   (pro_2.go:5)    PCDATA   $1, $0
18   0x0021   00033   (pro_2.go:5)    MOVQ     $11, "".foo_val1 + 48(SP)
19   0x002a   00042   (pro_2.go:6)    MOVQ     $12, "".foo_val2 + 40(SP)
20   0x0033   00051   (pro_2.go:7)    PCDATA   $0, $1
21   0x0033   00051   (pro_2.go:7)    LEAQ     type.int(SB), AX
22   0x003a   00058   (pro_2.go:7)    PCDATA   $0, $0
23   0x003a   00058   (pro_2.go:7)    MOVQ     AX, (SP)
                                      //foo_val3 通过语法 new 动态地从内存申请
24   0x003e   00062   (pro_2.go:7)    CALL     runtime.newobject(SB)
25   0x0043   00067   (pro_2.go:7)    PCDATA   $0, $1
26   0x0043   00067   (pro_2.go:7)    MOVQ     8(SP), AX
27   0x0048   00072   (pro_2.go:7)    PCDATA   $1, $1
28   0x0048   00072   (pro_2.go:7)    MOVQ     AX, "".&foo_val3 + 56(SP)
29   0x004d   00077   (pro_2.go:7)    MOVQ     $13, (AX)
30   0x0054   00084   (pro_2.go:8)    MOVQ     $14, "".foo_val4 + 32(SP)
31   0x005d   00093   (pro_2.go:9)    MOVQ     $15, "".foo_val5 + 24(SP)
32   0x0066   00102   (pro_2.go:9)    XORL     CX, CX
33   0x0068   00104   (pro_2.go:15)   JMP 252
...
```

从分析汇编代码得知 foo_val3 是被 runtime.newobject() 在堆空间开辟的,而不是像其他几个变量基于地址偏移而开辟栈空间。堆上内存的分配逻辑较为复杂,尤其是堆内存的管理成本问题,第 2 章已经介绍了 Go 语言在 GC 上动态标记回收的机制,得知 Go 语言要消耗很多计算资源对对象进行标记并且回收。

6.2.2 new 的变量在栈还是堆

Go 语言在内存管理方面实际上是帮助开发者做了很多优化,这也让 Go 语言编程入门或者开发入门的难度降低了很多。Go 语言的目的是不希望在开发过程中由堆栈的概念来困扰开发者的使用抉择,所以开发者即使不了解内存堆栈的概念,也并不会影响写出一个可以正常运行并且投入生产的工程代码,但是如果开发者想要在性能上做一些优化,则需要掌握堆栈的知识。

Go 语言虽然在内存管理方面降低了编程门槛,即使开发者不了解堆栈也能正常开发,但如果开发者要在性能上较真,还是要掌握这些基础知识的。本章并不会对内存和栈内存的区别进行太多阐述,第 5 章已介绍了堆栈的一些信息。栈空间会随着一个函数的结束而自动释放,堆空间需要 GC 模块不断地跟踪扫描回收,所以将内存放在堆上,对程序的管理成本将会变大。

那么对于通过 new 申请的变量,一定是在堆(Heap)中开辟的吗? 接下来分析下面的代码:

```
//第二篇/chapter6/escape_analysis_2.go
package main

func foo(arg_val int) ( * int) {

    var foo_val1 * int = new(int);
    var foo_val2 * int = new(int);
    var foo_val3 * int = new(int);
    var foo_val4 * int = new(int);
    var foo_val5 * int = new(int);

    //此处循环是为了防止 go 编译器将 foo 优化成 inline(内联函数)
    //如果是内联函数,则 main 调用 foo 将是原地展开,所以 foo_val1 - 5 相当于 main 作用域的变量
    //即使 foo_val3 发生逃逸,地址与其他也是连续的
    for i : = 0; i < 5; i++{
        println(arg_val, foo_val1, foo_val2, foo_val3, foo_val4, foo_val5)
    }

    //将 foo_val3 返给 main 函数
    return foo_val3;
}

func main() {
    main_val : = foo(666)

    println( * main_val, main_val)
}
```

现在将 foo_val1~foo_val5 等全部 5 个变量均用 new 的方式来开辟,进行编译,结果如下:

```
$ go run pro_3.go
666  0xc000030728  0xc000030720  0xc00001a0e0  0xc000030738  0xc000030730
666  0xc000030728  0xc000030720  0xc00001a0e0  0xc000030738  0xc000030730
666  0xc000030728  0xc000030720  0xc00001a0e0  0xc000030738  0xc000030730
666  0xc000030728  0xc000030720  0xc00001a0e0  0xc000030738  0xc000030730
666  0xc000030728  0xc000030720  0xc00001a0e0  0xc000030738  0xc000030730
0  0xc00001a0e0
```

很明显,foo_val3 的地址 0xc00001a0e0 依然与其他的地址不是连续的,表示依然具备逃逸行为。

6.3　普遍的逃逸规则

逃逸的普遍的规则就是如果变量需要使用堆空间,就应该进行逃逸,但是实际上 Go 语言并不仅把逃逸的规则定得如此泛泛,Go 语言中有很多场景具备出现逃逸的现象。

一般在给一个引用类对象中的引用类成员进行赋值时可能出现逃逸现象。可以理解为,访问一个引用对象实际上是底层通过一个指针来间接地访问,但如果再访问里面的引用成员,则会有第二次间接访问,这样操作这部分对象时极大可能会出现逃逸的现象。

Go 语言中的引用类型有 func(函数类型)、interface(接口类型)、slice(切片类型)、map(字典类型)、channel(管道类型)和 *(指针类型)等。

下面的一些操作场景会产生逃逸。

6.3.1　逃逸范例 1

如果变量是[]interface{}数据类型,则通过[]赋值必定会出现逃逸,来看下述代码:

```
//第二篇/chapter6/escape_example_1.go
package main

func main() {
    data : = []interface{}{100, 200}
    data[0] = 100
}
```

通过编译看一下逃逸结果,结果如下:

```
$ go tool compile - m escape_example_1.go
escapc_example_1.go:3:6: can inline main
escape_example_1.go:4:23: []interface {}{...} does not escape
escape_example_1.go:4:24: 100 does not escape
escape_example_1.go:4:29: 200 does not escape
escape_example_1.go:6:10: 100 escapes to heap
```

通过结果得知,data[0] = 100 发生了逃逸现象。

6.3.2　逃逸范例 2

如果变量是 map[string]interface{}类型且尝试通过赋值,则必定会出现逃逸,来看如下代码:

```
//第二篇/chapter6/escape_example_2.go
package main
```

```
func main() {
    data := make(map[string]interface{})
    data["key"] = 200
}
```

通过编译得到逃逸结果,结果如下:

```
aceld:test ldb$  go tool compile - m escape_example_2.go
escape_example_2.go:3:6: can inline main
escape_example_2.go:4:14: make(map[string]interface {}) does not escape
escape_example_2.go:6:14: 200 escapes to heap
```

通过结果得知,data["key"] = 200 发生了逃逸。

6.3.3　逃逸范例 3

如果 map[interface{}]interface{}类型尝试通过赋值,则会导致 key 和 value 的赋值出现逃逸,具体示例代码如下:

```
//第二篇/chapter6/escape_example_3.go
package main

func main() {
    data := make(map[interface{}]interface{})
    data[100] = 200
}
```

通过编译得到逃逸结果,具体如下:

```
 $  go tool compile - m escape_example_3.go
escape_example_3.go:3:6: can inline main
escape_example_3.go:4:14: make(map[interface {}]interface {}) does not escape
escape_example_3.go:6:6: 100 escapes to heap
escape_example_3.go:6:12: 200 escapes to heap
```

通过结果得知 data[100] = 200 中,100 和 200 均发生了逃逸。

6.3.4　逃逸范例 4

如果变量是 map[string][]string 数据类型,则赋值会发生[]string 逃逸,具体示例代码如下:

```
//第二篇/chapter6/escape_example_4.go
package main

func main() {
    data := make(map[string][]string)
    data["key"] = []string{"value"}
}
```

通过编译得到逃逸结果,具体如下:

```
aceld:test ldb$ go tool compile -m escape_example_4.go
escape_example_4.go:3:6: can inline main
escape_example_4.go:4:14: make(map[string][]string) does not escape
escape_example_4.go:6:24: []string{...} escapes to heap
```

通过结果得知[]string{...}切片发生了逃逸。

6.3.5　逃逸范例5

如果变量是[]*int数据类型,则赋值的右值会发生逃逸现象,具体示例代码如下:

```
//第二篇/chapter6/escape_example_5.go
package main

func main() {
    a := 10
    data := []*int{nil}
    data[0] = &a
}
```

通过编译得到逃逸结果,具体如下:

```
aceld:test ldb$ go tool compile -m escape_example_5.go
escape_example_5.go:3:6: can inline main
escape_example_5.go:4:2: moved to heap: a
escape_example_5.go:6:16: []*int{...} does not escape
```

其中moved to heap：a,最终将变量a移动到了堆上。

6.3.6　逃逸范例6

如果变量是func(*int)函数类型,则进行函数赋值,会使传递的形参出现逃逸现象,具体示例代码如下:

```
//第二篇/chapter6/escape_example_6.go
package main

import "fmt"

func foo(a * int) {
    return
}

func main() {
    data : = 10
    f : = foo
    f(&data)
    fmt.Println(data)
}
```

通过编译得到逃逸结果,具体如下:

```
$ go tool compile - m escape_example_6.go
escape_example_6.go:5:6: can inline foo
escape_example_6.go:12:3: inlining call to foo
escape_example_6.go:14:13: inlining call to fmt.Println
escape_example_6.go:5:10: a does not escape
escape_example_6.go:14:13: data escapes to heap
escape_example_6.go:14:13: []interface {}{...} does not escape
:1: .this does not escape
```

通过结果得知 data 已经被逃逸到堆上。

6.3.7　逃逸范例 7

如果变量是 func([]string)函数类型,则进行[]string{"value"}赋值时会使传递的参数出现逃逸现象,具体示例代码如下:

```
//第二篇/chapter6/escape_example_7.go
package main

import "fmt"

func foo(a []string) {
    return
}

func main() {
```

```
    s : = []string{"aceld"}
    foo(s)
    fmt.Println(s)
}
```

通过编译得到逃逸结果，具体如下：

```
$ go tool compile -m escape_example_7.go
escape_example_7.go:5:6: can inline foo
escape_example_7.go:11:5: inlining call to foo
escape_example_7.go:13:13: inlining call to fmt.Println
escape_example_7.go:5:10: a does not escape
escape_example_7.go:10:15: []string{...} escapes to heap
escape_example_7.go:13:13: s escapes to heap
escape_example_7.go:13:13: []interface {}{...} does not escape
:1: .this does not escape
```

通过结果得知 s escapes to heap，s 被逃逸到堆上。

6.3.8   逃逸范例 8

如果变量是 chan []string 数据类型，则向当前 channel 中传输 []string{"value"} 时会发生逃逸现象，具体示例代码如下：

```
//第二篇/chapter6/escape_example_8.go
package main

func main() {
    ch : = make(chan []string)

    s : = []string{"aceld"}

    go func() {
        ch <- s
    }()
}
```

通过编译得到逃逸结果，具体如下：

```
$ go tool compile -m escape_example_8.go
escape_example_8.go:8:5: can inline main.func1
escape_example_8.go:6:15: []string{...} escapes to heap
escape_example_8.go:8:5: func literal escapes to heap
```

通过结果得知 []string{...} escapes to heap,s 被逃逸到堆上。

6.4　小结

　　Go 语言中一个函数内的局部变量,不管是不是动态 new 出来的,它究竟会被分配在堆还是栈,是由编译器做逃逸分析之后做出的决定。

　　通过上述的一些逃逸案例可以得知,多级间接赋值会导致 Go 编译器出现不必要逃逸。在一些开发标准比较规范的公司,在 Go 语言的开发规范里往往会有一条要求,即应尽量避免使用 Go 语言的指针,因为它会增加一级访问路径,而诸如 map、slice、interface{}等类型则不可避免地要用到,所以为了减少程序逃逸的高频繁出现,限制一些指针的使用场景有时候也是一种优化的手段。

　　在 Go 语言中,如要定义一个 map,里面存放的变量的背后数据是一个指针,所以在一个函数中通过 dict := make(map[string]int) 创建一个 map 变量究竟放在栈空间上还是堆空间上,是不一定的,这要看编译器分析的结果。可逃逸分析并不是百分之百准确的,它有缺陷。有的时候开发者会发现有些变量其实在栈空间上分配完全没问题,但编译后程序还是把这些数据放在了堆上。当开发者足够了解逃逸分析的机制后,写代码的时候稍加留意便可绕开这些逃逸过程,可能就不会触发变量存放空间的逃逸,这样在一定程度上也会提高代码的效率。

第 7 章　interface 剖析与 Go 语言中

面向对象思想

　　interface 是 Go 语言的基础特性之一，可以理解为一种类型的规范或者约定。它跟 Java 和 C♯ 等语言不太一样，不需要显式说明实现了某个接口，它没有继承、子类或 implements 关键字，只是通过约定的形式，隐式地实现 interface 中的方法即可，因此在 Go 语言中的 interface 会让编码更灵活、易扩展。Go 语言的 interface 有以下三个特征：

　　（1）interface 是方法声明的集合。

　　（2）任何类型的对象只要实现了在 interface 接口中声明的全部方法，就表明该类型实现了该接口。

　　（3）interface 可以作为一种数据类型，实现了该接口的任何对象都可以给对应的接口类型变量赋值。

　　下面的一段代码是平时正常使用 interface 创建接口的基本使用场景：

```
//第二篇/chapter7/interface.go
package main

import "fmt"

type Phone interface {
    call()
}

type NokiaPhone struct {
}

func (nokiaPhone NokiaPhone) call() {
    fmt.Println("I am Nokia, I can call you!")
}

type ApplePhone struct {
}
```

```go
func (iPhone ApplePhone) call() {
    fmt.Println("I am Apple Phone, I can call you!")
}

func main() {
    var phone Phone
    phone = new(NokiaPhone)
    phone.call()

    phone = new(ApplePhone)
    phone.call()
}
```

这里需要注意的两点如下：

（1）interface 可以被任意对象实现，一种类型/对象也可以实现多个 interface。

（2）方法不能重载，如 eat()和 eat(s string) 不能同时存在。

上述体现了 interface 接口的语法，在 main 函数中，也体现了多态的特性。同样一个 phone 的抽象接口，可分别指向不同的实体对象，以及调用的 call()方法和打印的效果不同，这就体现出了多态的特性。

7.1 interface 的赋值问题

在平时使用 interface 的时候不仅会遇到上述的使用场景，其实 interface 在 Go 语言中是非常常见的关键字，interface 在使用过程中有很多需要开发者注意的地方。

interface 在定义接口类型的变量时会被当作一种引用类型，所以对于 interface 进行赋值的使用方式也要清楚了解，下面是 interface 赋值的代码：

```go
//第二篇/chapter7/interface_2.go
package main

import (
    "fmt"
)

type People interface {
    Say(string) string
}

type Student struct{}

func (stu * Student) Say(think string) (talk string) {
```

```
        if think == "OK" {
                talk = "Hi"
        } else {
                talk = "Bye"
        }
        return
}

func main() {
    var peo People = Student{}
    think := "love"
    fmt.Println(peo.Say(think))
}
```

在 Go 语言中多态的特点体现从语法上并不是很明显,但是发生多态需要满足以下几个要素:

(1) 有 interface 接口,并且有接口定义的方法。

(2) 有子类去重写 interface 的接口。

(3) 有父类指针指向子类的具体对象。

只要满足上述三个条件就可以产生多态效果。父类指针可以调用子类的具体方法,所以上述代码报错的地方在 var peo People = Student{}这条语句,Student{}已经重写了父类 People{}中的 Say(string) string 方法,此时只需用父类指针指向子类对象,所以改成 var peo People = &Student{} 便可以编译通过(People 为 interface 类型,即指针类型)。

7.2 非空接口的 interface 内部构造

7.2.1 案例分析

接下来还是通过一段代码来看一看 interface 需要注意的地方,通过这个例子可以剖析一下 interface 的内部构造,详细的代码如下:

```
//第二篇/chapter7/iface.go
package main

import (
    "fmt"
)

type People interface {
    Show()
}
```

```
type Student struct{}

func (stu * Student) Show() {}

func live() People {
    var stu * Student
    return stu
}

func main() {
    if live() == nil {
            fmt.Println("AAAAAAA")
    } else {
            fmt.Println("BBBBBBB")
    }
}
```

这个案例输出的结果是 BBBBBBB，只有了解了 interface 的内部结构，才能理解这个题目的含义。

interface 在使用的过程中，共有两种表现形式，一种为空接口（empty interface），定义如下：

```
var MyInterface interface{
}
```

另一种为非空接口（non-empty interface），定义如下：

```
type MyInterface interface {
    function()
}
```

这两种 interface 类型分别用两种 struct 表示，空接口为 eface 数据结构，非空接口为 iface 数据结构，如图 7.1 所示。

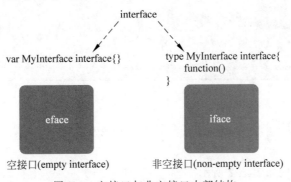

图 7.1　空接口与非空接口内部结构

接下来对这两种接口的内部构造及详细结构进行分析。

7.2.2　空接口 eface

空接口 eface 结构,由两个属性构成,一个是类型信息_type,另一个是数据信息,其数据结构声明如下:

```
//空接口
type eface struct {
    //类型信息
    _type * _type
    //指向数据的指针
    //(Go语言中特殊的指针类型 unsafe.Pointer 类似于 C 语言中的 void * )
    data unsafe.Pointer
}
```

1. _type 属性

此属性是 Go 语言中所有类型的公共描述,Go 语言绝大多数的数据结构可以抽象成_type 属性,是所有类型的公共描述,type 负责决定 data 应该如何解释和操作,type 的结构代码如下:

```
type _type struct {
    size        uintptr        //类型大小
    ptrdata     uintptr        //前缀持有所有指针的内存大小
    hash        uint32         //数据 hash 值
    tflag       tflag
    align       uint8          //对齐
    fieldalign  uint8          //嵌入结构体时的对齐
    kind        uint8          //kind 有些枚举值等于 0 是无效的
    alg         * typeAlg      //函数指针数组,类型实现的所有方法
    gcdata      * Byte
    str         nameOff
    ptrToThis   typeOff
}
```

2. data 属性

表示指向具体的实例数据的指针,它是一个 unsafe.Pointer 类型,相当于 C 语言的一个万能指针 void* 。

具体 eface 的结构如图 7.2 所示。

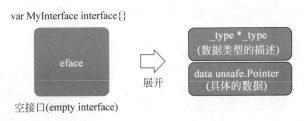

图 7.2 空接口 eface 结构

7.2.3 非空接口 iface

非空接口是表示 non-empty interface 的数据结构,非空接口初始化的过程就是初始化一个 iface 类型的结构,其中 data 的作用同 eface 的作用,这里不再多加描述,代码如下:

```
type iface struct {
    tab * itab
    data unsafe.Pointer
}
```

iface 结构中最重要的是 itab 结构,结构如下,每个 itab 都占 32 字节的空间。itab 可以理解为 pair < interface type,concrete type >。itab 里面包含了 interface 的一些关键信息,例如 method 的具体实现,代码如下:

```
type itab struct {
    inter    * interfacetype    //接口自身的元信息
    _type    * _type            //具体类型的元信息
    link     * itab
    bad      int32
    hash     int32              //_type 里也有一个同样的 hash,此处多放一个是为了方便
                                //运行接口断言
    fun      [1]uintptr         //函数指针,指向具体类型所实现的方法
}
```

其中值得注意的字段,其含义如下:

(1) interfacetype 包含了一些关于 interface 本身的信息,例如 package path,包含了 method。这里的 interfacetype 是定义 interface 的一种抽象表示。

(2) type 表示具体化的类型,与 eface 的 type 类型相同。

(3) hash 字段其实是对_type. hash 的复制,它会在 interface 的实例化时,用于快速判断目标类型和接口中的类型是否一致。Go 语言的 interface 的 Duck-typing 机制也依赖这个字段实现。

(4) fun 字段其实是一个动态大小的数组,虽然声明时固定大小为 1,但在使用时会直

接通过 fun 指针获取其中的数据，并且不会检查数组的边界，所以该数组中保存的元素数量是不确定的。

具体 iface 的内部结构如图 7.3 所示。

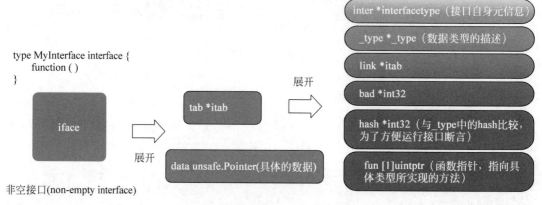

```
type MyInterface interface {
    function ( )
}
```

iface

展开

tab *itab

展开

data unsafe.Pointer(具体的数据)

非空接口(non-empty interface)

展开

inter *interfacetype（接口自身元信息）

_type *_type（数据类型的描述）

link *itab

bad *int32

hash *int32（与_type中的hash比较，为了方便运行接口断言）

fun [1]uintptr（函数指针，指向具体类型所实现的方法）

图 7.3　非空接口 iface 结构

所以，People 拥有一个 Show 方法的，属于非空接口，如图 7.4 所示，People 的内部定义应该是一个 iface 结构体，代码如下：

```
type People interface {
    Show( )
}
```

```
type People interface {
    Show()
}
```

People

tab *itab

data unsafe Pointer(具体的数据)

非空接口(iface struct)

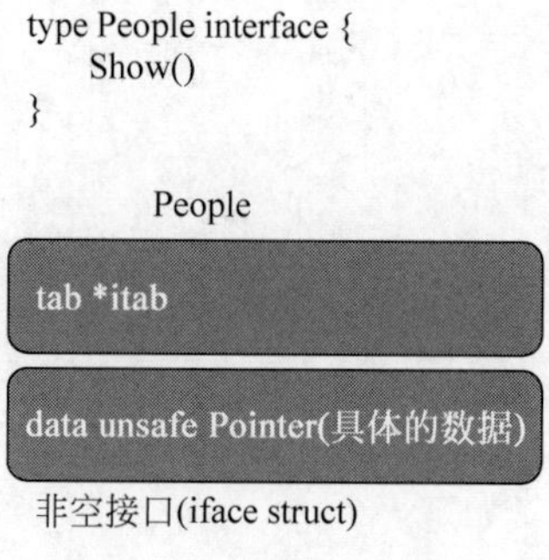

图 7.4　非空接口 struct

再来看一看 live()方法，代码如下：

```
func live() People {
    var stu  * Student
    return stu
}
```

　　stu 是一个指向 nil 的空指针,但是最后 return stu 会触发匿名变量 People＝stu 值的复制动作,所以最后 live() 返给上层的是一个 People interface{} 类型,也就是一个 iface struct{}类型。stu 为 nil,只是 iface 中的 data 为 nil 而已,但是 iface struct{}本身并不为 nil,如图 7.5 所示。

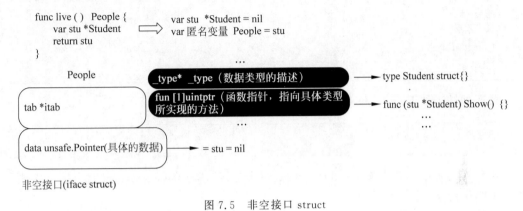

图 7.5　非空接口 struct

最后的代码如下:

```go
func main() {
    if live() == nil {
        fmt.Println("AAAAAAA")
    } else {
        fmt.Println("BBBBBBB")
    }
}
```

最终输出为 BBBBBBB。

7.3　空接口的 interface 内部构造

　　本节介绍空接口 interface 的内部构造,首先分析下面代码的结果及产生原因:

```go
//第二篇/chapter7/eface.go
package main

import "fmt"

func Foo(x interface{}) {
    if x == nil {
        fmt.Println("empty interface")
```

```
            return
        }
        fmt.Println("non - empty interface")
}

func main() {
    var p * int = nil
    Foo(p)
}
```

代码的结果如下：

```
non - empty interface
```

不难看出，Foo()的形参 x interface{}是一个空接口类型 eface struct{}。一个非空接口类型的结构定义如图 7.6 所示。

在执行 Foo(p)的时候，会触发 x interface{} = p 语句，此时 x 结构如图 7.7 所示。

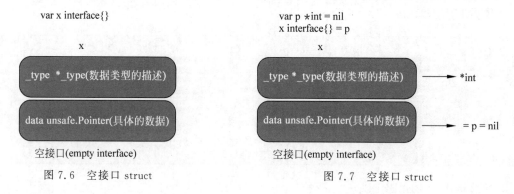

图 7.6　空接口 struct

图 7.7　空接口 struct

x 的_type 为 * int，data 为具体指向的数据，但是 x 结构体本身不为 nil，而是 data 指针指向的 p 为 nil，所以判断"x == nil"的条件自然就是不满足的。

7.4　interface{}与 * interface{}

了解了 interface 表示的空接口和非空接口之后，就很容易理解 * interface{}类型的含义了，接着分析下面的代码：

```
//第二篇/chapter7/interface_example.go
package main

type S struct {
```

```
}

func f(x interface{}) {
}

func g(x * interface{}) {
}

func main() {
    s : = S{}
    p : = &s
    f(s)          //A
    g(s)          //B
    f(p)          //C
    g(p)          //D
}
```

在上述代码中,A、B、C、D分别会得出什么结果? 通过运行代码得出如下结论:B、D两行错误。

B错误如下:

```
cannot use s (type S) as type * interface {} in argument to g:
    * interface {} is pointer to interface, not interface
```

D错误如下:

```
cannot use p (type * S) as type * interface {} in argument to g:
    * interface {} is pointer to interface, not interface
```

interface是所有Go语言类型的父类,函数中func f(x interface{})的interface{}可以支持传入Go语言的任何类型,包括指针,但是函数func g(x * interface{})只能接受 * interface{},原因是 * interface{}类型,在interface{}加上 * 号,实则表示的是去非空接口接头体的地址类型,它并不是一个万能父类了。

7.5　面向对象思维理解 interface

7.5.1　平铺式的模块设计

作为interface数据类型存在的意义在哪呢? 实际上是为了满足一些面向对象的编程思想。软件设计的最高目标就是高内聚,低耦合。其中有一个设计原则叫作开闭原则,接下来我们看一个例子,代码如下:

```
//第二篇/chapter7/banker.go
package main

import "fmt"

//要写一个类,Banker 银行业务员
type Banker struct {
}

//存款业务
func (this * Banker) Save() {
    fmt.Println( "进行了存款业务...")
}

//转账业务
func (this * Banker) Transfer() {
    fmt.Println( "进行了转账业务...")
}

//支付业务
func (this * Banker) Pay() {
    fmt.Println( "进行了支付业务...")
}

func main() {
    banker : = &Banker{}

    banker.Save()
    banker.Transfer()
    banker.Pay()
}
```

　　代码很简单,一个银行业务员,他可能拥有很多的业务,例如 Save()存款、Transfer() 转账、Pay()支付等。如果这个业务员模块只有这几种方法还好,但是随着程序写得越来越复杂,银行业务员可能就要增加其他方法了,这会导致业务员模块越来越臃肿,如图 7.8 所示。

　　这样的设计会导致当给 Banker 添加新的业务的时候,会直接修改原有的 Banker 代码。Banker 模块的功能会越来越多,出现问题的概率也就越来越大,假如此时 Banker 已经有 99 个业务了,现在要添加第 100 个业务,可能由于一次不小心,导致之前 99 个业务也一起崩溃,因为所有的业务都在一个 Banker 类里,它们的耦合度太高,Banker 的职责也不够单一,代码的维护成本会随着业务的复杂成倍增大。

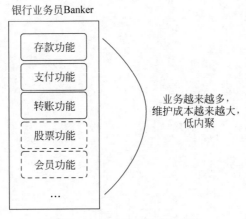

图 7.8　无抽象层的类设计

7.5.2　面向对象中的开闭原则

如果拥有接口 interface，则可以抽象一层出来，制作一个抽象的 Banker 模块，然后提供一个抽象的方法。分别根据这个抽象模块，去实现支付 Banker（实现支付方法）和转账 Banker（实现转账方法），如图 7.9 所示。

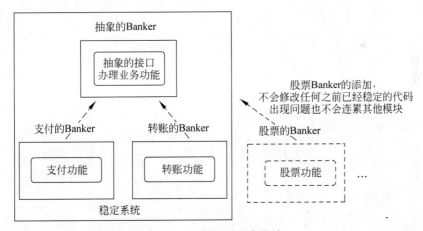

图 7.9　开闭原则的类设计

这样依然可以满足程序的需求。当想要给 Banker 添加额外功能的时候，之前是直接修改 Banker 的内容，现在可以单独将一个股票 Banker（实现股票方法）定义到这个系统中，并且股票 Banker 的实现成功或者失败都不会影响之前的稳定系统，职责单一，而且独立。

当给一个系统添加一个功能的时候，不是通过修改代码，而是通过增添代码来完成，这就是开闭原则的核心思想，所以要想满足上面的要求，一定需要 interface 来提供一层抽象的接口，优化之后的代码如下：

```go
//第二篇/chapter7/banker_2.go
package main

import "fmt"

//抽象的银行业务员
type AbstractBanker interface{
    DoBusi()   //抽象的处理业务接口
}

//存款的业务员
type SaveBanker struct {
    //AbstractBanker
}

func (sb * SaveBanker) DoBusi() {
    fmt.Println("进行了存款")
}

//转账的业务员
type TransferBanker struct {
    //AbstractBanker
}

func (tb * TransferBanker) DoBusi() {
    fmt.Println("进行了转账")
}

//支付的业务员
type PayBanker struct {
    //AbstractBanker
}

func (pb * PayBanker) DoBusi() {
    fmt.Println("进行了支付")
}


func main() {
    //进行存款
    sb : = &SaveBanker{}
    sb.DoBusi()

    //进行转账
    tb : = &TransferBanker{}
```

```
    tb.DoBusi()

    //进行支付
    pb : = &PayBanker{}
    pb.DoBusi()

}
```

当然也可以根据 AbstractBanker 设计一个小框架,具体的代码如下:

```
//实现架构层(基于抽象层进行业务封装 - 针对 interface接口进行封装)
func BankerBusiness(banker AbstractBanker) {
    //通过接口来向下调用,多态现象
    banker.DoBusi()
}
//main 中可以如下代码实现业务调用
func main() {
    //进行存款
    BankerBusiness(&SaveBanker{})

    //进行存款
    BankerBusiness(&TransferBanker{})

    //进行存款
    BankerBusiness(&PayBanker{})
}
```

开闭原则:一个软件实体(如类、模块和函数)应该对扩展开放,但对修改关闭。简单地说就是在修改需求的时候,应该尽量通过扩展实现变化,而不是通过修改已有代码实现变化。

7.5.3　接口的意义

接口的最大的意义就是实现多态的思想,可以根据 interface 的类型来设计 API,这种 API 的适应能力不仅能适应目前所实现的全部模块,还能适应对未实现的模块进行调用。调用未来的模块可能就是接口的最大意义所在,这也是为什么架构师的价值会高,因为良好的架构师可以针对 interface 设计一套框架,在未来很多年依然适用。

7.5.4　耦合度极高的模块关系设计

当一个程序需要很多类和类之间关系的时候,也应该考虑模块和模块之间的关系如何设计会更清晰,如何设计会让程序的整体结构更稳健,下面来看这样一个程序:

```go
//第二篇/chapter7/driver_car.go
package main

import "fmt"

// === > 奔驰汽车 <===
type Benz struct {
}

func (this * Benz) Run() {
    fmt.Println("Benz is running...")
}

// === > 宝马汽车 <===
type BMW struct {
}

func (this * BMW) Run() {
    fmt.Println("BMW is running ...")
}


// ===> 司机张三 <===
type Zhang3 struct {
    //...
}

func (zhang3 * Zhang3) DriveBenZ(benz * Benz) {
    fmt.Println("zhang3 Drive Benz")
    benz.Run()
}

func (zhang3 * Zhang3) DriveBMW(bmw * BMW) {
    fmt.Println("zhang3 drive BMW")
    bmw.Run()
}

// ===> 司机李四 <===
type Li4 struct {
    //...
}

func (li4 * Li4) DriveBenZ(benz * Benz) {
    fmt.Println("li4 Drive Benz")
    benz.Run()
```

```
}

func (li4 * Li4) DriveBMW(bmw * BMW) {
    fmt.Println("li4 drive BMW")
    bmw.Run()
}

func main() {
    //业务 1 张三开奔驰
    benz : = &Benz{}
    zhang3 : = &Zhang3{}
    zhang3.DriveBenZ(benz)

    //业务 2 李四开宝马
    bmw : = &BMW{}
    li4 : = &Li4{}
    li4.DriveBMW(bmw)
}
```

代码看上去比较混乱,但是如果理清关系,会得到如下一张模块关系图,张三依赖奔驰,张三又依赖宝马,李四依赖奔驰,李四又依赖宝马,模块和模块之间的相互依赖关系比较强烈,会给系统接下来的增量开发带来灾难。例如,现在希望给整体系统多加一辆汽车,品牌为丰田,为了满足张三可以开丰田,李四可以开丰田,此时需要将张三和丰田关联且可调通,需要将李四和丰田关联且可调通,如图 7.10 所示。如果系统今后再出现一个王五,那该如何处理呢? 这样的开发量和复杂度只能越来越大,最后只能重构或推翻重做。

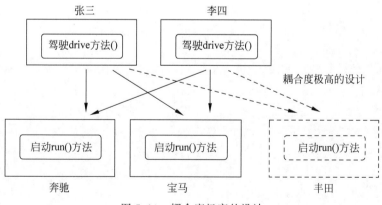

图 7.10　耦合度极高的设计

上面的代码和图 7.10 中每个模块之间的依赖关系,实际上并没有用到任何的 interface 接口层的代码,显然最后两个业务(张三开奔驰和李四开宝马)在程序中都实现了,但是这种设计的问题就在于,小规模没什么问题,但是一旦程序需要扩展,例如现在要增加一辆丰田汽车或者司机王五,那么模块和模块的依赖关系将呈指数级递增,像蜘蛛网一样越来越难维护和理顺。

7.5.5　面向抽象层依赖倒转设计

如果在设计一个系统的时候,将模块分为三个层次,抽象层、实现层、业务逻辑层。那么,首先可将抽象层的模块和接口定义出来,这里需要 interface 接口的设计,然后依照抽象层,依次实现每个实现层的模块,在写实现层代码的时候,实际上只需参考对应的抽象层实现就好了,实现每个模块,也和其他模块的实现没有关系了,这样也就符合了上面介绍的开闭原则。这样实现起来每个模块只依赖对象的接口,而和其他模块没关系,依赖关系单一,系统容易扩展和维护。

在制定业务逻辑时与此相同,只需参考抽象层的接口来实现业务就好了,抽象层暴露出来的接口就是业务层可以使用的方法,然后可以通过多态的实现,接口指针指向哪个实现模块,调用的就是具体的实现方法,这样业务逻辑层也依赖抽象层编程,如图 7.11 所示。

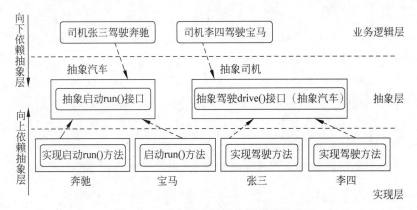

图 7.11　面向抽象层的依赖倒转设计

实现层向上依赖抽象层实现,业务逻辑层向下依赖抽象层编写逻辑,这种设计原则叫作依赖倒转原则,上述的代码可以优化,优化后的代码如下:

```go
//第二篇/chapter7/driver_car_2.go
package main

import "fmt"

// ===== > 抽象层 < ========
type Car interface {
    Run()
}

type Driver interface {
```

```
        Drive(car Car)
}

// ===== > 实现层 < ========
type BenZ struct {
    //...
}

func (benz * BenZ) Run() {
    fmt.Println("Benz is running...")
}

type Bmw struct {
    //...
}

func (bmw * Bmw) Run() {
    fmt.Println("Bmw is running...")
}

type Zhang_3 struct {
    //...
}

func (zhang3 * Zhang_3) Drive(car Car) {
    fmt.Println("Zhang3 drive car")
    car.Run()
}

type Li_4 struct {
    //...
}

func (li4 * Li_4) Drive(car Car) {
    fmt.Println("li4 drive car")
    car.Run()
}


// ===== > 业务逻辑层 < ========
func main() {
    //张三开宝马
    var bmw Car
    bmw = &Bmw{}

    var zhang3 Driver
```

```
        zhang3 = &Zhang_3{}

        zhang3.Drive(bmw)

        //李四开奔驰
        var benz Car
        benz = &BenZ{}

        var li4 Driver
        li4 = &Li_4{}

        li4.Drive(benz)
    }
```

这样,如果希望给系统添加一个丰田类汽车,只需向抽象的 Car 类添加一个,并不需要关心其他模块如何实现,以及是否有其他种类的汽车,如果想添加一个新的司机王五,则依然只依赖抽象的 Driver 类。每次迭代开发的成本一样,而且不影响已有系统的稳定性。

最后通过一个小练习加强对依赖倒转原则设计的理解,题目如下:

模拟组装两台计算机。

抽象层:

有显卡 Card 方法 display,有内存 Memory 方法 storage,有处理器 CPU 方法 calculate。

实现层:

Intel(英特尔)公司,产品有显卡、内存、CPU; Kingston 公司,产品有内存 3; NVIDIA 公司,产品有显卡。

逻辑层:

(1) 组装一台 Intel 系列的计算机,并运行。

(2) 组装一台 Intel CPU、Kingston 内存、NVIDIA 显卡的计算机,并运行。

这个题目的实现代码如下:

```go
//第二篇/chapter7/computer.go
package main

import "fmt"

//------ 抽象层 -----
type Card interface{
    Display()
}

type Memory interface {
```

```
        Storage()
}

type CPU interface {
    Calculate()
}

type Computer struct {
    cpu CPU
    mem Memory
    card Card
}

func NewComputer(cpu CPU, mem Memory, card Card) * Computer{
    return &Computer{
            cpu:cpu,
            mem:mem,
            card:card,
    }
}

func (this * Computer) DoWork() {
    this.cpu.Calculate()
    this.mem.Storage()
    this.card.Display()
}

//------ 实现层 -----
//Intel
type IntelCPU struct {
    CPU
}

func (this * IntelCPU) Calculate() {
    fmt.Println("Intel CPU 开始计算了...")
}

type IntelMemory struct {
    Memory
}

func (this * IntelMemory) Storage() {
    fmt.Println("Intel Memory 开始存储了...")
}

type IntelCard struct {
    Card
}
```

```go
func (this * IntelCard) Display() {
    fmt.Println("Intel Card 开始显示了...")
}

//Kingston
type KingstonMemory struct {
    Memory
}

func (this * KingstonMemory) Storage() {
    fmt.Println("Kingston memory storage...")
}

//NVIDIA
type NVIDIACard struct {
    Card
}

func (this * NVIDIACard) Display() {
    fmt.Println("NVIDIA card display...")
}

//------ 业务逻辑层 -----
func main() {
    //Intel 系列的计算机
    com1 := NewComputer(&IntelCPU{}, &IntelMemory{}, &IntelCard{})
    com1.DoWork()

    //杂牌子
    com2 := NewComputer(&IntelCPU{}, &KingstonMemory{}, &NVIDIACard{})
    com2.DoWork()
}
```

7.6　小结

　　本章主要介绍了interface的内部构造和使用时需要规避的地方。理解interface{}万能类型和*interface{}的区别，以及interface抽象类在设计的时候需要养成的编程思维等。

　　其实开闭原则和依赖倒转原则属于设计模式范畴，本章节仅仅对此点到为止，设计模式范畴拥有很多优秀的设计原则和成熟的设计模式。开闭原则和依赖倒转原则是其中的设计原则，原则是编程的思想和理念。Go语言给开发者提供了抽象层的语法，在设计程序过程中就应该依赖面向对象的特征来编写。有兴趣的读者可以去阅读一些与设计模式相关的书籍或者文档，这样可以提升自身的开发能力和编程修为，是长期软件设计路上的必经之路。

defer 践行中必备的要领

defer 的语法及用处读者应该都已经清楚，defer 是 Go 语言中的一个关键字，作用在函数作用域中，用于在函数结束之前的代码逻辑执行。defer 的设计与 C++ 的析构函数和 Java 中的 finalize 方法或其他语言类似功能等有异曲同工之妙，都是为了在主执行逻辑结束之前做一些收尾工作（如资源回收、逻辑状态重置、业务闭环等）。Go 语言给开发者提供 defer，当然就是美化代码的可读性和前置逻辑收尾工作，但是这里依然有很多需要注意的地方，对于一些极端的场景，如果 defer 使用不妥，则有可能引起不可避免的麻烦和苦恼。本章将介绍 defer 在实践过程中可以遇见和需要必备的一些知识。

8.1　defer 的执行顺序

多个 defer 出现的时候，它们是一个"栈"的关系，也就是先进后出。在一个函数中，写在前面的 defer 会比写在后面的 defer 调用得晚。看下面的代码，并分析的结果是什么：

```go
//第二篇/chapter8/defer_1.go
package main

import "fmt"

func main() {
    defer func1()
    defer func2()
    defer func3()
}

func func1() {
    fmt.Println("A")
}

func func2() {
    fmt.Println("B")
}
```

```
func func3() {
    fmt.Println("C")
}
```

每次执行到 defer 语句,并不会立刻执行,而是将 defer 后的表达式压入栈,如图 8.1 所示,所以 func1()、func2()、func3()会被一次压入栈中,在入栈的过程中程序并不会执行 defer 后面的表达式。

当 main()函数执行完毕,被压入栈中的 defer 表达式会依次出栈并且执行,顺序是弹出一个,执行一次,然后弹出下一个,如图 8.2 所示。

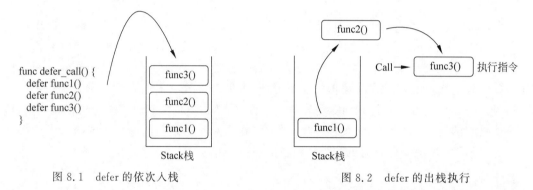

图 8.1　defer 的依次入栈　　　　　　　图 8.2　defer 的出栈执行

这是多个 defer 被一起调用的情景,按照上述的过程,可以得到代码的运行结果如下:

```
C
B
A
```

8.2　defer 与 return 谁先谁后

如果程序写得不严谨,则会出现 defer 和 return 后面都会跟着一个表达式或者函数,defer 和 return 后面的表达式谁先执行谁后执行也是需要掌握的知识,接下来分析下面的代码:

```
//第二篇/chapter8/defer_2.go
package main

import "fmt"

func deferFunc() int {
    fmt.Println("defer func called")
    return 0
```

```
}

func returnFunc() int {
    fmt.Println("return func called")
    return 0
}

func returnAndDefer() int {

    defer deferFunc()

    return returnFunc()
}

func main() {
    returnAndDefer()
}
```

代码中有 returnFunc() 和 deferFunc() 两种方法，如果知道谁先执行就会得到结果，先看一看执行的结果，结果如下：

```
return func called
defer func called
```

结论是 return 语句后面的表达式先执行，defer 后面的语句后执行。

defer 触发的出栈时机是当前函数的作用域结束，而 return 作为当前函数的最后一条语句显然是在函数结束之前需要执行完的语句，所以在 return 语句动作完成前不会触发 defer 出栈且执行 defer 之后的表达式语句。

8.3　函数返回值的初始化

该知识点不属于 defer 本身，但是调用的场景却与 defer 有联系，所以也算是 defer 必备的知识点之一。如 func DeferFunc1(i int) (t int) {} 中的返回值 t int，这个 t 会在函数起始处被初始化为对应类型的零值并且作用域为整个函数，如图 8.3 所示。

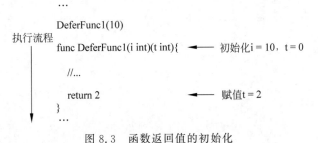

图 8.3　函数返回值的初始化

DeferFunc1 的函数原型有一个返回值 t,当执行 DeferFunc1(10)的时候,t 也会被初始化为 0,同时 t 为 0 的作用域在 DeferFunc1 的整个生命周期,直到最后 return 2 语句将 t 赋值为 2,下面的代码可以再次说明这种情况:

```go
//第二篇/chapter8/defer_3.go
package main

import "fmt"

func DeferFunc1(i int) (t int) {

    fmt.Println("t = ", t)

    return 2
}

func main() {
    DeferFunc11(10)
}
```

程序运行结果如下:

```
t = 0
```

证明,只要声明函数的返回值变量的名称,就会在函数初始化时为之赋值为 0,而且在函数体作用域可见。

8.4　有名函数返回值遇见 defer 的情况

在有了 8.3 节的有名返回值的初始化范围的基础上,就可以分析本节的有名函数返回值遇见 defer 的情况了。接下来分析下面的代码:

```go
//第二篇/chapter8/defer_4.go
package main

import "fmt"

func returnButDefer() (t int) {      //t 初始化为 0,并且作用域为该函数全域
    defer func() {
        t = t * 10
    }()
```

```
    return 1
}

func main() {
    fmt.Println(returnButDefer())
}
```

在没有 defer 的情况下，其实函数的返回与 return 一致，但是有了 defer 就不一样了。通过 8.2 节得知，先 return，再 defer，所以在执行完 return 之后，还要再执行 defer 里的语句，也就是依然可以修改本应该返回的结果。

该 returnButDefer() 的返回值本应为 1，但是在 return 之后，又被 defer 的匿名 func 函数执行，所以 t=t*10 被执行，最后 returnButDefer() 返给上层 main() 的结果为 10，运行结果如下：

```
$ go run test.go
10
```

8.5　defer 遇见 panic

能够触发 defer 的情况是遇见 return（或函数体到末尾）和遇见 panic。针对 defer 遇见 return，已经在 8.2 节中介绍了，实则是先执行 return 语句，然后 defer 的语句才会依次出栈并且执行，如图 8.4 所示。

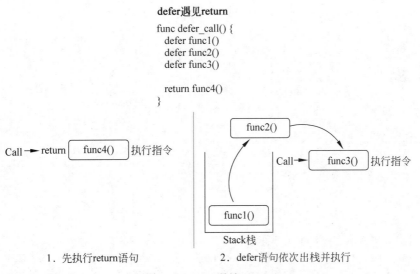

图 8.4　defer 遇见 return

当遇到 panic 时，会遍历本协程的 defer 链表，并执行 defer。在执行 defer 的过程中，如果遇到 recover，则停止 panic，返回 recover 处继续往下执行。如果没有遇到 recover，则遍历完本协程的 defer 链表后，向 stderr 抛出 panic 信息，如图 8.5 所示。

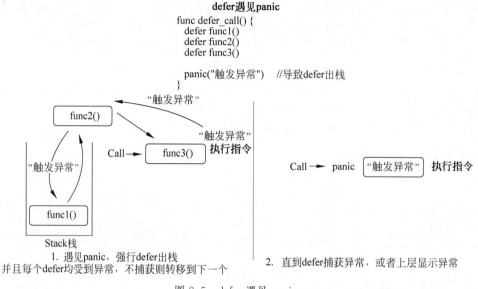

图 8.5 defer 遇见 panic

8.5.1 defer 遇见 panic，但是并不捕获异常的情况

用一段代码来看发生的情景：

```go
//第二篇/chapter8/defer_5_1.go
package main

import (
    "fmt"
)

func main() {
    defer_call()

    fmt.Println("main 正常结束")
}

func defer_call() {
    defer func() { fmt.Println("defer: panic 之前 1") }()
    defer func() { fmt.Println("defer: panic 之前 2") }()
```

```
    panic("异常内容")  //触发 defer 出栈

    defer func() { fmt.Println("defer: panic 之后,永远执行不到") }()
}
```

运行结果如下:

```
defer: panic 之前 2
defer: panic 之前 1
panic: 异常内容
//... 异常堆栈信息
```

所以在 panic 之后的 defer 无法被触发,因为执行语句并没有将最后一个 defer 压栈。

8.5.2　defer 遇见 panic,并捕获异常

下面看一下捕获异常的代码:

```go
//第二篇/chapter8/defer_5_2.go
package main

import (
    "fmt"
)

func main() {
    defer_call()

    fmt.Println("main 正常结束")
}

func defer_call() {

    defer func() {
        fmt.Println("defer: panic 之前 1,捕获异常")
        if err : = recover(); err != nil {
            fmt.Println(err)
        }
    }()

    defer func() { fmt.Println("defer: panic 之前 2,不捕获") }()

    panic("异常内容")  //触发 defer 出栈
```

```
        defer func() { fmt.Println("defer: panic 之后,永远执行不到") }()
    }
```

运行结果如下:

```
defer: panic 之前 2,不捕获
defer: panic 之前 1,捕获异常
异常内容
main 正常结束
```

defer 最大的功能是 panic 后依然有效,所以 defer 可以保证一些资源一定会被关闭,从而避免一些异常出现的问题。

8.6　defer 中包含 panic

如果 defer 后面的表达式中也有 panic 或者触发 panic 的动作,则最终捕获到的是哪个 panic 呢? 还是通过一段程序来得到结果,代码如下:

```go
//第二篇/chapter8/defer_6.go
package main

import (
    "fmt"
)

func main() {

    defer func() {
        if err := recover(); err != nil{
            fmt.Println(err)
        }else {
            fmt.Println("fatal")
        }
    }()

    defer func() {
        panic("defer panic")
    }()

    panic("panic")
}
```

运行结果如下：

```
defer panic
```

panic 仅有最后一个可以被 recover 捕获。触发 panic("panic")后 defer 按顺序出栈执行，第 1 个被执行的 defer 中会有 panic("defer panic")异常语句，这个异常将会覆盖 main 中的异常 panic("panic")，最后这个异常被第 2 个执行的 defer 捕获。

8.7 defer 下的函数参数包含子函数

如果 defer 后面的表达式中函数调用拥有子函数调用会出现什么情况呢？来看下面的代码：

```go
//第二篇/chapter8/defer_7.go
package main

import "fmt"

func function(index int, value int) int {

    fmt.Println(index)

    return index
}

func main() {
    defer function(1, function(3, 0))
    defer function(2, function(4, 0))
}
```

这里有 4 个函数，它们的 index 序号分别为 1、2、3、4。这 4 个函数的先后执行顺序是什么呢？这里有两个 defer，所以 defer 一共会压栈两次，先进栈 1，后进栈 2。在压栈 function1 的时候，需要连同函数地址、函数形参一同进栈，为了得到 function1 的第 2 个参数的结果，所以就需要先执行 function3 将第 2 个参数算出，所以 function3 就被第 1 个执行。同理压栈 function2，就需要执行 function4 算出 function2 的第 2 个参数的值，然后函数结束，先出栈 function2，再出栈 function1。

执行顺序如下：

（1）defer 压栈 function1，压栈函数地址、形参 1、形参 2（调用 function3），打印 3。

（2）defer 压栈 function2，压栈函数地址、形参 1、形参 2（调用 function4），打印 4。

（3）defer 出栈 function2，调用 function，打印 2。

（4）defer 出栈 function1，调用 function1，打印 1。

运行的结果如下：

```
3
4
2
1
```

8.8 小结

本章介绍了 defer 中的 7 个知识点，这些也是在开发中需要知道的知识，这里之所以要强调 defer 的语法及语境，是因为 defer 是 Go 语言特有的关键字语法，需要对 Go 语言独有的语法及语境重点关注，至于与其他语言类似的语法其实任何语言都是一样的。

为了加深读者对本章知识的理解，最后用一个案例来分析及回顾本章 defer 的一些结论，代码如下：

```go
//第二篇/chapter8/defer_8.go
package main

import "fmt"

func DeferFunc1(i int) (t int) {
    t = i
    defer func() {
        t += 3
    }()
    return t
}

func DeferFunc2(i int) int {
    t := i
    defer func() {
        t += 3
    }()
    return t
}

func DeferFunc3(i int) (t int) {
    defer func() {
        t += i
    }()
```

```
        return 2
    }

    func DeferFunc4() (t int) {
        defer func(i int) {
            fmt.Println(i)
            fmt.Println(t)
        }(t)
        t = 1
        return 2
    }

    func main() {
        fmt.Println(DeferFunc1(1))
        fmt.Println(DeferFunc2(1))
        fmt.Println(DeferFunc3(1))
        DeferFunc4()
    }
```

要想得到这段代码的结果,需要逐一分析每种方法的实现过程,首先看 DeferFunc1:

```
    func DeferFunc1(i int) (t int) {
        t = i
        defer func() {
            t += 3
        }()
        return t
    }
```

整体的执行逻辑如下:

(1) 将返回值 t 赋值为传入的 i,此时 t 为 1。

(2) 执行 return 语句将 t 赋值给 t(等于什么也没做)。

(3) 执行 defer 方法,将 t ＋ 3 得到 4。

(4) 函数返回 4。

这里要知道 return 在 defer 之前执行,并且 t 的作用域为整个函数,所以修改有效。理解了 DeferFunc1 之后,再来看 DeferFunc2:

```
    func DeferFunc2(i int) int {
        t := i
        defer func() {
            t += 3
        }()
        return t
    }
```

整体的执行逻辑如下：

（1）创建变量 t 并赋值为 1。

（2）执行 return 语句，注意这里是将 t 赋值给返回值，此时返回值为 1（这个返回值并不是 t）。

（3）执行 defer 方法，将 t + 3 得到 4。

（4）函数返回 1。

DeferFunc2()与 DeferFunc1()不同的地方是 t 的定义。当 return 先执行的时候，DeferFunc2 返回的 t 等于 1，但是接收这个 t 的函数返回值并没有名称，但是内存中返回值是一个匿名变量，t 中的值 1 会被临时复制到这个匿名变量的内存中，再由上层调用方的接收变量再次进行一次复制。如果上层没有接收这个返回值，则这个匿名变量就会被销毁掉，所以最后 defer 执行对 t 加 3 得到 4 的操作，实则操作的是函数内部的局部变量 t，与返回上层的匿名变量无关，即修改无效。如果还是无法理解，则可以参考以下代码来理解 DeferFunc2()：

```go
func DeferFunc2(i int) (result int) {
    t := i
    defer func() {
        t += 3
    }()
    return t
}
```

上面的代码 return 的时候相当于将 t 赋值给了 result，当 defer 修改了 t 的值之后，对 result 不会造成影响。

理解了 DeferFunc2()之后，接下来我们来看 DeferFunc3()方法：

```go
func DeferFunc3(i int) (t int) {
    defer func() {
        t += i
    }()
    return 2
}
```

整体的执行逻辑如下：

（1）首先执行 return 将返回值 t 赋值为 2。

（2）执行 defer 方法，将 t + 1。

（3）最后返回 3。

经过上述两个案例，这个应该很明显了，t 作为有名返回值，在函数调用的时候，就已经开辟了内存，作为整个函数作用域的局部变量存在了，由于 return 的顺序先于 defer，所以最后 t 会被加上 i，返给上层最终的值会被修改。

理解了 DeferFunc3()之后,最后来看 DeferFunc4():

```
func DeferFunc4() (t int) {
    defer func(i int) {
        fmt.Println(i)
        fmt.Println(t)
    }(t)
    t = 1
    return 2
}
```

整体的执行逻辑如下:

(1)初始化返回值 t 为 0。

(2)首先执行 defer 的第一步,赋值 defer 中的 func 入参 t 为 0。

(3)执行 defer 的第二步,将 defer 压栈。

(4)将 t 赋值为 1。

(5)执行 return 语句,将返回值 t 赋值为 2。

(6)执行 defer 的第三步,出栈并执行。

因为在入栈时 defer 执行的 func 的入参已经赋值了,此时它是一个形式参数,所以打印为 0;相应地,因为最后已经将 t 的值修改为 2,所以再打印一个 2。

综上,整体代码的最终输出结果如下:

```
4
1
3
0
2
```

第9章 Go 语言中常用的问题及

性能调试实践方法

工欲善其事,必先利其器。本章将介绍 Go 语言中比较常用的调试 Bug 及与性能相关的实践方法和工具。利用好比较优秀的工具是开发工程降低开发成本的必要手段,下面介绍一些 Go 语言在调试方面所涉及的一些技能。

9.1 如何分析程序的运行时间与 CPU 利用率

本节主要分析与进程相关的时间指令,因为如果想得知一些程序的性能,则需要具备的基本能力就是得到它允许的周期及各自时间是多少,这里主要针对 Linux 操作系统或 UNIX 类操作系统(如 Mac)等,Windows 系统读者可以去搜索相关时间指令。

9.1.1 shell 内置 time 指令

这种方法不算新颖,但是却很实用。time 是 UNIX/Linux 内置命令,使用时一般不加过多参数,直接跟上需要调试的程序即可,示例代码如下:

```
$ time go run test2.go
&{{0 0} 张三 0}

real0m0.843s
user0m0.216s
sys0m0.389s
```

上面使用 time 对 go run test2.go 执行程序做了性能分析,得到以下 3 个指标。

(1) real:从程序开始到结束,实际消耗的时间。

(2) user:程序在用户态消耗的时间。

(3) sys:程序在内核态消耗的时间。

一般情况下 real≥user+sys,因为系统还有其他进程(切换其他进程期间对于本进程会有空白期)。

9.1.2　/usr/bin/time 指令

这个指令比内置的 time 更加详细一些,使用的时候需要用绝对路径,而且要加上参数 -v,示例代码如下:

```
$ /usr/bin/time - v go run test2.go
    Command being timed: "go run test2.go"
    User time (seconds): 0.12
    System time (seconds): 0.06
    Percent of CPU this job got: 115 %
    Elapsed (wall clock) time (h:mm:ss or m:ss): 0:00.16
    Average shared text size (kBytes): 0
    Average unshared data size (kBytes): 0
    Average stack size (kBytes): 0
    Average total size (kBytes): 0
    Maximum resident set size (kBytes): 41172
    Average resident set size (kBytes): 0
    Major (requiring I/O) page faults: 1
    Minor (reclaiming a frame) page faults: 15880
    Voluntary context switches: 897
    Involuntary context switches: 183
    Swaps: 0
    File system inputs: 256
    File system outputs: 2664
    Socket messages sent: 0
    Socket messages received: 0
    Signals delivered: 0
    Page size (Bytes): 4096
    Exit status: 0
```

可以看到这里的功能要强大多了,除了之前的信息外,还包括 CPU 占用率、内存使用情况、Page Fault 情况、进程切换情况、文件系统 I/O、Socket 使用情况等。

9.2　如何分析 Go 语言程序的内存使用情况

在 Go 语言中也有一些内存分析办法,可以让开发者查看内存的占用情况,本节主要介绍 4 种方式来查看 Go 语言中内存的占用情况,每种方式各有优劣,读者可以自行选择。

9.2.1　占用内存情况查看

这里先写一段示例代码,代码如下:

```
//第二篇/chapter9/check_mem.go
package main

import (
    "log"
    "runtime"
    "time"
)

func test() {
    //slice 会动态扩容,用 slice 来做堆内存申请
    container : = make([]int, 8)

    log.Println(" ===> loop begin.")
    for i : = 0; i < 32 * 1000 * 1000; i++{
        container = append(container, i)
    }
    log.Println(" ===> loop end.")
}


func main() {
    log.Println("Start.")

    test()

log.Println("force gc.")
    //强制调用 GC 回收
    runtime.GC()

    log.Println("Done.")

    //睡眠,保持程序不退出
    time.Sleep(3600 * time.Second)
}
```

将上面的示例代码进行编译,命令如下:

```
$ go build - o snippet_mem && ./snippet_mem
```

得到的结果如图 9.1 所示。

然后在./snippet_mem 进程没有执行完,再开一个
窗口,通过 top 命令查看进程的内存占用情况。

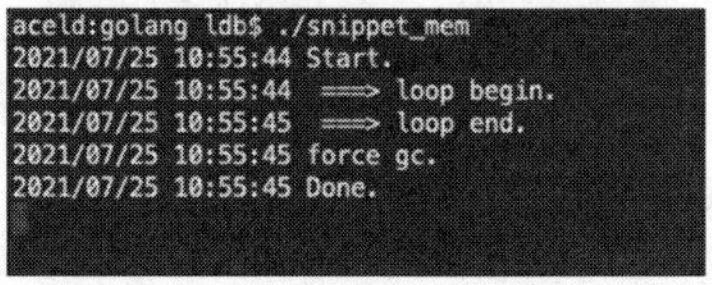

```
aceld:golang ldb$ ./snippet_mem
2021/07/25 10:55:44 Start.
2021/07/25 10:55:44 ===> loop begin.
2021/07/25 10:55:45 ===> loop end.
2021/07/25 10:55:45 force gc.
2021/07/25 10:55:45 Done.
```

图 9.1 实例代码运行结果

```
$ top – p $ (pidof snippet_mem)
```

得到的结果如图 9.2 所示。

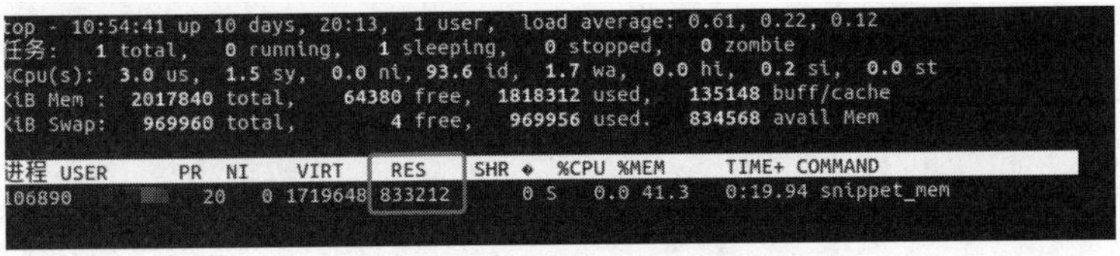

图 9.2　top 命令运行结果

可以看出,没有退出的 snippet_mem 进程有约 830MB 的内存被占用。直观上来讲,这个程序在 test()函数执行完后,切片 container 的内存应该被释放,不应该占用 830MB 那么大。下面使用 GODEBUG 来分析程序的内存使用情况。

9.2.2　GODEBUG 与 gctrace

gctrace 的用法是在执行 snippet_mem 程序前添加环境变量 GODEBUG= 'gctrace=1' 来跟踪打印垃圾回收器信息,具体指令如下:

```
$ GODEBUG = 'gctrace = 1' ./snippet_mem
```

设置 gctrace=1 会使垃圾回收器在每次回收时汇总所回收内存的大小及耗时,并将这些内容汇总成单行内容打印到标准错误输出中,输出的格式如下:

```
gc ＃@＃s ＃%: ＃ + ＃ + ＃ms clock, ＃ + ＃/＃/＃ + ＃ms cpu, ＃->＃->＃MB, ＃MB goal, ＃P
```

下面分别解释每一列所代表的含义:

```
gc ＃GC 次数的编号,每次 GC 时递增
@＃s                     距离程序开始执行时的时间
＃%                      GC 占用的执行时间百分比
＃ + ... + ＃GC 使用的时间
＃->＃->＃MB              GC 开始,结束,以及当前活跃堆内存的大小,单位为 MB
＃MB goal                全局堆内存大小
＃P                      使用 processor 的数量
```

如果每条信息最后,以 forced 结尾,则表示该信息是由 runtime. GC()调用触发的,选择其中一行来解释一下:

```
gc 17 @0.149s 1%: 0.004 + 36 + 0.003 ms clock, 0.009 + 0/0.051/36 + 0.006 ms cpu, 181 ->
181 -> 101 MB, 182 MB goal, 2 P
```

该条信息的含义如下。

（1）gc 17：GC 调试编号为 17。

（2）@0.149s：此时程序已经执行了 0.149s。

（3）1%：0.149s 中其中 GC 模块占用了 1% 的时间。

（4）0.004＋36＋0.003 ms clock：垃圾回收的时间，分别为 STW(stop-the-world)清扫的时间＋并发标记和扫描的时间＋STW 标记的时间。

（5）0.009＋0/0.051/36＋0.006 ms cpu：垃圾回收占用 CPU 的时间。

（6）181 -> 181 -> 101MB：GC 开始前堆内存为 181MB，GC 结束后堆内存为 181MB，当前活跃的堆内存为 101MB。

（7）182 MB goal：全局堆内存大小。

（8）2 P：本次 GC 使用了两个 P(调度器中的 Processer)。

了解了 GC 的调试信息读法后，接下来分析一下本次 GC 的结果，仍然执行 GODEBUG 调试，输入的指令如下：

```
$ GODEBUG = 'gctrace = 1'./snippet_mem
```

运行之后的结果如下：

```
2021/03/02 11:22:37 Start.
2021/03/02 11:22:37 ===> loop begin.
gc 1 @0.002s 5％: 0.14 + 0.45 + 0.002 ms clock, 0.29 + 0/0.042/0.33 + 0.005 ms cpu, 4 -> 4 ->
0 MB, 5 MB goal, 2 P
gc 2 @0.003s 4％: 0.13 + 3.7 + 0.019 ms clock, 0.27 + 0/0.037/2.8 + 0.038 ms cpu, 4 -> 4 ->
2 MB, 5 MB goal, 2 P
gc 3 @0.008s 3％: 0.002 + 1.1 + 0.001 ms clock, 0.005 + 0/0.083/1.0 + 0.003 ms cpu, 6 -> 6 ->
2 MB, 7 MB goal, 2 P
gc 4 @0.010s 3％: 0.003 + 0.99 + 0.002 ms clock, 0.006 + 0/0.041/0.82 + 0.004 ms cpu, 5 -> 5 ->
2 MB, 6 MB goal, 2 P
gc 5 @0.011s 4％: 0.079 + 0.80 + 0.003 ms clock, 0.15 + 0/0.046/0.51 + 0.006 ms cpu, 6 -> 6 ->
3 MB, 7 MB goal, 2 P
gc 6 @0.013s 4％: 0.15 + 3.7 + 0.002 ms clock, 0.31 + 0/0.061/3.3 + 0.005 ms cpu, 8 -> 8 ->
8 MB, 9 MB goal, 2 P
gc 7 @0.019s 3％: 0.004 + 2.5 + 0.005 ms clock, 0.008 + 0/0.051/2.1 + 0.010 ms cpu, 20 -> 20 ->
6 MB, 21 MB goal, 2 P
gc 8 @0.023s 5％: 0.014 + 3.7 + 0.002 ms clock, 0.029 + 0.040/1.2/0 + 0.005 ms cpu, 15 -> 15 ->
8 MB, 16 MB goal, 2 P
gc 9 @0.031s 4％: 0.003 + 1.6 + 0.001 ms clock, 0.007 + 0.094/0/0 + 0.003 ms cpu, 19 -> 19 ->
10 MB, 20 MB goal, 2 P
gc 10 @0.034s 3％: 0.006 + 5.2 + 0.004 ms clock, 0.013 + 0/0.045/5.0 + 0.008 ms cpu, 24 ->
24 -> 13 MB, 25 MB goal, 2 P
```

```
gc 11 @0.040s 3% : 0.12 + 2.6 + 0.002 ms clock, 0.24 + 0/0.043/2.5 + 0.004 ms cpu, 30 -> 30 ->
16 MB, 31 MB goal, 2 P
gc 12 @0.043s 3% : 0.11 + 4.4 + 0.002 ms clock, 0.23 + 0/0.044/4.1 + 0.005 ms cpu, 38 -> 38 ->
21 MB, 39 MB goal, 2 P
gc 13 @0.049s 3% : 0.008 + 10 + 0.040 ms clock, 0.017 + 0/0.045/10 + 0.080 ms cpu, 47 -> 47 ->
47 MB, 48 MB goal, 2 P
gc 14 @0.070s 2% : 0.004 + 12 + 0.002 ms clock, 0.008 + 0/0.062/12 + 0.005 ms cpu, 122 -> 122 ->
41 MB, 123 MB goal, 2 P
gc 15 @0.084s 2% : 0.11 + 11 + 0.038 ms clock, 0.22 + 0/0.064/3.9 + 0.076 ms cpu, 93 -> 93 ->
93 MB, 94 MB goal, 2 P
gc 16 @0.122s 1% : 0.005 + 25 + 0.010 ms clock, 0.011 + 0/0.12/24 + 0.021 ms cpu, 238 -> 238 ->
80 MB, 239 MB goal, 2 P
gc 17 @0.149s 1% : 0.004 + 36 + 0.003 ms clock, 0.009 + 0/0.051/36 + 0.006 ms cpu, 181 -> 181 ->
101 MB, 182 MB goal, 2 P
gc 18 @0.187s 1% : 0.12 + 19 + 0.004 ms clock, 0.25 + 0/0.049/19 + 0.008 ms cpu, 227 -> 227 ->
126 MB, 228 MB goal, 2 P
gc 19 @0.207s 1% : 0.096 + 27 + 0.004 ms clock, 0.19 + 0/0.077/0.73 + 0.009 ms cpu, 284 ->
284 -> 284 MB, 285 MB goal, 2 P
gc 20 @0.287s 0% : 0.005 + 944 + 0.040 ms clock, 0.011 + 0/0.048/1.3 + 0.081 ms cpu, 728 ->
728 -> 444 MB, 729 MB goal, 2 P
2020/03/02 11:22:38 === > loop end.
2020/03/02 11:22:38 force gc.
gc 21 @1.236s 0% : 0.004 + 0.099 + 0.001 ms clock, 0.008 + 0/0.018/0.071 + 0.003 ms cpu,
444 -> 444 -> 0 MB, 888 MB goal, 2 P (forced)
2020/03/02 11:22:38 Done.
GC forced
gc 22 @122.455s 0% : 0.010 + 0.15 + 0.003 ms clock, 0.021 + 0/0.025/0.093 + 0.007 ms cpu, 0 ->
0 -> 0 MB, 4 MB goal, 2 P
GC forced
gc 23 @242.543s 0% : 0.007 + 0.075 + 0.002 ms clock, 0.014 + 0/0.022/0.085 + 0.004 ms cpu,
0 -> 0 -> 0 MB, 4 MB goal, 2 P
GC forced
gc 24 @362.545s 0% : 0.018 + 0.19 + 0.006 ms clock, 0.037 + 0/0.055/0.15 + 0.013 ms cpu, 0 ->
0 -> 0 MB, 4 MB goal, 2 P
GC forced
gc 25 @482.548s 0% : 0.012 + 0.25 + 0.005 ms clock, 0.025 + 0/0.025/0.11 + 0.010 ms cpu, 0 ->
0 -> 0 MB, 4 MB goal, 2 P
GC forced
gc 26 @602.551s 0% : 0.009 + 0.10 + 0.003 ms clock, 0.018 + 0/0.021/0.075 + 0.006 ms cpu, 0 ->
0 -> 0 MB, 4 MB goal, 2 P
GC forced
gc 27 @722.554s 0% : 0.012 + 0.30 + 0.005 ms clock, 0.025 + 0/0.15/0.22 + 0.011 ms cpu, 0 ->
0 -> 0 MB, 4 MB goal, 2 P
GC forced
gc 28 @842.556s 0% : 0.027 + 0.18 + 0.003 ms clock, 0.054 + 0/0.11/0.14 + 0.006 ms cpu, 0 ->
0 -> 0 MB, 4 MB goal, 2 P
...
```

先看在 test() 函数执行完后立即打印的 gc 21 那行的信息，444->444->0MB，888MB goal 表示垃圾回收器已经把 444MB 的内存标记为非活跃的内存。

再看一下记录 gc 22，0->0->0MB，4MB goal 表示垃圾回收器中的全局堆内存大小由 888MB 下降为 4MB。

所以通过上述结果的观察和分析，会得到下面两个结论：

（1）在 test() 函数执行完后，demo 程序中的切片容器所申请的堆空间都被垃圾回收器回收了。

（2）此时在用 top 指令查询内存的时候，如果依然是 800+MB，则说明垃圾回收器回收了应用层的内存后，（可能）并不会立即将内存归还给系统。

9.2.3　runtime.ReadMemStats

接下来换另一种查看内存的方式，利用 runtime 库里的 ReadMemStats() 方法，即通过代码的编译直接在程序执行过程中查看内存的占用方式代码如下：

```go
//第二篇/chapter9/read_mem_stats.go
package main

import (
    "log"
    "runtime"
    "time"
)

func readMemStats() {

    var ms runtime.MemStats

    runtime.ReadMemStats(&ms)

    log.Printf(" ===> Alloc: %d(Bytes) HeapIdle: %d(Bytes) HeapReleased: %d(Bytes)", ms.Alloc, ms.HeapIdle, ms.HeapReleased)
}

func test() {
    //slice 会动态扩容,用 slice 来做堆内存申请
    container := make([]int, 8)

    log.Println(" ===> loop begin.")
    for i := 0; i < 32 * 1000 * 1000; i++{
        container = append(container, i)
        if ( i == 16 * 1000 * 1000) {
```

```
            readMemStats()
        }
    }

    log.Println(" ===> loop end.")
}

func main() {
    log.Println(" ===> [Start].")

    readMemStats()
    test()
    readMemStats()

    log.Println(" ===> [force gc].")

    //强制调用 GC 回收
    runtime.GC()
    log.Println(" ===> [Done].")
    readMemStats()

    go func() {
        for {
            readMemStats()
            time.Sleep(10 * time.Second)
        }
    }()
    //睡眠,保持程序不退出
    time.Sleep(3600 * time.Second)
}
```

上述代码封装了一个函数 readMemStats(),这里主要调用 runtime 中的 ReadMemStats()
方法获得内存信息,然后通过 log 打印出来。

执行代码并运行,结果如下:

```
$ go run demo2.go
2020/03/02  18:21:17  ===>  [Start].
2020/03/02  18:21:17  ===>  Alloc:71280(Bytes) HeapIdle:66633728(Bytes) HeapReleased:
66600960(Bytes)
2020/03/02  18:21:17  ===>  loop begin.
2020/03/02  18:21:18  ===>  Alloc:132535744(Bytes) HeapIdle:336756736(Bytes)
HeapReleased:155721728(Bytes)
2020/03/02  18:21:38  ===>  loop end.
```

```
2020/03/02   18:21:38   = = = >     Alloc: 598300600 (Bytes) HeapIdle: 609181696 (Bytes)
HeapReleased:434323456(Bytes)
2020/03/02   18:21:38   = = = >     [force gc].
2020/03/02   18:21:38   = = = >     [Done].
2020/03/02   18:21:38   = = = >     Alloc: 55840 (Bytes) HeapIdle: 1207427072 (Bytes)
HeapReleased:434266112(Bytes)
2020/03/02   18:21:38   = = = >     Alloc: 56656 (Bytes) HeapIdle: 1207394304 (Bytes)
HeapReleased:434266112(Bytes)
2020/03/02   18:21:48   = = = >     Alloc: 56912 (Bytes) HeapIdle: 1207394304 (Bytes)
HeapReleased:1206493184(Bytes)
2020/03/02   18:21:58   = = = >     Alloc: 57488 (Bytes) HeapIdle: 1207394304 (Bytes)
HeapReleased:1206493184(Bytes)
2020/03/02   18:22:08   = = = >     Alloc: 57616 (Bytes) HeapIdle: 1207394304 (Bytes)
HeapReleased:1206493184(Bytes)
c2020/03/02   18:22:18   = = = >     Alloc: 57744 (Bytes) HeapIdle: 1207394304 (Bytes)
HeapReleased:1206493184
… …
```

可以看到,打印[Done]之后那条 trace 信息,Alloc 已经下降,即内存已被垃圾回收器回收。在 2020/03/02 18:21:38 和 2020/03/02 18:21:48 两条 trace 信息中,HeapReleased 开始上升,表示垃圾回收器把内存归还给系统。

提示　MemStats 还可以获取其他哪些信息及字段的含义可以参见 Go 官方文档, http://golang.org/pkg/runtime/#MemStats。

9.2.4 pprof 工具

pprof 是 Go 标准库自带的调试程序的工具。pprof 不仅支持以命令行的方式查看内存等使用情况,还支持在网页上查看内存的使用情况,仅仅需要在代码中添加一个协程,基本的使用模式如下:

```
import(
    "net/http"
    _ "net/http/pprof"
)

go func() {
    log.Println(http.ListenAndServe("0.0.0.0:10000", nil))
}()
```

下面来看一个完整的代码示例:

```
//第二篇/chapter9/pprof.go
package main
```

```go
import (
    "log"
    "runtime"
    "time"
    "net/http"
    _ "net/http/pprof"
)

func readMemStats() {

    var ms runtime.MemStats

    runtime.ReadMemStats(&ms)

    log.Printf(" ===> Alloc:%d(Bytes) HeapIdle:%d(Bytes) HeapReleased:%d(Bytes)", ms.
Alloc, ms.HeapIdle, ms.HeapReleased)
}

func test() {
    //slice 会动态扩容,用 slice 来做堆内存申请
    container := make([]int, 8)

    log.Println(" ===> loop begin.")
    for i := 0; i < 32 * 1000 * 1000; i++{
        container = append(container, i)
        if ( i == 16 * 1000 * 1000) {
            readMemStats()
        }
    }

    log.Println(" ===> loop end.")
}

func main() {

    //启动 pprof
    go func() {
        log.Println(http.ListenAndServe("0.0.0.0:10000", nil))
    }()

    log.Println(" ===> [Start].")

    readMemStats()
    test()
    readMemStats()
```

```
    log.Println(" ===> [force gc].")
    runtime.GC()                           //强制调用 GC 回收

    log.Println(" ===> [Done].")
    readMemStats()

    go func() {
        for {
            readMemStats()
            time.Sleep(10 * time.Second)
        }
    }()

    time.Sleep(3600 * time.Second)         //睡眠,保持程序不退出
}
```

这里会启动一个协程用来监控和获取当前程序的状态,指定的端口是 10000(端口可以自定义)。上述代码经编译后,正常启动并且运行,然后同时打开浏览器,输入的地址如下:

```
http://127.0.0.1:10000/deBug/pprof/heap?deBug = 1
```

这是一个本地的地址,打开的是程序里所写的 10000 端口,浏览器显示的内容很多,其中一部分内容显示如下:

```
# ...

# runtime.MemStats
# Alloc = 228248
# TotalAlloc = 1293696976
# Sys = 834967896
# Lookups = 0
# Mallocs = 2018
# Frees = 671
# HeapAlloc = 228248
# HeapSys = 804913152
# HeapIdle = 804102144
# HeapInuse = 811008
# HeapReleased = 108552192
# HeapObjects = 1347
# Stack = 360448 / 360448
# MSpan = 28288 / 32768
# MCache = 3472 / 16384
# BuckHashSys = 1449617
```

```
# GCSys = 27418976
# OtherSys = 776551
# NextGC = 4194304
# LastGC = 1583203571137891390

#...
```

不难看出,浏览器显示的内容已经记录了内存的情况。

9.3　如何获取 Go 语言程序的 CPU 性能情况

性能分析必须在一个可重复的稳定的环境中进行。这里有几个做性能分析的重要必备条件。

（1）机器必须闲置,不要在共享硬件上进行性能分析,不要在性能分析期间在同一个机器上浏览网页。

（2）注意省电模式和过热保护,如果突然进入这些模式,则会导致分析数据严重不准确。

（3）不要使用虚拟机、共享的云主机,太多干扰因素会使分析数据很不一致。

（4）如果承受得起,则可购买专用的性能测试分析的硬件设备。

（5）关闭电源管理和过热管理。

（6）绝不要升级,以保证测试的一致性,以及具有可比性。

如果没有这样的环境,就一定要在多个环境中执行多次,以取得可参考的具有相对一致性的测试结果。

上述是做性能分析的注意事项,接下来看一看 Go 语言中的 CPU 性能分析都可以通过哪些方式获取数据。

9.3.1　通过 Web 界面查看且得到 profile 文件

下面通过一段代码来介绍本节内容,具体如下:

```go
//第二篇/chapter9/pprof_web.go
package main

import (
    "Bytes"
    "math/rand"
    "time"
    "log"
    "net/http"
```

```
    _ "net/http/pprof"
)

func test() {

    log.Println(" ===> loop begin.")
    for i := 0; i < 1000; i++ {
        log.Println(genSomeBytes())
    }

    log.Println(" ===> loop end.")
}

//生成一个随机字符串
func genSomeBytes() *Bytes.Buffer {

    var buff Bytes.Buffer

    for i := 1; i < 20000; i++ {
        buff.Write([]Byte{'0' + Byte(rand.Intn(10))})
    }
    return &buff
}

func main() {

    go func() {
        for {
            test()
            time.Sleep(time.Second * 1)
        }
    }()

    //启动 pprof
    http.ListenAndServe("0.0.0.0:10000", nil)

}
```

这里还启动了 pprof 的监听，有关 pprof 启动的代码如下：

```
import (
    "net/http"
    _ "net/http/pprof"
)
```

```
func main() {
  //...
  //...

  //启动 pprof
  http.ListenAndServe("0.0.0.0:10000", nil)
}
```

main()里的流程很简单，启动一个 Goroutine 去无限循环地调用 test()方法，休眠 1s。

test()的流程是生成 1000 个 20000 字符的随机字符串，并且打印。将上面的代码编译成可执行的二进制文件 demo4（记住这个名字，稍后的内容会用到），具体操作如下：

```
$ go build demo4.go
```

接下来启动程序，程序会无限循环地打印字符串，可以通过几种方式来查看进程的 CPU 性能情况，首先通过 Web 界面来查看。

浏览器访问 http://127.0.0.1:10000/deBug/pprof/ 会看到如图 9.3 所示内容。

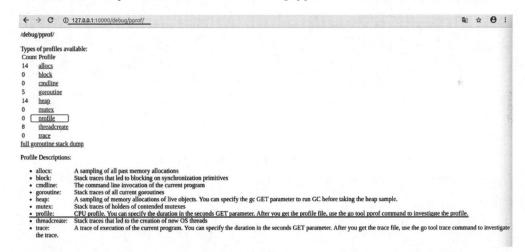

图 9.3　pprof 的 Web 界面

这里能够通过 pprof 查看包括阻塞信息、CPU 信息、内存堆信息、锁信息和 Goroutine 信息等，此处只关注 CPU 的性能 profile 信息。

注意　有关 profile 下面的英文解释，"CPU 配置文件。你可以在 GET 参数中指定持续时间。获取概要文件后，请使用 go tool pprof 命令调查概要文件"。

所以要想得到 CPU 性能，就要获取当前进程的 profile 文件，这个文件默认为 30s 生成一个，所以程序至少要运行 30s 以上（这个参数也可以修改）才可以直接单击网页的 profile，在浏览器上可以下载这个 profile 文件。记住这个文件的路径，可以复制到 demo4 文件所在的文件夹下。

9.3.2 使用 pprof 工具获取信息

pprof 的使用,命令格式如下:

```
$ go tool pprof [binary] [profile]
```

下面介绍一下命令格式里几个参数的含义。

(1) binary:必须指向生成这个性能分析数据的那个二进制可执行文件。

(2) profile:必须是该二进制可执行文件所生成的性能分析数据文件。

注意 binary 和 profile 必须严格匹配,即产生 profile 文件的二进制可执行文件一定 go tool pprof 的第 1 个参数 binary。

了解了 pprof 的工具使用指令之后,就可以通过指令对刚才的实例代码(刚刚编译好的 demo4 可执行程序)进行分析了,执行的指令和结果如下:

```
$ go tool pprof ./demo4 profile

File: demo4
Type: cpu
Time: Mar 3, 2020 at 11:18pm (CST)
Duration: 30.13s, Total samples = 6.27s (20.81%)
Entering interactive mode (type "help" for commands, "o" for options)
(pprof)
```

这里会出现一个"(pprof)"提示符,可以通过一些 pprof 内部指令和终端进行交互操作。help 指令可以查看其他一些指令,也可以通过 top 指令来查看 CPU 的性能情况,显示的数据如下:

```
(pprof) top
Showing   nodes accounting for 5090ms, 81.18% of 6270ms total
Dropped   80 nodes (cum <= 31.35ms)
Showing   Top 10 nodes out of 60
      flat    flat%    sum%     cum    cum%
    1060ms   16.91%   16.91%   2170ms  34.61%   math/rand.(*lockedSource).Int63
     850ms   13.56%   30.46%    850ms  13.56%   sync.(*Mutex).Unlock (inline)
     710ms   11.32%   41.79%   2950ms  47.05%   math/rand.(*Rand).Int31n
     570ms    9.09%   50.88%    990ms  15.79%   Bytes.(*Buffer).Write
     530ms    8.45%   59.33%    540ms   8.61%   syscall.Syscall
     370ms    5.90%   65.23%    370ms   5.90%   runtime.procyield
     270ms    4.31%   69.54%   4490ms  71.61%   main.genSomeBytes
```

```
      250ms   3.99%   73.52%   3200ms   51.04%   math/rand.(*Rand).Intn
      250ms   3.99%   77.51%    250ms    3.99%   runtime.memmove
      230ms   3.67%   81.18%    690ms   11.00%   runtime.suspendG
(pprof)
```

其中几列重点数据的详细含义如下。

（1）flat：当前函数占用 CPU 的耗时。

（2）flat%：当前函数占用 CPU 的耗时百分比。

（3）sum%：函数占用 CPU 的耗时累计百分比。

（4）cum：当前函数加上调用当前函数的函数占用 CPU 的总耗时。

（5）cum%：当前函数加上调用当前函数的函数占用 CPU 的总耗时百分比。

（6）最后一列：执行的函数名称。

通过结果可以看出，该程序的大部分 CPU 性能消耗在 main.getSoneBytes()方法中，其中 math/rand 取随机数时消耗比较大。

9.3.3　profile 文件获取信息

上面的 profile 文件是通过 Web 浏览器下载的，这个 profile 经过的时间至少是 30s，默认值在浏览器上修改不了，如果想得到时间更长的 CPU 利用率，可以通过 go tool pprof 指令与程序交互获取，首先，先启动程序，执行如下操作：

```
$ ./demo4
```

然后打开一个终端，输入下面的指令，会得到 profile 文件，具体操作如下：

```
$ go tool pprof http://localhost:10000/deBug/pprof/profile?seconds = 60
```

这里制定了生成 profile 文件的时间间隔为 60s，等待 60s 之后，终端就会显示结果，继续使用 top 命令来查看，结果如下：

```
$ go tool pprof http://localhost:10000/deBug/pprof/profile?seconds = 60
Fetching profile over HTTP from
http://localhost:10000/deBug/pprof/profile?seconds = 60
Saved profile in /home/itheima/pprof/pprof.demo4.samples.cpu.005.pb.gz
File: demo4
Type: cpu
Time: Mar 3, 2020 at 11:59pm (CST)
Duration: 1mins, Total samples = 12.13s (20.22%)
Entering interactive mode (type "help" for commands, "o" for options)
(pprof) top
Showing nodes accounting for 9940ms, 81.95% of 12130ms total
```

```
Dropped 110 nodes (cum < = 60.65ms)
Showing Top 10 nodes out of 56
      flat    flat%      sum %      cum      cum %
    2350ms   19.37 %    19.37 %    4690ms   38.66 %    math/rand.( * lockedSource).Int63
    1770ms   14.59 %    33.97 %    1770ms   14.59 %    sync.( * Mutex).Unlock (inline)
    1290ms   10.63 %    44.60 %    6040ms   49.79 %    math/rand.( * Rand).Int31n
    1110ms    9.15 %    53.75 %    1130ms    9.32 %    syscall.Syscall
     810ms    6.68 %    60.43 %    1860ms   15.33 %    Bytes.( * Buffer).Write
     620ms    5.11 %    65.54 %    6660ms   54.91 %    math/rand.( * Rand).Intn
     570ms    4.70 %    70.24 %     570ms    4.70 %    runtime.procyield
     500ms    4.12 %    74.36 %    9170ms   75.60 %    main.genSomeBytes
     480ms    3.96 %    78.32 %     480ms    3.96 %    runtime.memmove
     440ms    3.63 %    81.95 %     440ms    3.63 %    math/rand.( * rngSource).Uint64
(pprof)
```

此法依然会得到 CPU 性能的结果,会发现这次的结果与上次时间间隔为 30s 的结果百分比类似。

9.3.4　可视化图形查看及分析

本节通过可视化的方式得到 CPU 的利用率,还是通过 pprof 指令来分析,以此获得 profile 文件,指令如下:

```
$ go tool pprof ./demo4 profile
```

进入 profile 文件查看,然后输入 Web 指令,具体操作如下:

```
$ go tool pprof ./demo4 profileFile: demo4
Type: cpu
Time: Mar 3, 2020 at 11:18pm (CST)
Duration: 30.13s, Total samples = 6.27s (20.81 %)
Entering interactive mode (type "help" for commands, "o" for options)
(pprof) web
```

注意　这里如果报错,提示找不到 graphviz 工具,则需要额外安装这个工具,下面提供的安装方式仅用于参考。

(1) Ubuntu 安装:$sudo apt-get install graphviz。

(2) Mac 安装:brew install graphviz。

(3) Windows 安装:下载网址为 https://graphviz.gitlab.io/_pages/Download/Download_Windows.html,将 graphviz 安装目录下的 bin 文件夹添加到 Path 环境变量中,在终端输入 dot -version 命令查看是否安装成功。

然后会得到一个 svg 格式的可视化文件,此文件存放在/tmp 路径下,如图 9.4 所示。

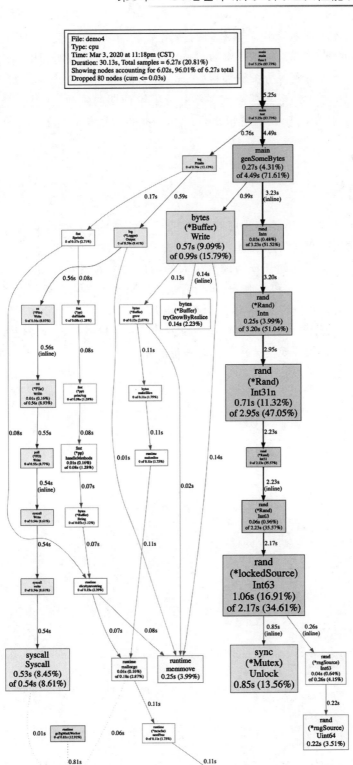

图 9.4　CPU 利用率图形化

这样就能比较清晰地看到函数之间的调用关系,方块越大表示 CPU 的占用越大,如图 9.4 所示,能够看到大部分 CPU 资源被 rand 等数学计算函数所利用,通过程序示例代码分析,将 CPU 的大部分资源分配给随机数 rand() 计算属于正常现象。如果在分析自己程序的时候,发现 CPU 占用率高的函数并不是分配给预期的函数,而是一个非预期的函数,则要分析这个占用 CPU 较大的逻辑是否还可以继续进行优化,进而减少 CPU 的不必要浪费。

9.4　小结

本章介绍了在调试 Go 语言程序内存和 CPU 使用率的一些常见办法,包括如何查看一个程序的系统占用时间和用户占用时间,如何查看内存的占用率和 GC 的实时回收情况,这些都对定位一些系统问题和长期问题有很大的帮助。本章主要介绍了 pprof 工具的 Web 查看方式、命令行生成方式和本地 profile 离线文件分析方式,如果想更加直观地分析,则可以生成图片进行可视化分析。Go 语言中类似内存和 CPU 调试的工具不仅于此,读者可以通过本章的内容打开大门,将 Go 语言调试作为自己的编程习惯进行修炼和养成,会对今后写出稳健程序和复杂的大规模架构都具有一定的保障。

第 10 章 make 和 new 的原理性区别

本章主要给大家介绍 Go 语言中函数 new 与 make 的使用和区别,Go 语言中 new 和 make 是内建的两个函数,主要用来创建分配类型内存。在定义变量的时候,可能会觉得有点迷惑,其实它们的规则很简单,下面就通过一些示例说明它们的区别和使用。

10.1 变量的声明

变量的声明可以通过 var 关键字,然后就可以在程序中使用。当不指定变量的默认值时,这些变量的默认值为 0,例如 int 类型的默认值是 0,string 类型的默认值是"",引用类型的默认值是 nil。

```
var i int
var s string
```

对于例子中的两种类型的声明,可以直接使用,对其进行赋值输出。先换成指针类型,代码如下:

```
//第二篇/chapter10/point.go
package main

import (
  "fmt"
)

func main() {
    var i * intc
    * i = 10
    fmt.Println( * i)
}
```

运行结果如下:

```
$ go run test1.go
panic: runtime error: invalid memory address or nil pointer dereference
[signal SIGSEGV: segmentation violation code = 0x1 addr = 0x0 pc = 0x4849df]

goroutine 1 [running]:
main.main()
    /home/itheima/go/src/golang_deeper/make_new/test.go
```

从这个提示可以看出,对于引用类型的变量,不仅要声明它,还要为它分配内存空间,这就是上面错误提示的原因。对于值类型的声明不需要,因为已经默认分配好了,所以变量的初始化存在是否要分配内存的问题,这里就引出来要讲解的 new 和 make。

10.2　Go 语言中 make 与 new 的区别

10.2.1　new

对于上面的问题该如何解决呢？既然知道了没有为其分配内存,就使用 new 分配一个,代码如下:

```
//第二篇/chapter10/new.go
package main

import "fmt"

func main() {
    var i * int
    i = new( int )
    * i = 10
    fmt.Println( * i )
}
```

现在编译程序可以编译通过,打印结果为 10。下面是 new 的内置函数,函数声明如下:

```
//The new built – in function allocates memory. The first argument is a type,
//not a value, and the value returned is a pointer to a newly
//allocated zero value of that type.
func new(Type)  * Type
```

new 只接受一个参数,这个参数是一种类型,分配好内存后,返回一个指向该类型内存地址的指针。同时需要注意它同时把分配的内存置为 0,也就是类型的默认值。

上述例子中,如果没有给 i 赋值 * i = 10,则打印的就是 0。上述代码体现不出来 new

函数这种将内存置为 0 的好处,接下来再看一个例子:

```go
//第二篇/chapter10/new_2.go
package main

import (
    "fmt"
    "sync"
)

type user struct {
    lock sync.Mutex
    name string
    age int
}

func main() {

    u : = new(user)           //默认给 u 分配到的内存全部置为 0

    u.lock.Lock()             //可以直接使用,因为 lock 为 0,表示开锁状态
    u.name = "张三"
    u.lock.Unlock()

    fmt.Println(u)
}
```

编译并且进行运行,执行指令和结果如下:

```
$ go run test2.go
&{{0 0} 张三 0}
```

示例中的 user 类型中的 lock 字段并不用初始化,可以直接使用,不会出现无效内存引用异常,因为它已经被赋默认值 0 了。这就是 new,它返回的永远是类型的指针,指向分配类型的内存地址。

10.2.2　make

make 也用于内存分配,但是和 new 不同,它只用于 chan、map、slice 的内存创建,而且它返回的类型就是这 3 种类型,而不是它们的指针类型,因为这 3 种类型是引用类型,所以没有必要返回它们的指针。注意,因为这 3 种类型是引用类型,所以必须初始化,但这并不是设置为默认值 0,这个和 new 不一样。来看一下 make 的函数原型:

```
func make(t Type, size ...IntegerType) Type
```

从函数声明中可以看到,返回的还是该类型。

本节为了加深对 make 的理解,举一个 Go 语言中 map 的经典例子。

1. Map 的 Value 赋值

分析下面的代码,思考编译会出现什么问题:

```
//第一篇/chapter5/map_1.go
package main

import "fmt"

type Student struct {
    Name string
}

var list map[string]Student

func main() {

    list = make(map[string]Student)

    student := Student{"AceId"}

    list["student"] = student
    list["student"].Name = "LDB"

    fmt.Println(list["student"])
}
```

结果是编译失败,编译器提示的错误如下:

```
./test7.go:18:23: cannot assign to struct field list["student"].Name in map
```

分析原因是 map[string]Student 的 value 是一个 Student 结构值,所以 list["student"] = student 是一个值复制过程,而 list["student"] 则是一个值引用。因为值引用的特点是只读,所以对 list["student"].Name="LDB"的修改是不允许的。可以用以下两种方法解决上述问题。

方法一,代码如下:

```
//第二篇/chapter10/map_2.go
package main
```

```
import "fmt"

type Student struct {
    Name string
}

var list map[string]Student

func main() {

    list = make(map[string]Student)

    student := Student{"AceId"}

    list["student"] = student
    //list["student"].Name = "LDB"

    /*
        方法一
    */
    tmpStudent := list["student"]
    tmpStudent.Name = "LDB"
    list["student"] = tmpStudent

    fmt.Println(list["student"])
}
```

其中下面的代码是先复制一次值：

```
/*
    方法一
*/
tmpStudent := list["student"]
tmpStudent.Name = "LDB"
list["student"] = tmpStudent
```

复制一个 tmpStudent 副本，然后修改该副本，之后再一次将值复制回去，list["student"] = tmpStudent，但是这种方式会在整体过程中复制两次结构体的值，性能很差。

方法二，代码如下：

```
//第二篇/chapter10/map_3.go
package main
```

```
import "fmt"

type Student struct {
    Name string
}

var list map[string] * Student

func main() {

    list = make(map[string] * Student)

    student : = Student{"Aceld"}

    list["student"] = &student
    list["student"].Name = "LDB"

    fmt.Println(list["student"])
}
```

将 map 类型的 value 由 Student 值,改成 Student 指针,代码如下:

```
var list map[string] * Student
```

这样,实际上每次修改的都是指针所指向的 Student 空间,指针本身是常指针,不能修改,为只读属性,但是指向的 Student 是可以随便修改的,而且这里并不需要值复制,只是一个指针的赋值。

2. map 的遍历赋值

分析下面的代码会出现什么问题,代码如下:

```
//第二篇/chapter10/map_4.go
package main

import (
    "fmt"
)

type student struct {
    Name string
    Age int
}

func main() {
```

```
//定义 map
m : = make(map[string] * student)

//定义 student 数组
stus : = []student{
    {Name: "zhou", Age: 24},
    {Name: "li", Age: 23},
    {Name: "wang", Age: 22},
}

//将数组依次添加到 map 中
for _, stu : = range stus {
    m[stu.Name] = &stu
}

//打印 map
for k,v : = range m {
    fmt.Println(k ,"=>", v.Name)
}
}
```

输出的结果是不正确的值,输出结果如下:

```
zhou => wang
li => wang
wang => wang
```

map 中的 3 个 key 均指向数组中最后一个结构体。在 foreach 中,stu 是结构体的一个副本,所以 m[stu.Name]=&stu 实际上一致指向同一个指针,最终该指针的值为遍历的最后一个 struct 的值的副本,如图 10.1 所示。

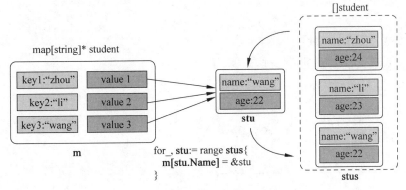

图 10.1 遍历 map 出现错误的情况

修改上述错误问题,修改后的代码如下:

```go
//第二篇/chapter10/map_5.go
package main

import (
    "fmt"
)

type student struct {
    Name string
    Age int
}

func main() {
    //定义 map
    m : = make(map[string] * student)

    //定义 student 数组
    stus : = []student{
        {Name: "zhou", Age: 24},
        {Name: "li", Age: 23},
        {Name: "wang", Age: 22},
    }

    //遍历结构体数组,依次赋值给 map
    for i : = 0; i < len(stus); i++{
        m[stus[i].Name] = &stus[i]
    }

    //打印 map
    for k,v : = range m {
        fmt.Println(k ," = >", v.Name)
    }
}
```

遍历 map 正确情况如图 10.2 所示。
上述代码运行结果如下:

```
zhou = > zhou
li = > li
wang = > wang
```

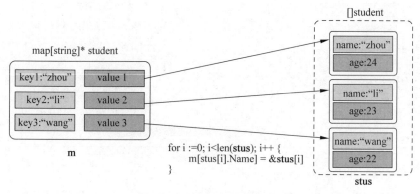

图 10.2　遍历 map 正确情况

上述就是在使用 map 时需要注意的地方,所以不仅 make 可以初始化 map,而且在使用 map 的过程中也要注意这些容易出现的地方。

10.2.3　make 与 new 的异同

对于 Go 语言的初学者有时候并不太好区分 make 和 new 的不同。下面简单总结一下二者的区别。

make 与 new 的相同点是,它们均在堆空间分配内存。不同点是 make 只用于 slice、map 及 channel 的初始化,所以用 new 这个内置函数,可以分配一块内存来使用,但是在现实的编码中,它是不常用的。通常采用短语句声明及结构体的字面量达到目的,示例代码如下:

```
i : = 0
u : = user{}
```

在使用 slice、map 及 channel 的时候,还是要使用 make 进行初始化,然后才可以对它们进行操作。

10.3　slice 与 new 关键字

make 只能用于 slice、map、channel 的初始化,但是并不是说 new 不能与这些数据类型使用,但是如果用 new 来初始化这些引用类型,得到的结果则可能与预期的结果不一样,接下来看下面的代码:

```
//第二篇/chapter10/slice_new.go
package main

import "fmt"
```

```
func main() {

    list : = new([]int)

    list = append(list, 1)

    fmt.Println(list)
}
```

编译失败,结果如下:

```
./test9.go:9:15: first argument to append must be slice; have * []int。
```

切片指针的解引用。可以使用 list: = make([]int, 0) list 类型为切片或使用 * list = append(* list, 1) list 类型为指针。

10.4　小结

二者都用于内存的分配(堆上),但是 make 只用于 slice、map 及 channel 的初始化(非零值),而 new 用于类型的内存分配,并且内存值为 0,所以在编写程序的时候,就可以根据自己的需要很好地选择了。make 返回的还是这 3 个引用类型本身,而 new 返回的是指向类型的指针。

第 11 章　精通 Go Modules 项目

依赖管理

Go Modules 是 Go 语言的依赖解决方案,发布于 Go V 1.11,成长于 Go V 1.12,丰富于 Go V 1.13,正式于 Go V 1.14 推荐在生产上使用。Go Modules 目前集成在 Go 的工具链中,只要安装了 Go 语言,自然而然也就可以使用 Go Modules 了,而 Go Modules 的出现也解决了在 Go V1.11 前的几个常见争议问题:

(1) Go 语言长久以来的依赖管理问题。

(2)"淘汰"现有的 GOPATH 的使用模式。

(3) 统一社区中其他的依赖管理工具(提供迁移功能)。

11.1　GOPATH 的工作模式

Go Modules 的目的之一就是淘汰 GOPATH,那么 GOPATH 是什么? 为什么在 Go V 1.11 前使用 GOPATH,而 Go V 1.11 后就开始逐步建议使用 Go modules,而不再推荐 GOPATH 的模式了呢?

11.1.1　什么是 GOPATH

如果想确认 GOPATH 的路径,则可以通过 go env 来看 Go 当前编译器所依赖的环境变量都有哪些,其中就能够看到 GOPATH 环境变量,指令及结果如下:

```
$ go env

GOPATH = "/home/aceld/go"

...
```

进入该目录进行查看,可以查看此目录的结构如下:

```
go
├── bin
```

```
├── pkg
└── src
    ├── github.com
    ├── golang.org
    ├── google.golang.org
    ├── gopkg.in
    ....
```

GOPATH 目录下一共包含 3 个子目录,分别是如下。

(1) bin:存储所编译生成的二进制文件。

(2) pkg:存储预编译的目标文件,以加快程序的后续编译速度。

(3) src:存储所有.go 文件或源代码。在编写 Go 应用程序、程序包和库时,一般会以 $GOPATH/src/github.com/foo/bar 路径进行存放。

因此在使用 GOPATH 的模式下,需要将应用代码存放在固定的 $GOPATH/src 目录下,并且如果执行 go get 来拉取外部依赖,则会自动下载并安装到 $GOPATH 目录下。

11.1.2　GOPATH 模式的弊端

在 GOPATH 的 $GOPATH/src 下进行.go 文件或源代码的存储,这个就是 GOPATH 的模式,这种模式拥有以下几个弊端。

(1) 无版本控制概念。在执行 go get 的时候,无法传达任何版本信息,也就是说无法知道当前更新的是哪一个版本,也无法通过指定来拉取所期望的具体版本。

(2) 无法与第三方版本号同步。在运行 Go 应用程序的时候,无法保证其他人与所期望依赖的第三方库使用的是相同的版本,也就是说在项目依赖库的管理上,无法保证所有人的依赖版本都一致。

(3) 无法指定当前项目引用的第三方版本号。没办法处理 v1、v2、v3 等不同版本的引用问题,因为 GOPATH 模式下的导入路径都是一样的,即都是 github.com/foo/bar。

11.2　Go Modules 模式

本节用 Go Modules 的方式创建一个项目,为了与 GOPATH 分开,建议不要将项目创建在 GOPATH/src 下。

11.2.1　go mod 命令

go mod 的相关命令如表 11.1 所示。

表 11.1 go mod 的相关命令

命 令	作 用
go mod init	生成 go.mod 文件
go mod download	下载 go.mod 文件中指明的所有依赖
go mod tidy	整理现有的依赖
go mod graph	查看现有的依赖结构
go mod edit	编辑 go.mod 文件
go mod vendor	将项目所有的依赖导到 vendor 目录
go mod verify	校验一个模块是否被篡改过
go mod why	查看为什么需要依赖某模块

11.2.2　go mod 环境变量

可以通过 go env 命令进行查看：

```
$ go env
GO111MODULE = "auto"
GOPROXY = "https://proxy.golang.org,direct"
GONOPROXY = ""
GOSUMDB = "sum.golang.org"
GONOSUMDB = ""
GOPRIVATE = ""
...
```

11.2.3　GO111MODULE

Go 语言提供了 GO111MODULE 这个环境变量来作为 Go modules 的开关，其允许设置以下几个参数。

（1）auto：只要项目包含了 go.mod 文件启用 Go modules，目前在 Go1.11～Go1.14 版本中仍然是默认值。

（2）on：启用 Go modules，推荐设置，将会是未来版本中的默认值。

（3）off：禁用 Go modules，不推荐设置。

如果希望开启 Go modules 模式，则可以通过下面的语句设置：

```
$ go env -w GO111MODULE = on
```

11.2.4　GOPROXY

这个环境变量主要用于设置 Go 模块代理（Go Module Proxy），其作用是使 Go 在后续拉取模块版本时直接通过镜像站点来快速拉取。

GOPROXY 的默认值为 https://proxy.golang.org,direct,如果无法访问,则需要设置国内的代理。

(1) 阿里云:https://mirrors.aliyun.com/goproxy/。

(2) 七牛云:https://goproxy.cn,direct。

如果设置国内的镜像源,则修改后的代码如下:

```
$ go env - w GOPROXY = https://goproxy.cn,direct
```

GOPROXY 的值是一个以英文逗号","分割的 Go 模块代理列表,允许设置多个模块代理,假设不想使用,也可以将其设置为 off ,这将会禁止 Go 在后续操作中使用任何 Go 模块代理,代码如下:

```
$ go env - w GOPROXY = https://goproxy.cn,https://mirrors.aliyun.com/goproxy/,direct
```

11.2.5 direct

在刚刚设置的值中,有的配置的 GOPROXY 值中有 direct 标识,它又有什么作用呢?

实际上 direct 是一个特殊指示符,用于指示 Go 回源到模块版本的源地址去抓取(例如 GitHub 等),场景如下:当值列表中上一个 Go 模块代理返回 404 或 410 错误时,Go 自动尝试列表中的下一个,遇见 direct 时回源,也就是回到源地址去抓取,而遇见 EOF 时终止并抛出类似 invalid version:unknown revision... 的错误。

11.2.6 GOSUMDB

它的值是一个 Go Checksum Database,用于在拉取模块版本时(无论是从源站拉取还是通过 Go Module Proxy 拉取)保证拉取的模块版本数据未经过篡改,若发现不一致,则表示可能存在篡改,将会立即中止。

GOSUMDB 的默认值为 sum.golang.org,在国内通常无法访问,但是 GOSUMDB 可以被 Go 模块代理所代理。

因此可以通过设置 GOPROXY 来解决,而先前所设置的模块代理 goproxy.cn 就能支持代理 sum.golang.org,所以这一个问题在设置 GOPROXY 后。

另外若对 GOSUMDB 的值有自定义需求,则可自定义,其支持的格式如下:

```
格式 1:< SUMDB_NAME > + < PUBLIC_KEY >
格式 2:< SUMDB_NAME > + < PUBLIC_KEY > < SUMDB_URL >
```

也可以将其设置为 off,也就是禁止 Go 在后续操作中校验模块版本。

11.2.7　GONOPROXY/GONOSUMDB/GOPRIVATE

这 3 个环境变量都用在当前项目依赖的私有模块,例如公司的私有 Git 仓库,或 GitHub 中的私有库,这些都属于私有模块,都要进行设置,否则会拉取失败。

更细致地来讲,就是依赖了由 GOPROXY 指定的 Go 模块代理或由 GOSUMDB 指定 Go Checksum Database 都无法访问的模块时的场景。

一般建议直接设置 GOPRIVATE,它的值将作为 GONOPROXY 和 GONOSUMDB 的默认值,所以建议直接使用 GOPRIVATE。

并且它们的值都是一个以英文逗号“,”分割的模块路径前缀,也就是可以设置多个,指令如下:

```
$ go env - w GOPRIVATE = "git.example.com,github.com/aceld/zinx"
```

设置后,前缀为 git. xxx. com 和 github. com/aceld/zinx 的模块都会被认为是私有模块。

如果不想每次都重新设置,则可以利用通配符,指令如下:

```
$ go env - w GOPRIVATE = " * .example.com"
```

这样设置,所有模块路径为 example. com 的子域名(例如:git. example. com)都将不经过 Go Module Proxy 和 Go Checksum Database,但不包括 example. com 本身。

11.3　使用 Go Modules 初始化项目

本节介绍基于 Go Modules 形式创建一个完整的 Go 项目的过程。

11.3.1　开启 Go Modules

首先确保 Go 版本为 Go V1. 11 及以上,并且要确保 Go Modules 模式启动,指令如下:

```
$ go env - w GO111MODULE = on
```

还可以通过直接设置系统环境变量(写入对应的~/. bash_profile 文件亦可,不同操作系统配置环境变量的方式可能不同,这里主要以 Linux 系统为例)实现,指令如下:

```
$ export GO111MODULE = on
```

11.3.2　初始化项目

其次是创建项目目录,本节暂以 aceld/modules_test 目录为例,具体创建方式如下:

```
$ mkdir - p $ HOME/aceld/modules_test
$ cd $ HOME/aceld/modules_test
```

执行 Go Modules 初始化,代码如下:

```
$ go mod init github.com/aceld/modules_test
go: creating new go.mod: module github.com/aceld/modules_test
```

在执行 go mod init 命令时,本节指定的模块导入路径为 github.com/aceld/modules_test。接下来在该项目根目录下创建 main.go 文件,代码如下:

```go
//第一篇/chapter8/go_modules.go
package main

import (
    "fmt"
    "github.com/aceld/zinx/znet"
    "github.com/aceld/zinx/ziface"
)

//ping test 自定义路由
type PingRouter struct {
    znet.BaseRouter
}

//Ping Handle
func (this * PingRouter) Handle(request ziface.IRequest) {
    //先读取客户端的数据
    fmt.Println("recv from client : msgId = ", request.GetMsgID(),
            ", data = ", string(request.GetData()))

    //再回写 ping...ping...ping
    err : = request.GetConnection().SendBuffMsg(0, []Byte("ping...ping...ping"))
    if err != nil {
        fmt.Println(err)
    }
}

func main() {
```

```
    //创建一个 Server 句柄
    s : = znet. NewServer()

    //配置路由
    s. AddRouter(0, &PingRouter{})

    //开启服务
    s. Serve()
}
```

这里先不用看代码,当前的 main. go 也就是 aceld/modules_test 项目,依赖于 github. com/aceld/zinx 库。znet 和 ziface 只是 Zinx 的两个模块。

接下来在 $HOME/aceld/modules_test 项目的根目录执行:

```
$ go get github.com/aceld/zinx/znet

go: downloading github.com/aceld/zinx v0.0.0 - 20200221135252 - 8a8954e75100
go: found github.com/aceld/zinx/znet in github.com/aceld/zinx v0.0.0 - 20200221135252 -
8a8954e75100
```

随后通过上面的步骤,go. mod 文件被修改,同时多了一个 go. sum 文件。

11.3.3　查看 go. mod 文件

现在打开之前通过 go mod init 创建出来的 go. mod 文件,目录为 aceld/modules_test/go. mod,代码如下:

```
module github.com/aceld/modules_test

go 1.14

require github.com/aceld/zinx v0.0.0 - 20200221135252 - 8a8954e75100
//indirect
```

go. mod 文件中有几个关键词,下面依次是这几个关键词的说明。

(1) Module:用于定义当前项目的模块路径。

(2) go:标识当前 Go 版本,即初始化版本。

(3) require:当前项目依赖的一个特定的版本。

(4) //indirect:表示该模块为间接依赖,也就是在当前应用程序中的 import 语句中并没有发现这个模块的明确引用,有可能是手动 go get 拉取下来的,也有可能是所依赖的模块所依赖的。上述实例代码很明显依赖于"github. com/aceld/zinx/znet"和"github. com/

aceld/zinx/ziface",所以就间接地依赖了 github.com/aceld/zinx。

11.3.4 查看 go.sum 文件

在第一次拉取模块依赖后,会发现多出了一个 go.sum 文件,其详细罗列了当前项目直接或间接依赖的所有模块版本,并写明了那些模块版本的 SHA-256 哈希值以备 Go 在今后的操作中保证项目所依赖的那些模块版本不会被篡改,内容如下:

```
github.com/aceld/zinx v0.0.0 - 20200221135252 - 8a8954e75100 h1:Ez5iM6cKGMtqvIJ8nvR9h74-
Ln8FvFDgfb7bJIbrKv54 =
github.com/aceld/zinx v0.0.0 - 20200221135252 - 8a8954e75100/go.mod h1:bMiERrPdR8FzpBOo86-
nhWWmeHJ1cCaqVvWKCGcDVJ5M =
github.com/golang/protobuf v1.3.3/go.mod h1:vzj43D7 + SQXF/4pzW/hwtAqwc6iTitCiVSaWz5lYuqw =
```

通过 go.sum 文件可以得到一个模块路径可能有以下两种。
第一种 h1:hash 情况:

```
github.com/aceld/zinx v0.0.0 - 20200221135252 - 8a8954e75100 h1:Ez5iM6cKGMtqvIJ8nvR9h74Ln-
8FvFDgfb7bJIbrKv54 =
```

第二种 go.mod hash 情况:

```
github.com/aceld/zinx v0.0.0 - 20200221135252 - 8a8954e75100/go.mod h1:bMiERrPdR8FzpBOo86-
nhWWmeHJ1cCaqVvWKCGcDVJ5M =
github.com/golang/protobuf v1.3.3/go.mod h1:vzj43D7 + SQXF/4pzW/hwtAqwc6iTitCiVSaWz5lYuqw =
```

h1 hash 是 Go Modules 将目标模块版本的 zip 文件开包后,针对所有包内文件依次进行哈希,然后把它们的哈希结果按照固定格式和算法组成总的哈希值。

而 h1 hash 和 go.mod hash 两者要么同时存在,要么只存在 go.mod hash。那什么情况下会不存在 h1 hash 呢? 就是当 Go 认为肯定用不到某个模块版本的时候就会省略它的 h1 hash,就会出现不存在 h1 hash,只存在 go.mod hash 的情况。

11.4 修改模块的版本依赖关系

为了尝试,现在对 Zinx 版本进行了升级。由 zinx v0.0.0-20200221135252-8a8954e75100 版本升级到 zinx v0.0.0-20200306023939-bc416543ae24 版本(注意 Zinx 是一个没有版本 tag 的第三方库,如果有的版本号有 tag,则可以直接对应 v 后面的版本号)。

开发者是怎么知道 Zinx 做了升级呢? 又是如何知道最新的 Zinx 版本号是多少呢? 先回到 $HOME/aceld/modules_test 的根目录执行:

```
$ go get github.com/aceld/zinx/znet
go: downloading github.com/aceld/zinx v0.0.0 - 20200306023939 - bc416543ae24
go: found github.com/aceld/zinx/znet in github.com/aceld/zinx v0.0.0 - 20200306023939 -
bc416543ae24
go: github.com/aceld/zinx upgrade => v0.0.0 - 20200306023939 - bc416543ae24
```

这样便可下载最新的 Zinx。版本是 v0.0.0-20200306023939-bc416543ae24。

然后，打开 go.mod 文件可得到以下内容，具体如下：

```
module github.com/aceld/modules_test

go 1.14

require github.com/aceld/zinx v0.0.0 - 20200306023939 - bc416543ae24 //indirect
```

在执行 go get 的时候会自动地将本地当前项目的 require 更新了，即变成最新的依赖。

假如现在开发者想用一个旧版本的 Zinx，就需要修改当前 Zinx 模块的依赖版本号。目前在 $GOPATH/pkg/mod/github.com/aceld 下已经有两个版本的 Zinx 库，查看命令及结果如下：

```
$ ls
zinx@v0.0.0 - 20200221135252 - 8a8954e75100
zinx@v0.0.0 - 20200306023939 - bc416543ae24
```

当前项目/aceld/modules_test 依赖的是 zinx@v0.0.0-20200306023939-bc416543ae24，即最新版，现在要改成之前的版本 zinx@v0.0.0-20200306023939-bc416543ae24。

需要回到/aceld/modules_test 项目目录下执行以下命令：

```
$ go mod edit
- replace = zinx@v0.0.0 - 20200306023939 - bc416543ae24 = zinx@v0.0.0 - 20200221135252
- 8a8954e75100
```

然后打开 go.mod 文件查看内容，具体内容如下：

```
module github.com/aceld/modules_test

go 1.14

require github.com/aceld/zinx v0.0.0 - 20200306023939 - bc416543ae24 //indirect

replace zinx v0.0.0 - 20200306023939 - bc416543ae24 => zinx v0.0.0 - 20200221135252 -
8a8954e75100
```

这里出现了 replace 关键字,用于将一个模块版本替换为另外一个模块版本。

11.5　小结

本章主要介绍了 Go Modules 在项目构建中的基本使用方式,本章没有特别详细地介绍所有 Go Modules 的指令,而只是介绍了开发中最常见的 Go Modules 开发流程。Go Modules 降低了 Go 项目依赖烦琐的成本问题,一切将变为自动化拉取,自动化依赖,但这也出现了很多开发者依赖了错误的版本,所以如果开发者希望固定用某个第三方依赖库,则可以在 go. mod 文件中使用 replace 来强制指定对应的版本号,这样也会给程序提供稳健的第三方依赖,否则如果第三方做了微小改动,而作为依赖第三方的模块并不知晓,那么由此带来的问题和定位都是非常令人头痛的一件事。

第 12 章　ACID、CAP、BASE 的

分布式理论推进

　　分布式实际上就是单一的本地一体化解决方案,当硬件或者资源无法满足业务需求时,采取的一种分散式多节点可以扩容资源的解决思路。它研究如何把一个需要非常巨大的计算能力才能解决的问题分成许多小的部分,然后把这些小的部分分配给多个计算机进行处理,最后把这些计算结果综合起来得到最终的结果。在了解分布式之前,应该从一体式的构造开始说明。

12.1　从本地事务到分布式理论

　　分布式需要理解的第 1 个问题就是“事务”。事务提供了一种机制,此机制可以将一个活动涉及的所有操作纳入一个不可分割的执行单元,组成事务的所有操作只有在所有操作均能正常执行的情况下方能提交,只要其中任一操作执行失败,都将导致整个事务的回滚。

　　简单地说,事务提供了一种“ 要么什么都不做,要么做全套(All or Nothing)”的机制,如图 12.1 所示。

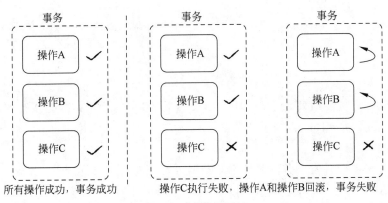

图 12.1　事物与回滚

12.2 ACID 理论

事务基于数据进行操作,需要保证事务的数据通常存储在数据库中,所以介绍到事务时就不得不介绍数据库事务的 ACID 特性,指数据库事务正确执行的 4 个基本特性的缩写,包含原子性(Atomicity)、一致性(Consistency)、隔离性(Isolation)、持久性(Durability)4 种特性。

1. 原子性

整个事务中的所有操作,要么全部完成,要么全部不完成,不可能停滞在中间某个环节,图 12.2 是一个原子性的例子。

例如:银行转账,从 A 账户转 100 元至 B 账户:

A. 从 A 账户取 100 元。

B. 将 100 元存入 B 账户。这两步要么一起完成,要么一起不完成,如果只完成第一步,第二步失败,则钱会莫名其妙少了 100 元。

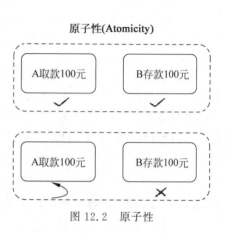

图 12.2 原子性

2. 一致性

在事务开始之前和事务结束以后,数据库数据的一致性约束没有被破坏,如图 12.3 所示。

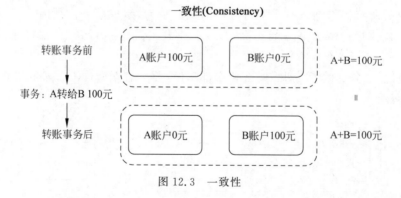

图 12.3 一致性

例如:现有完整性约束 A＋B＝100,如果一个事务改变了 A,则必须改变 B,使事务结束后依然满足 A＋B＝100,否则事务失败。

3. 隔离性

数据库允许多个并发事务同时拥有对数据进行读写和修改的能力,如果一个事务要访问的数据正在被另外一个事务修改,只要另外一个事务未提交,则它所访问的数据就不受未提交事务的影响。隔离性可以防止多个事务并发执行时由于交叉执行而导致数据的不一致。

例如:现有有个交易,从 A 账户转 100 元至 B 账户,在这个交易事务还未完成的情况下,如果此时 B 查询自己的账户,则看不到新增加的 100 元。

4．持久性

事务处理结束后，对数据的修改是永久的，即便系统故障也不会丢失。

本地事务 ACID 实际上可用"统一提交，失败回滚"几个字总结，严格保证了同一事务内数据的一致性。

分布式事务不能实现这种 ACID，因为有 CAP 理论约束。接下来了解一下在分布式中是如何保证以上特性的，这就有了著名的 CAP 理论。

12.3　CAP 理论

在设计一个大规模可扩展的网络服务时会遇到 3 个特性：一致性（Consistency）、可用性（Availability）、分区容错性（Partition Tolerance）。

CAP 定律说的是在一个分布式计算机系统中，一致性、可用性和分区容错性这 3 种特性无法同时得到满足，最多可满足两个，如图 12.4 所示。

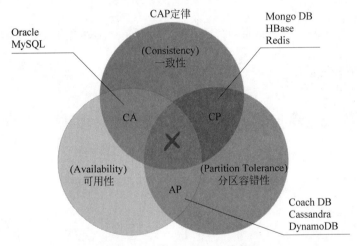

图 12.4　CAP 理论的关系

CAP 的 3 种特性只能同时满足两个，而且在不同的两两组合中也有一些成熟的分布式产品。

接下来，介绍一下 CAP 的 3 种特性。下面采用一个应用场景来分析 CAP 中每个特点的含义，如图 12.5 所示。

该场景整体分为 5 个流程：

（1）客户端发送请求（如添加订单、修改订单、删除订单）。

（2）Web 业务层处理业务，修改后存储成数据信息。

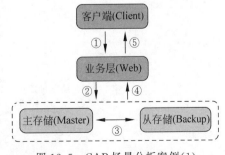

图 12.5　CAP 场景分析案例（1）

（3）存储层内部 Master 与 Backup 的数据同步。

（4）Web 业务层从存储层取出数据。

（5）Web 业务层将数据返给客户端。

12.3.1　一致性

All nodes see the same data at the same time，一旦数据更新完成并成功返回客户端后，分布式系统中所有节点在同一时间的数据将完全一致。

在 CAP 的一致性中还包括强一致性、弱一致性、最终一致性等级别，稍后在后续章节介绍。

一致性是指写操作后的读操作可以读取最新的数据，当数据分布在多个节点上时，从任意节点读取的数据都是最新的数据。

1．实现目标

一致性实现的目标是 Web 业务层向主 Master 写数据库成功，从 Backup 读数据也成功，如图 12.6 所示。

Web 业务层向主 Master 读数据库失败，并且从 Backup 读数据也失败，如图 12.7 所示。

图 12.6　CAP 场景分析案例（2）　　　　图 12.7　CAP 场景分析案例（3）

2．实现流程

写入主数据库后，在向从数据库同步期间要将从数据库锁定，待同步完成后再释放锁，以免在新数据写入成功后，向从数据库查询时获得旧的数据，如图 12.8 所示。

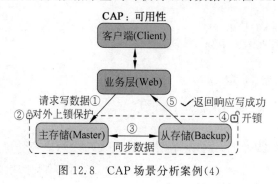

图 12.8　CAP 场景分析案例（4）

分布式一致性特点,由于存在数据同步的过程,写操作的响应会有一定的延迟,为了保证数据一致性会对资源暂时锁定,待数据同步完成后释放锁定资源。

如果请求数据时同步失败的节点,则会返回错误信息,一定不会返回旧数据。

12.3.2 可用性

Reads and writes always succeed,服务一直可用,而且是正常响应时间。对于可用性的衡量标准如表 12.1 所示。

表 12.1　可用性的衡量标准

可用性分类	可用水平/%	一年中可容忍停机时间
容错可用性	99.9999	<1min
极高可用性	99.999	<5min
具有故障自动恢复能力的可用性	99.99	<53min
高可用性	99.9	<8.8h
商品可用性	99	<43.8min

1. 实现目标

可用性实现目标案例如下,当 Master 正在被更新时,如果 Backup 数据库接收到数据查询的请求,则立即能够响应数据查询结果。backup 数据库不允许出现响应超时或响应错误,如图 12.9 所示。

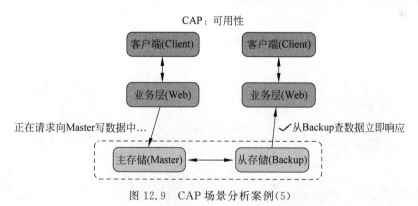

图 12.9　CAP 场景分析案例(5)

2. 实现流程

写入 Master 主数据库后要将数据同步到从数据库。由于要保证 Backup 从数据库的可用性,不可将 Backup 从数据库中的资源锁定。即时数据还没有同步过来,从数据库也要返回要查询的数据,哪怕是旧数据或者默认数据,但不能返回错误或响应超时,如图 12.10 所示。

分布式可用性的特点是所有请求都有响应,并且不会出现响应超时或响应错误。

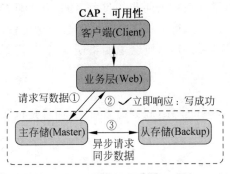

图 12.10　CAP 场景分析案例(6)

12.3.3　分区容错性

The system continues to operate despite arbitrary message loss or failure of part of the system，在分布式系统中，尽管部分节点出现任何消息丢失或者故障，系统还应继续运行。

通常分布式系统的各个节点部署在不同的子网，即不同的网络分区，不可避免地会出现由于网络问题而导致节点之间通信失败，此时仍可对外提供服务。

1. 实现目标

分区容错性实现的目标是主数据库向从数据库同步数据失败时不影响读写操作，如图 12.11 所示。

其一个节点出现故障不影响另一个节点对外提供服务，如图 12.12 所示。

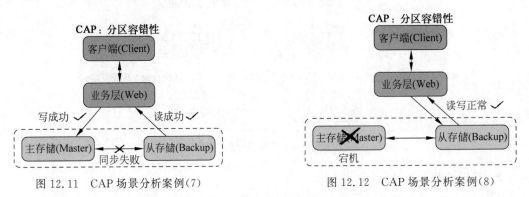

图 12.11　CAP 场景分析案例(7)　　　　　图 12.12　CAP 场景分析案例(8)

2. 实现流程

尽量使用异步取代同步操作，例如使用异步方式将数据从主数据库同步到从数据，这样节点之间能有效地实现松耦合。

添加 Backup 从数据库节点，其中一个 Backup 从节点出现故障，其他 Backup 从节点提供服务，如图 12.13 所示。

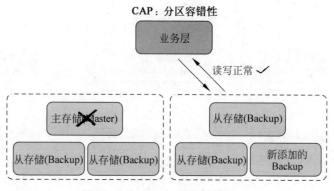

图 12.13　CAP 场景分析案例(9)

分区容错性特点是布式系统具备的基本能力。

12.4　CAP 的"3 选 2"证明

12.3 介绍了 CAP 理论的基本概念和每个特性的基本目标和基本实现流程,CAP 理论有一个非常经典的逻辑问题就是在一个分布式系统中,3 种特性最多只能同时满足 2 种特性,接下来证明一下为什么 CAP 最多只能满足两个特性。

12.4.1　基本场景

这里设定一个 CAP 的基本场景,如图 12.14 所示,分布式网络中有两个节点 Host1 和 Host2,它们之间的网络可以连通,Host1 中运行 Process1 程序和对应的数据库 Data,Host2 中运行 Process2 程序和对应数据库 Data。

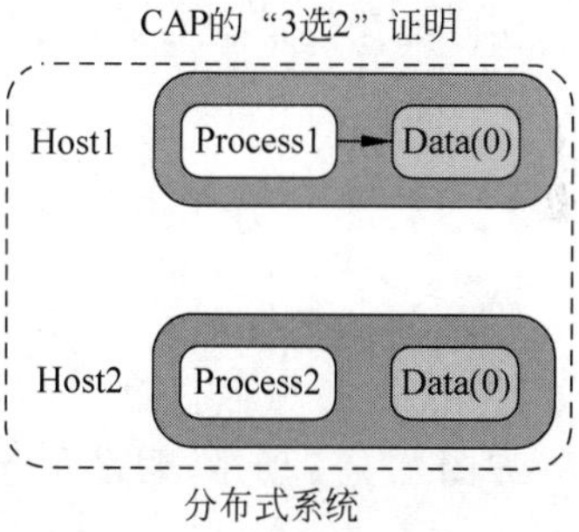

12.4.2　CAP 特性

如果满足一致性(C),则 Host1 中的 Data(0) 等于 Host2 中的 Data(0)。

如果满足可用性(A),则用户不管请求 Host1 还是 Host2,都会立刻响应结果。

如果满足分区容错性(P),Host1 或 Host2 有一方脱离系统(故障),都不会影响 Host1 和 Host2 彼此之间正常运作。

图 12.14　CAP 证明的基本场景

12.4.3　分布式系统正常运行流程

接下来分析一下在分布式系统中,正常运行的流程情况,如图 12.15 所示。

分别从图 12.15 中 A、B、C 三个部分来分析这个过程:

(1) A 部分,用户向 Host1 主机请求数据更新,程序 Process1 将数据库 Data(0)更新为 Data(1)。

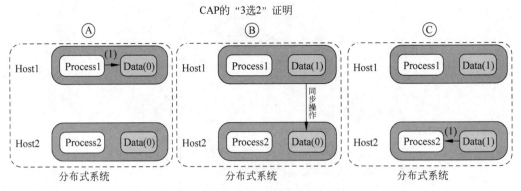

图 12.15　分布式系统正常运行流程

（2）B部分，分布式系统将数据进行同步操作，将 Host1 中的 Data(1)同步到 Host2 中的 Data(0)，使 Host2 中的数据也变为 Data(1)。

（3）C部分，当用户请求主机 Host2 时，Process2 响应最新的 Data(1)数据。

根据 CAP 的特性得知，Host1 和 Host2 的数据库 Data 之间的数据是否一样为一致性（C），用户对 Host1 和 Host2 的请求响应为可用性（A），Host1 和 Host2 之间的各自网络环境为分区容错性（P）。

当前是一个正常运作的流程，目前 CAP 3 个特性可以同时满足，这是一个理想状态，但是在实际应用场景中发生错误在所难免，当发生错误时 CAP 是否能同时满足，或者又该如何取舍呢？

12.4.4　分布式系统异常运行流程

假设 Host1 和 Host2 之间的网络断开了，如果要支持这种网络异常，则相当于要满足分区容错性（P）。能不能同时满足一致性（C）和可用响应性（A）呢？

如图 12.16 所示，假设在 N1 和 N2 之间网络断开的时候，发生如下场景。

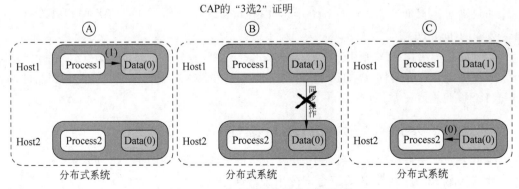

图 12.16　分布式系统异常运行流程

过程如下：

（1）A部分，用户向Host1发送数据更新请求，Host1中的数据Data(0)将被更新为Data(1)。

（2）B部分，由于此时Host1和Host2网络是断开的，所以分布式系统同步操作将失败，Host2中的数据依旧是Data(0)。

（3）C部分，有用户向Host2发送数据读取请求，由于数据还没有进行同步，Process2没办法立即给用户返回最新的数据V1，所以将面临两个选择：第一，牺牲数据一致性（C），响应旧的数据Data(0)并提供给用户；第二，牺牲可用性（A），阻塞等待，直到网络连接恢复，数据同步完成之后，再给用户响应最新的数据Data(1)。

这个过程证明了要满足分区容错性（P）的分布式系统，只能在一致性（C）和可用性（A）两者中选择其中一个。

12.4.5 "3选2"的必然性

通过CAP理论，得知无法同时满足一致性、可用性和分区容错性这3个特性，那要舍弃哪个呢？

1. CA放弃P

在一个分布式系统中，不可能存在不满足P。如果放弃分区容错性，即不进行分区，不考虑由于网络不通或节点出现故障的问题，则可以实现一致性和可用性，此种情况系统将不是一个标准的分布式系统。最常用的关系型数据就满足了CA，如图12.17所示。

CA

图12.17 CA放弃P组合方式

主数据库和从数据库中间不再进行数据同步，数据库可以响应每次的查询请求，通过事务（原子性操作）隔离级别实现每个查询请求都可以返回最新的数据。

注意 对于一个分布式系统来讲。P是一个基本要求，CAP三者中，只能在CA两者之间进行权衡，并且要想尽办法提升P。

2. CP放弃A

如果一个分布式系统不要求强的可用性，即允许系统停机或者长时间无响应，就可以在CAP三者中保障CP而舍弃A。

放弃可用性，追求一致性和分区容错性，如Redis、HBase等，还有分布式系统中常用的Zookeeper也在CAP三者之中选择优先保证CP。

典型的CP应用场景，如跨行转账，一次转账请求要等待双方银行系统完成整个事务才算完成。

3. AP放弃C

放弃一致性，追求分区容忍性和可用性。这是很多分布式系统设计时的选择。实现

AP,前提是只要用户可以接受所查询的数据在一定时间内不是最新的即可。

通常实现 AP 都会保证最终一致性,后面讲的 BASE 理论就是根据 AP 来扩展的。

典型的应用场景 1,如淘宝订单退款。今日退款成功,明日到账,只要用户可以接受在一定时间内到账即可。

典型的应用场景 2,在 12306 网站买票是在可用性和一致性之间舍弃了一致性而选择可用性。

在 12306 买票的时候肯定遇到过这种场景,当购买的时候提示有票(但是可能实际已经没票了),也正常地输入了验证码,下单,但是过了一会系统提示下单失败,余票不足。这其实就是先在可用性方面保证系统可以正常服务,然后在数据的一致性方面做了些牺牲,这样会影响用户体验,但是也不至于造成流程严重阻塞。

但是,很多网站牺牲了一致性,选择了可用性,这其实不准确。如上面买票的例子,其实舍弃的只是强一致性。退而求其次保证了最终一致性。也就是说,虽然下单的瞬间,关于车票的库存可能存在数据不一致的情况,但是过了一段时间,还是要保证最终一致性的。

12.5 分布式 BASE 理论

CAP 不可能同时满足,而分区容错性对于分布式系统而言不可或缺。如果系统能够同时实现 CAP 是再好不过的了,所以出现了 BASE 理论。

BASE 是 Basically Available(基本可用)、Soft State(软状态)和 Eventually Consistent(最终一致性)三个短语的简写。

BASE 是对 CAP 中一致性和可用性权衡的结果,其来源于对大规模互联网系统分布式实践的总结,是基于 CAP 定理逐步演化而来的,其核心思想是即使无法做到强一致性,但每个应用都可以根据自身的业务特点,采用适当的方法来使系统达到最终一致性。

两个对冲理念:ACID 和 BASE。ACID 是传统数据库常用的设计理念,追求强一致性模型;BASE 支持的是大型分布式系统,提出通过牺牲强一致性获得高可用性。

1. Basically Available

所谓的基本可用,实际上就是两个妥协:对响应时间的妥协和对功能损失的妥协。

对响应时间的妥协,正常情况下,一个在线搜索引擎需要在 0.5s 之内返给用户相应的查询结果,但由于出现故障(例如系统部分机房发生断电或断网故障),查询结果的响应时间增加到了 1~2s。

对功能损失的妥协,正常情况下,在一个电子商务网站上购物,消费者几乎能够顺利地完成每一笔订单,但在一些节日大促购物高峰的时候,由于消费者的购物行为激增,为了保护系统的稳定性(或者保证一致性),部分消费者可能会被引导到一个降级页面,如图 12.18 所示。

2. Soft State

要求多个节点的数据副本都是一致的,这是一种"硬状态",如图 12.19 所示。

图 12.18　降级页面

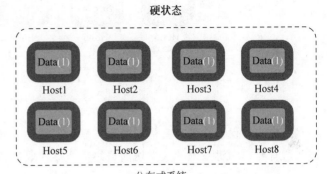

图 12.19　分布式系统的硬状态

软状态又称弱状态,允许系统中的数据存在中间状态,并认为该状态不影响系统的整体可用性,即允许系统的多个不同节点的数据副本存在数据延迟,如图 12.20 所示。

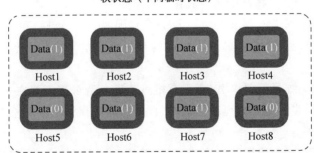

图 12.20　分布式系统的软状态

3. Eventually Consistent

上面所讲的软状态,不可能一直是软状态,必须有个时间期限。在期限过后,应当保证所有副本保持数据一致性,从而达到数据的最终一致性。这段时间取决于网络延时、系统负载、数据复制方案设计等因素,如图 12.21 所示。

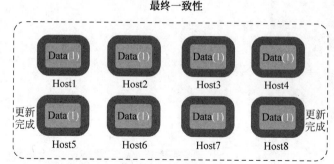

最终一致性

分布式系统

在期限过后，应当保证所有副本保持数据一致性，从而达到数据的最终一致性。

图 12.21 分布式系统的最终一致性

系统能够保证在没有其他新的更新操作的情况下，数据最终一定能够达到一致的状态，因此所有客户端对系统的数据访问最终都能够获取最新的值。

12.6 小结

总地来讲，BASE 理论面向的是大型高可用可扩展的分布式系统，和传统事务的 ACID 是相反的，它完全不同于 ACID 的强一致性模型，而是通过牺牲强一致性来获得可用性，并允许数据在一段时间内是不一致的。

通过本章得知 CAP 选择其中两种的各自特点如下。

（1）CA 放弃 P：如果不要求 P（不允许分区），则 C（强一致性）和 A（可用性）是可以保证的。这样分区将永远不会存在，因此 CA 的系统更多的是允许分区后各子系统依然保持 CA。

（2）CP 放弃 A：如果不要求 A（可用），相当于每个请求都需要在 Server 之间强一致，而 P（分区）会导致同步时间无限延长，如此 CP 也是可以保证的。很多传统的数据库分布式事务属于这种模式。

（3）AP 放弃 C：要高可用并允许分区，则需放弃一致性。一旦分区发生，节点之间可能会失去联系，为了高可用，每个节点只能用本地数据提供服务，而这样会导致全局数据的不一致性。现在很多 NoSQL 属于此类。

思考 按照 CAP 理论如何设计一个电商系统？

首先，电商网站核心模块包括用户、订单、商品、支付、促销管理等。

（1）对于用户模块，包括登录、个人设置、个人订单、购物车、收藏夹等，这些模块保证 AP，数据短时间不一致不影响使用。

（2）订单模块的下单付款和扣减库存操作是整个系统的核心，CA 都需要保证，极端情况下牺牲 A 保证 C。

（3）商品模块的商品上下架和库存管理保证 CP。

（4）搜索功能因为本身就不是实时性非常高的模块，所以保证 AP 就可以了。

（5）促销是短时间的数据不一致，结果就是优惠信息看不到，但是已有的优惠要保证可用，而且优惠可以提前预计算，所以可以保证 AP。

（6）支付模块是独立的系统，或者使用第三方的支付宝、微信等。其实 CAP 是由第三方来保证的，支付系统是一个对 CAP 要求极高的系统，必须保证 C，AP 中 A 相对更重要，不能因为分区导致所有人都不能支付。

第三篇　Go语言框架设计之路

本篇基于 Go 语言的基础理论知识,从 0 到 1 地构建并设计实现 Go 语言的基于 TCP/IP 的网络服务器框架。Go 语言目前在服务器方面的应用框架很多,但是应用在游戏领域或者其他长连接领域的轻量级企业框架甚少。笔者设计 Zinx 的目的是希望可以通过 Zinx 框架来了解基于 Go 语言编写一个 TCP 服务器的整体轮廓,让更多的 Go 语言爱好者能深入浅出地学习和认识这个领域。

Zinx 框架的项目制作采用编码和学习教程同步进行,将开发的全部递进和迭代思维带入教程中,而不是一次性给大家一个非常完整的框架去学习,让很多人一头雾水,不知道该如何学起。本章内容会设计 Zinx 并逐一版本迭代,每个版本添加的功能都很少,让一个服务框架读者,循序渐进地以曲线方式了解服务器框架的构建。

Zinx 源代码是开源的,托管在 GitHub 上,网址为 https://github.com/aceld/zinx。希望会有更多的人加入,给 Zinx 框架提出宝贵的意见。

第 13 章,Zinx 框架基础服务构建。

介绍 Zinx 框架的基础框架构建、初步架构设计、项目目录构建和从 0 到 1 的 Server 服务器端项目构建。

第 14 章,Zinx 框架路由模块设计与实现。

本章 Zinx 框架如何通过路由转发的形式构建内部功能的回调模式,包括消息请求抽象类设计、路由配置抽象类设计、集成路由功能及基于路由功能的应用程序实现。

第 15 章,Zinx 全局配置。

随着架构逐步地变大,参数就会越来越多,为了省去后续大频率修改参数的麻烦,接下来 Zinx 需要做一个加载配置的模块和一个全局获取 Zinx 参数的对象。

第 16 章,Zinx 消息封装模块设计与实现。

通信的消息需要封装在一条消息协议中,本章将实现 Zinx 通信消息结构的设计,主要包括创建消息封装类型、消息的封包与拆包等描述。

第 17 章,Zinx 多路由模式设计与实现。

Zinx 如果只能绑定一个路由业务,则应该无法满足正常框架使用。给 Zinx 添加多路由的方式是本章要介绍的内容,包括创建消息管理模块与多路由方式的设计与实现。

第 18 章,Zinx 读写分离模型构建。

本章主要将 Zinx 框架的收发协程分开,读写异步构建。

第 19 章,Zinx 消息队列和任务工作池设计与实现。

本章给 Zinx 添加消息队列和多任务 Worker 机制。通过 Worker 的数量来限定处理业务的固定 Goroutine 数量,而不是无限制地开辟 Goroutine,用消息队列来缓冲 Worker 工作的数据。本章包括消息队列的创建、Worker 工作池的启动、消息队列管理等模块的设计和实现。

第 20 章,Zinx 连接管理及属性设置。

本章内容包括 Zinx 连接管理模块的创建、注册连接启动/停止自定义 Hook 方法、连接配置接口等相关模块设计与实现。

第 21 章,基于 Zinx 框架的应用项目案例。

本章基于 Zinx 框架的应用项目案例,主要包括应用案例介绍、服务器应用基础协议、多人在线游戏 AOI 算法、传输协议 Protocol Buffer、用户上线、世界聊天系统、位置信息同步、位移及 AOI 广播、用户下线等业务的实现,实则是基于 Zinx 框架开发的通信服务应用程序项目案例。

第 13 章

Zinx 框架基础服务构建

Go 语言目前在服务器方面的应用框架很多,但是应用在游戏领域或者其他长连接领域的轻量级企业框架甚少。笔者设计 Zinx 的目的是让学习 Go 语言的开发者可以通过 Zinx 框架了解基于 Go 语言编写一个 TCP 服务器的整体轮廓,让更多的 Go 语言爱好者能由浅入深地学习和认识这个领域。

Zinx 框架的项目制作采用编码和学习教程同步进行,将开发的全部递进和迭代思维带入教程中,而不是直接抛给大家一个非常完整的框架去学习,这样容易让很多人一头雾水,不知道该如何学起。

本章 Zinx 框架的构建内容会一个版本一个版本地迭代,每个版本添加的功能都很少,这样即使是一个服务框架读者,也会循序渐进地以曲线学习的方式了解服务器框架的构建。

提示 希望有更多的人加入 Zinx,给 Zinx 提出宝贵的意见,在此感谢每位读者的关注!

13.1 初探 Zinx 架构

Zinx 的架构设计非常简单,其初期的设计思路如图 13.1 所示,整体分为三部分,第一部分是通信服务的设计,Zinx 采用读写分离的方式来处理消息,进行基本的数据读写,将读进来的数据交给第二部分消息工作池进行并发处理,对于数据的上层业务,Worker 工作池里会注册很多不同的业务回调动作,在图 13.1 中用 APIs 来表示,这些也是开发者在上层业务层注册好的不同消息要处理不同业务的集合,这部分是第三部分。

一个完整的 Zinx 服务器的启动效果如图 13.2 所示。

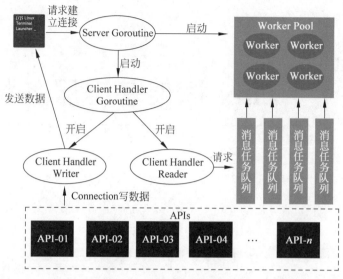

图 13.1 Zinx 框架设计图

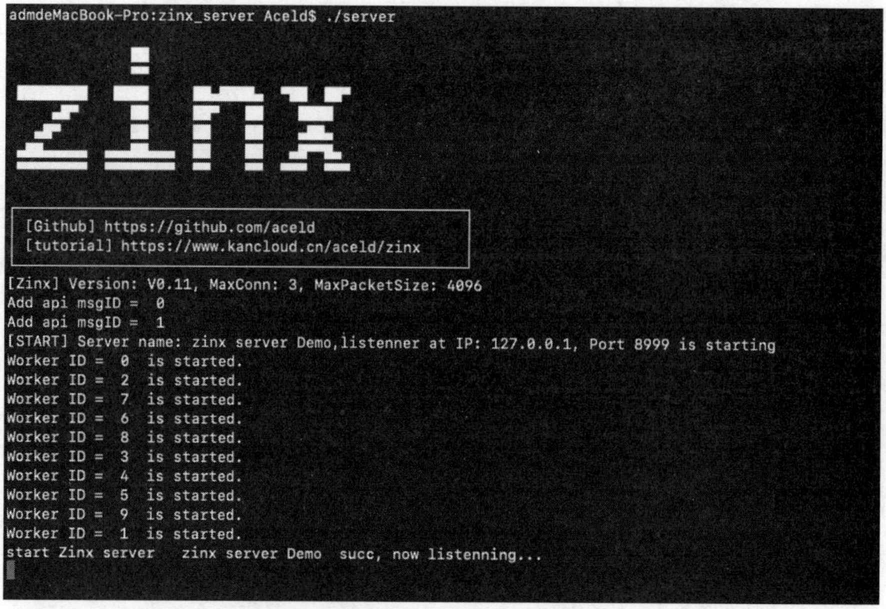

```
admdeMacBook-Pro:zinx_server Aceld$ ./server



 zinx



  ┌─────────────────────────────────────────────┐
  │ [Github] https://github.com/aceld           │
  │ [tutorial] https://www.kancloud.cn/aceld/zinx│
  └─────────────────────────────────────────────┘

[Zinx] Version: V0.11, MaxConn: 3, MaxPacketSize: 4096
Add api msgID = 0
Add api msgID = 1
[START] Server name: zinx server Demo,listenner at IP: 127.0.0.1, Port 8999 is starting
Worker ID = 0  is started.
Worker ID = 2  is started.
Worker ID = 7  is started.
Worker ID = 6  is started.
Worker ID = 8  is started.
Worker ID = 3  is started.
Worker ID = 4  is started.
Worker ID = 5  is started.
Worker ID = 9  is started.
Worker ID = 1  is started.
start Zinx server   zinx server Demo  succ, now listenning...
```

图 13.2 Zinx 服务器的启动效果

13.2 Zinx-V0.1 基础服务

在框架起初,应该先确定当前项目的文件结构,构建 Zinx 的最基本的两个模块为 ziface 和 znet。

（1）ziface 用于存放 Zinx 框架的全部模块的抽象层接口类。Zinx 框架的最基本的接口是服务类接口 iserver，定义在 ziface 模块中。

（2）znet 模块是 Zinx 框架中网络相关功能的实现，所有网络相关模块都会定义在 znet 模块中。

13.2.1 Zinx-V0.1 代码实现

1. 创建 Zinx 框架

在 $GOPATH/src 下创建 zinx 文件夹，这个文件夹作为 Zinx 项目的项目根目录。

2. 创建 ziface、znet 模块

在 zinx/下创建 ziface、znet 文件夹，创建后当前的文件路径如下：

```
└── zinx
    ├── ziface
    │   └──
    └── znet
        ├──
```

3. 在 ziface 下创建服务模块抽象层 iserver.go

```
//zinx/ziface/iserver.go
package ziface

//定义服务器接口
type IServer interface{
    //启动服务器方法
    Start()
    //停止服务器方法
    Stop()
    //开启业务服务方法
    Serve()
}
```

这里首先定义了 IServer 接口，里面提供了 3 种方法供接下来的服务器进行实现，Start() 方法是启动一个通信服务的方法，Stop() 方法是停止服务的方法，Serve() 方法是启动整体业务服务的方法。

4. 在 znet 下实现服务模块 server.go

定义好 IServer 接口后，在实现层可以实现这个服务的基本接口，代码如下：

```
//zinx/znet/server.go
package znet
```

```
import (
    "fmt"
    "net"
    "time"
    "zinx/ziface"
)

//IServer 接口实现,定义一个 Server 服务类
type Server struct {
    //服务器的名称
    Name string
    //tcp4 or other
    IPVersion string
    //服务绑定的 IP 地址
    IP string
    //服务绑定的端口
    Port int
}
```

定义 Server 结构体,其中包括以下几个属性。

(1) Name:当前服务器的名称,虽然 Name 没有实际作用,但是有助于开发者后续进行日志记录,或者对服务版本进行对比时使用。

(2) IPVersion:当前 IP 的版本号,目前 Zinx 使用的是 IPv4,这个参数可作为 Go 网络编程标准库中的一个参数来使用。

(3) IP:字符串类型的 IP 地址,采用点分十进制表示(如 192.168.1.101 等)。

(4) Port:整型的端口号。

下面实现 IServer 接口中的 3 个抽象接口 Start()、Stop()、Serve()。首先实现 Start() 方法,代码如下:

```
//zinx/znet/server.go

//开启网络服务
func (s * Server) Start() {
    fmt.Printf("[START] Server listenner at IP: %s, Port %d, is starting\n", s.IP, s.Port)

    //开启一个 go 去做服务器端 Linster 业务
    go func() {
        //1. 获取一个 TCP 的 Addr
        addr, err := net.ResolveTCPAddr(s.IPVersion, fmt.Sprintf("%s:%d", s.IP, s.Port))
        if err != nil {
            fmt.Println("resolve tcp addr err: ", err)
```

```go
        return
    }

    //2. 监听服务器地址
    listenner, err: = net.ListenTCP(s.IPVersion, addr)
    if err != nil {
        fmt.Println("listen", s.IPVersion, "err", err)
        return
    }

    //已经监听成功
    fmt.Println("start Zinx server ", s.Name, " succ, now listenning...")

    //3. 启动 server 网络连接业务
    for {
        //3.1 阻塞等待客户端建立连接请求
        conn, err := listenner.AcceptTCP()
        if err != nil {
            fmt.Println("Accept err ", err)
            continue
        }

        //3.2 TODO Server.Start() 设置服务器最大连接控制,如果超过最大连接,则关闭新的连接

        //3.3 TODO Server.Start() 处理该新连接请求的业务方法,此时 handler 和 conn 应该是
        //绑定的

        //这里暂时做一个最大 512 字节的回显服务
        go func () {
            //不断地循环,从客户端获取数据
            for {
                buf := make([]Byte, 512)
                cnt, err := conn.Read(buf)
                if err != nil {
                    fmt.Println("recv buf err ", err)
                    continue
                }
                //回显
                if _, err := conn.Write(buf[:cnt]); err != nil {
                    fmt.Println("write back buf err ", err)
                    continue
                }
            }
        }()
    }
}()
}
```

Start()方法里实则开辟了一个 Goroutine,提供 Socket 中 listen 监听的能力,然后这个新开辟的 Goroutine 会永久地用 for 循环下去,如果有新的连接过来,则 Accept()阻塞就会返回,服务器端和客户端连接建立成功,得到了新的连接 conn。接下来会再开启一个 Goroutine 去处理这个已经建立好的 conn 连接数据的读写,然后做一个非常简单的应用层业务,回显客户端输入的数据,即沿着当前的 conn 将读到的数据再重新写给客户端。直到客户端全部的输入数据读完,此时 conn.Read()就会读到 EOF,err 就不会等于 nil,当前 for 就会退出,因此这个处理业务的 Goroutine 就退出。这个业务 Goroutine 和处理 Listen 的 Goroutine 是异步进行的,这样在处理客户端连接数据的同时,也不会阻塞服务器端继续去监听其他新连接的创建。

这里是因为 Go 语言的协程和并发天性,开发者可以不用担心这个业务 Goroutine 的数量问题,因为 Go 语言的协程调度器已经将底层的物理线程的切换成本为开发者优化,这也是用 Go 语言写服务器端程序的优势所在。

接下来看 Stop()方法,具体实现如下:

```go
//zinx/znet/server.go

func (s * Server) Stop() {
    fmt.Println("[STOP] Zinx server , name " , s.Name)

    //TODO Server.Stop() 将需要清理的连接信息或者其他信息一并停止或者清理
}
```

目前 Stop()仅仅用于打印一行 log,将今后的清理功能作为 TODO[①] 之后添加。

然后看 IServer 的最后一个接口,Serve()方法的实现如下:

```go
//zinx/znet/server.go

func (s * Server) Serve() {
    s.Start()

    //TODO Server.Serve() 如果在启动服务的时候还要处理其他的事情,则可以在这里添加

    //阻塞,否则主 Go 退出, listenner 的 go 将会退出
    select{}
}
```

Serve()实则给 Start()做了一层包裹,其目的是将服务器总体启动和单独启动服务监听功能相分离,这样有利于开发者今后考虑是否在启动服务的时候还要处理其他的事情,可

---

① TODO 一般作为尚未开发完成的标识,表示暂时不完成,在接下来的开发或者版本完成。

以将这部分额外的逻辑添加到 Serve()当中。

在 Server()的最后是一个永久阻塞的代码,select{}可以达到这个效果。其目的是防止当前 Go 执行完而退出,导致 Start()的 Go 退出。

接下来提供 Server 类的构造函数,即创建一个 Server 对象的公有对外接口,一般会以 New 作为方法名的开头,具体实现如下:

```go
//zinx/znet/server.go

/*
    创建一个服务器句柄
*/
func NewServer (name string) ziface.IServer {
    s: = &Server {
        Name :name,
        IPVersion:"tcp4",
        IP:"0.0.0.0",
        Port:7777,
    }

    return s
}
```

以上已经完成了 Zinx-V0.1 的基本雏形了,目前只是一个基本的回写客户端数据的框架(之后会自定义处理客户端业务方法),接下来测试当前的 Zinx-V0.1 是否可以使用。

13.2.2 Zinx 框架单元测试样例

现在可以导入 Zinx 框架,然后写一个服务器端程序,再写一个客户端程序进行测试,这里通过 Go 的单元测试功能,进行单元测试,首先在 zinx/znet/文件夹下创建 server_test.go 文件,代码如下:

```go
//zinx/znet/server_test.go
package znet

import (
    "fmt"
    "net"
    "testing"
    "time"
)

/*
    模拟客户端
```

```
*/
func ClientTest() {

    fmt.Println("Client Test ... start")
    //3s之后发起测试请求,给服务器端开启服务的机会
    time.Sleep(3 * time.Second)

    conn, err := net.Dial("tcp", "127.0.0.1:7777")
    if err != nil {
            fmt.Println("client start err, exit!")
            return
    }

    for {
            _, err := conn.Write([]Byte("hello ZINX"))
            if err != nil {
                    fmt.Println("write error err ", err)
                    return
            }

            buf := make([]Byte, 512)
            cnt, err := conn.Read(buf)
            if err != nil {
                    fmt.Println("read buf error ")
                    return
            }

            fmt.Printf(" server call back : %s, cnt = %d\n", buf, cnt)

            time.Sleep(1 * time.Second)
    }
}

//Server 模块的测试函数
func TestServer(t * testing.T) {

    /*
            服务器端测试
    */
    //1. 创建一个 Server 句柄 s
    s := NewServer("[zinx V0.1]")

    /*
            客户端测试
    */
    go ClientTest()
```

```
        //2. 开启服务
        s.Serve()
}
```

模拟客户端的部分代码在 ClientTest()中,逻辑很简单,首先连接服务器监听的 IP 地址和端口号得到新的连接 conn,然后循环地每隔 1s 给服务器端发送"hello ZINX"字符串,接着阻塞地等待服务器的回复数据,打印 log,再循环。

TestServer()是单元测试方法,首先启动一个新的服务器"[zinx V0.1]",然后开启一个 Goroutine 启动模拟客户端,最后在服务器端开启服务。

在 zinx/znet 下执行下述代码进行单元测试:

```
$ go test
```

得到的执行结果如下:

```
[START] Server listenner at IP: 0.0.0.0, Port 7777, is starting
Client Test ... start
listen tcp4 err listen tcp4 0.0.0.0:7777: bind: address already in use
 server call back : hello ZINX, cnt = 6
 server call back : hello ZINX, cnt = 6
 server call back : hello ZINX, cnt = 6
 server call back : hello ZINX, cnt = 6
```

结果表明最简单的 Zinx 框架已经可以使用了。

13.2.3 使用 Zinx-V0.1 完成应用程序

如果觉得 go test 单元测试麻烦,则可以完全基于 Zinx 写两个应用程序,即 Server.go 和 Client.go,具体的代码如下:

```
//Server.go
package main

import (
    "zinx/znet"
)

//Server 模块的测试函数
func main() {

    //1. 创建一个 Server 句柄 s
    s := znet.NewServer("[zinx V0.1]")
```

```
    //2. 开启服务
    s.Serve()
}
```

Server.go 是基于 Zinx 框架开发的应用后端程序，具有 main() 函数，而且导入了 zinx/
znet 包。使用 Zinx 框架开发服务器端目前只需两个步骤，第一步是创建一个 Server 对象，
第二步是让这个 Server 对象开启服务。

启动 Server.go，指令如下：

```
go run Server.go
```

接下来实现 Client.go，代码如下：

```
//Client.go
package main

import (
    "fmt"
    "net"
    "time"
)

func main() {

    fmt.Println("Client Test ... start")
    //3s 之后发起测试请求,给服务器端开启服务的机会
    time.Sleep(3 * time.Second)

    conn,err : = net.Dial("tcp", "127.0.0.1:7777")
    if err != nil {
        fmt.Println("client start err, exit!")
        return
    }

    for {
        _, err : = conn.Write([]Byte("hahaha"))
        if err != nil {
            fmt.Println("write error err ", err)
            return
        }

        buf : = make([]Byte, 512)
```

```
            cnt, err : = conn.Read(buf)
            if err != nil {
                    fmt.Println("read buf error ")
                    return
            }

            fmt.Printf(" server call back : % s, cnt = % d\n", buf, cnt)

            time.Sleep(1 * time.Second)
        }
    }
```

这里和单元测试的模拟客户端代码几乎一样,只不过是用 main()方法实现客户端连接的过程。启动 Client.go 进行测试,指令如下:

```
go run Client.go
```

这样即使不需要单元测试也能测试出来目前 Zinx 框架的使用结果,测试的结果和上述单元测试结果一样。

13.3 Zinx-V0.2 简单的连接封装与业务绑定

V0.1 版本已经实现了一个基础的服务框架,现在需要对客户端连接和不同的客户端连接所处理的不同业务再做一层接口封装,首先把架构搭建起来。

13.3.1 Zinx-V0.2 代码实现

接下来实现 Zinx-V0.2 版本。

1. ziface 创建 iconnection.go

现在在 ziface 目录下创建一个属于连接的接口文件 iconnection.go,此文件作为接口文件,对应的实现文件放在 znet 下的 connection.go 文件中。

接口文件的实现代码如下:

```
//zinx/ziface/iconnection.go
package ziface

import "net"

//定义连接接口
type IConnection interface {
    //启动连接,让当前连接开始工作
```

```
        Start()
        //停止连接,结束当前连接状态
        Stop()
        //从当前连接获取原始的 socket TCPConn
        GetTCPConnection() * net.TCPConn
        //获取当前连接 ID
        GetConnID() uint32
        //获取远程客户端地址信息
        RemoteAddr() net.Addr
}

//定义一个统一处理连接业务的接口
type HandFunc func( * net.TCPConn, []Byte, int) error
```

该接口的一些基础方法如下。

（1）Start()：启动连接,让当前连接开始做读写等相关工作。

（2）Stop()：停止连接,结束当前连接状态,并且回收相关资源和相关逻辑关闭等。

（3）GetTCPConnection()：获取 socket TCPConn 类型的连接数据结构。

（4）GetConnID()：获取当前连接 ID,每个连接会分配一个连接 ID,其目的是区分不同的连接,或者对多个连接进行统一管理或数量统计等。

（5）RemoteAddr()：获取远程客户端连接,每个连接是已经建立的连接,所以会存在 Socket 远程对端的地址信息。

需要重点注意 HandFunc 函数的类型：

```
type HandFunc func( * net.TCPConn, []Byte, int) error
```

这个是所有conn连接在处理业务时的函数接口,第 1 个参数是 Socket 原生连接,第 2 个参数是客户端请求的数据,第 3 个参数是客户端请求的数据长度。这样,如果想要指定一个 conn 的处理业务,则只要定义一个 HandFunc 类型的函数,然后和该连接绑定就可以了。

2．znet 创建 connection.go

在/znet/目录下创建 connection.go,实现 Connection,从而实现 IConnection 接口,具体的代码如下：

```
//zinx/znet/connection.go
package znet

import (
    "fmt"
    "net"
    "zinx/ziface"
```

```
)

type Connection struct {
    //当前连接的 socket TCP 套接字
    Conn  * net.TCPConn
    //当前连接的 ID,也可以称为 SessionID,ID 全局唯一
    ConnID uint32
    //当前连接的关闭状态
    isClosed bool

    //该连接的处理方法 API
    handleAPI ziface.HandFunc

    //告知该连接已经退出/停止的 channel
    ExitBuffChan chan bool
}
```

Connect 结构体包括的属性如下。

(1) Conn：当前连接的 TCP 套接字，封装好的标准库的 TCPConn 结构。

(2) ConnID：当前连接的 ID,ID 要求全局唯一。

(3) isClosed：当前连接的关闭状态。

(4) handleAPI：当前连接绑定的处理方法 API,是开发者注册的回调业务方法。

(5) ExitBuffChan：用于告知连接已经退出/停止的通信同步作用的 channel。

接下来提供一个 Connection 的构造方法，定义的名字为 NewConnection，实现代码如下：

```
//zinx/znet/connection.go

//创建连接的方法
func NewConnection(conn  * net.TCPConn, connID uint32, callback_api ziface.HandFunc)  *
Connection{
    c : = &Connection{
        Conn:          conn,
        ConnID:        connID,
        isClosed:      false,
        handleAPI:     callback_api,
        ExitBuffChan:  make(chan bool, 1),
    }

    return c
}
```

接下来为 Connection 提供一个功能函数，即 StartReader()，该函数的主逻辑为永久循

环，其功能是阻塞等待服务器的消息，如果有数据过来，则读取到本地内存中，当数据读取完整后交给开发者注册的 handleAPI 处理业务，任何异常错误都会跳出此循环，结束当前方法，具体的实现代码如下：

```
//zinx/znet/connection.go

/* 处理 conn 读数据的 Goroutine */
func (c *Connection) StartReader() {
    fmt.Println("Reader Goroutine is running")
    defer fmt.Println(c.RemoteAddr().String(), " conn reader exit!")
    defer c.Stop()

    for {
            //将最大的数据读到 buf 中
            buf := make([]Byte, 512)
            cnt, err := c.Conn.Read(buf)
            if err != nil {
                    fmt.Println("recv buf err ", err)
                    c.ExitBuffChan <- true
                    continue
            }
            //调用当前连接业务(这里执行的是当前 conn 绑定的 handle 方法)
            if err := c.handleAPI(c.Conn, buf, cnt); err != nil {
                    fmt.Println("connID ", c.ConnID, " handle is error")
                    c.ExitBuffChan <- true
                    return
            }
    }
}
```

其中如果中途异常，则整理后会给 ExitBuffChan 通信，写入一个 bool 数据，以告知其他 Goroutine 来接收当前连接已经退出的信号，进而处理一些其他回收业务等。

Connection 实现的 Start() 方法如下：

```
//zinx/znet/connection.go

//启动连接,让当前连接开始工作
func (c *Connection) Start() {

    //开启处理该连接读取客户端数据之后的请求业务
    go c.StartReader()

    for {
```

```
                select {
                case <- c.ExitBuffChan:
                        //得到退出消息,不再阻塞
                        return
                }
        }
}
```

启动一个 Goroutine 去执行读取数据的业务逻辑,主逻辑进行永久阻塞,知道 ExitBuffChan 有消息可读,说明此时连接退出,在退出之前可以做一些额外回收等动作。

Connection 实现的 Stop()方法如下:

```
//zinx/znet/connection.go

//停止连接,结束当前连接状态 M
func (c * Connection) Stop() {
    //1. 如果当前连接已经关闭
    if c.isClosed == true {
            return
    }
    c.isClosed = true

    //TODO Connection Stop() 如果用户注册了该连接的关闭回调业务,则在此刻应该显示调用

    //关闭 Socket 连接
    c.Conn.Close()

    //通知从缓冲队列读数据的业务,该连接已经关闭
    c.ExitBuffChan <- true

    //关闭该连接的全部管道
    close(c.ExitBuffChan)
}
```

Stop()方法为希望主动关闭连接的时候进行主动调用关闭的方法。Connection 实现的 GetTCPConnection()、GetConnID()、RemoteAddr()方法如下:

```
//zinx/znet/connection.go

//从当前连接获取原始的 socket TCPConn
func (c * Connection) GetTCPConnection() * net.TCPConn {
    return c.Conn
}
```

```
//获取当前连接 ID
func (c * Connection) GetConnID() uint32{
    return c.ConnID
}

//获取远程客户端地址信息
func (c * Connection) RemoteAddr() net.Addr {
    return c.Conn.RemoteAddr()
}
```

3. 重新更正一下 server.go 文件中处理 conn 的连接业务

现在在 server.go 文件中将定义好的 Connection 连接对象集成过来,同时定义一个连接处理的回调业务方法 CallBackToClient(),当前的业务则是之前的回显业务,将对端传输过来的数据原样回显(输回去),改动后的 server.go 文件的代码如下:

```
//zinx/znet/server.go
package znet

import (
    "errors"
    "fmt"
    "net"
    "time"
    "zinx/ziface"
)

//iServer 接口实现,定义一个 Server 服务类
type Server struct {
    //服务器的名称
    Name string
    //tcp4 or other
    IPVersion string
    //服务绑定的 IP 地址
    IP string
    //服务绑定的端口
    Port int
}

// ============== 定义当前客户端连接的 handle API ===========
func CallBackToClient(conn * net.TCPConn, data []Byte, cnt int) error {
    //回显业务
    fmt.Println("[Conn Handle] CallBackToClient ... ")
    if _, err := conn.Write(data[:cnt]); err != nil {
```

```
                fmt.Println("write back buf err ", err)
                return errors.New("CallBackToClient error")
        }
        return nil
}

// ============== 实现 ziface.IServer 里的全部接口方法 ========

//开启网络服务
func (s * Server) Start() {
        fmt.Printf("[START] Server listenner at IP: %s, Port %d, is starting\n", s.IP, s.Port)

        //开启一个 go 去做服务器端的 Linster 业务
        go func() {
                //1. 获取一个 TCP 的 Addr
                addr, err := net.ResolveTCPAddr(s.IPVersion, fmt.Sprintf("%s:%d", s.IP, s.Port))
                if err != nil {
                        fmt.Println("resolve tcp addr err: ", err)
                        return
                }

                //2. 监听服务器地址
                listenner, err:= net.ListenTCP(s.IPVersion, addr)
                if err != nil {
                        fmt.Println("listen", s.IPVersion, "err", err)
                        return
                }

                //已经监听成功
                fmt.Println("start Zinx server ", s.Name, " succ, now listenning...")

                //TODO server.go 应该有一个自动生成 ID 的方法
                var cid uint32
                cid = 0

                //3. 启动 Server 网络连接业务
                for {
                        //3.1 阻塞等待客户端建立连接请求
                        conn, err := listenner.AcceptTCP()
                        if err != nil {
                                fmt.Println("Accept err ", err)
                                continue
                        }

                        //3.2 TODO Server.Start() 设置服务器最大连接控制,如果超过最大连接,
                        //则关闭此连接
```

```
                    //3.3 处理该新连接请求的业务方法,此时 handler 和 conn 应该是绑定的
                    dealConn : = NewConnection(conn, cid, CallBackToClient)
                    cid ++

                    //3.4 启动当前连接的处理业务
                    go dealConn.Start()
            }
     }()
}

//… …
```

CallBackToClient()是给 conn 对象绑定的 handle 方法,当然目前是 Server 端强制绑定的回显业务,之后会丰富框架,可以让用户自定义 handle。

在 Start()方法中,主要做了如下的修改:

```
//…

//3.3 处理该新连接请求的业务方法, 此时 handler 和 conn 应该是绑定的
dealConn : = NewConnection(conn, cid, CallBackToClient)
cid ++

//3.4 启动当前连接的处理业务
go dealConn.Start()

//…
```

现在已经将 Connection 的连接和 handleAPI 绑定了,下面测试一下 Zinx-V0.2 框架的使用方式。

13.3.2　使用 Zinx-V0.2 完成应用程序

实际上,目前 Zinx 框架的对外接口并未改变,所以 V0.1 的测试程序依然有效,代码与之前相比未改变,代码如下:

```
//Server.go
package main

import (
    "zinx/znet"
)

//Server 模块的测试函数
```

```
func main() {

    //1. 创建一个 Server 句柄 s
    s : = znet.NewServer("[zinx V0.1]")

    //2. 开启服务
    s.Serve()
}
```

启动 Server.go 文件,执行的指令如下:

```
go run Server.go
```

客户端代码也和之前的代码一样,代码如下:

```
//Client.go
package main

import (
    "fmt"
    "net"
    "time"
)

func main() {

    fmt.Println("Client Test ... start")
    //3s 之后发起测试请求,给服务器端开启服务的机会
    time.Sleep(3 * time.Second)

    conn,err : = net.Dial("tcp", "127.0.0.1:7777")
    if err != nil {
        fmt.Println("client start err, exit!")
        return
    }

    for {
        _, err : = conn.Write([]Byte("hahaha"))
        if err != nil {
            fmt.Println("write error err ", err)
            return
        }

        buf : = make([]Byte, 512)
```

```
                    cnt, err : = conn.Read(buf)
                    if err != nil {
                            fmt.Println("read buf error ")
                            return
                    }

                    fmt.Printf(" server call back : % s, cnt =  % d\n", buf, cnt)

                    time.Sleep(1 * time.Second)
            }
    }
```

启动 Client.go 文件进行测试，指令如下：

```
go run Client.go
```

得到的结果和之前一样，Connection 的回调方法已经被调用，结果如下：

```
[START] Server listenner at IP: 0.0.0.0, Port 7777, is starting
Client Test ... start
listen tcp4 err listen tcp4 0.0.0.0:7777: bind: address already in use
 server call back : hello ZINX, cnt = 6
 server call back : hello ZINX, cnt = 6
 server call back : hello ZINX, cnt = 6
 server call back : hello ZINX, cnt = 6
```

13.4　小结

　　现在已经简单地构建了 Zinx 框架，定义了抽象层 IServer 和 IConnection，也实现对应的实现层类 Server、Connection，已经完成了基础的业务方法绑定，但是目前离真正完整的框架还很远，接下来继续改进 Zinx 框架。

第14章 Zinx 框架路由模块

设计与实现

现在 Zinx 需要向用户提供一个自定义的 conn 处理业务的接口,很显然不能把业务处理的方法绑死在 type HandFunc func(*net.TCPConn,[]Byte,int)error 格式中,这里需要定义 interface{}来让用户填写任意格式的连接处理业务方法。

仅仅用 func 明显满足不了开发需求,接下来需要再定义几个抽象的接口类。

14.1 IRequest 消息请求抽象类

本节将客户端请求的连接信息和请求的数据放在一个叫作 Request 的请求类里,这样的好处是可以从 Request 里得到全部客户端的请求信息,当以后拓展框架时有一定的作用,一旦客户端有额外含义的数据信息,就可以放在这个 Request 里。可以理解为每次客户端的全部请求数据,Zinx 都会把它们一起放到一个 Request 结构体里。

14.1.1 创建抽象 IRequest 层

在 ziface 目录下创建新文件 irequest.go,表示 IRequest 接口,依然位于 Zinx 的抽象层目录 ziface 下,接口的定义如下:

```
//zinx/ziface/irequest.go
package ziface

/*
    IRequest 接口:
    实际上是把客户端请求的连接信息和请求的数据包装到 Request 里
*/

type IRequest interface{
    GetConnection() IConnection          //获取请求连接信息
    GetData() []Byte                     //获取请求消息的数据
}
```

不难看出，当前的抽象层只提供了两个 Getter 方法，所以必须有两个成员，一个是客户端连接，另一个是客户端传递进来的数据，当然随着 Zinx 框架功能的丰富，这里还应该继续添加新的成员。

注意 IRequest 中的 GetConnection()接口设计，这里返回的是 IConnection 而不是 Connection，虽然返回后者依然对程序实现无影响，但是如果从设计模式或者架构扩展性来考虑，抽象层的接口建议依然依赖抽象层，主要是面向抽象层编程，这样返回的具体 Connection 对象只需是 IConnection 子类，这样也体现了面向对象多态特点的应用，所以该接口设计应符合里氏替换原则[①]。

14.1.2　实现 Request 类

在 znet 目录下创建 IRequest 抽象接口的一个实例类文件 request.go，在里面主要实现 Zinx 的 Request 类，代码如下：

```
//zinx/znet/request.go
package znet

import "zinx/ziface"

type Request struct {
    conn ziface.IConnection        //已经和客户端建立好连接
    data []Byte                    //客户端请求的数据
}


//获取请求连接信息
func(r * Request) GetConnection() ziface.IConnection {
    return r.conn
}


//获取请求消息的数据
func(r * Request) GetData() []Byte {
    return r.data
}
```

现在 Request 类创建好了，稍后在配置路由的时候会用到。

[①] 里氏替换原则：所有引用基类的地方必须能透明地使用其子类的对象。里氏替换原则表明，在软件中将一个基类对象替换成它的子类对象，程序将不会产生任何错误和异常，反过来则不成立。在运用里氏替换原则时，应该将父类设计为抽象类或者接口，让子类继承父类或实现父类接口，并实现在父类中声明的方法。

14.2　IRouter 路由配置抽象类

本节给 Zinx 实现一个非常简单基础的路由功能,目的是快速地让 Zinx 步入路由的阶段。

14.2.1　创建抽象的 IRouter 层

在 ziface 目录下创建 irouter.go 文件,这个作为路由功能的抽象层接口,实现代码如下:

```
//zinx/ziface/irouter.go
package ziface

/*
    路由接口,这里路由使用框架者给该连接自定的处理业务方法
    路由里的 IRequest 则包含用该连接的连接信息和该连接的请求数据信息
*/
type IRouter interface{
    PreHandle(request IRequest)        //在处理 conn 业务之前的钩子方法
    Handle(request IRequest)           //处理 conn 业务的方法
    PostHandle(request IRequest)       //处理 conn 业务之后的钩子方法
}
```

Router 的作用是服务器端应用可以给 Zinx 框架配置当前连接的处理业务方法,之前的 Zinx-V0.2 版本处理连接请求的方法是固定的,现在则可以自定义,并且有以下 3 种接口可以重写。

(1) Handle:处理当前连接的主业务函数。

(2) PreHandle:如果在主业务函数之前有前置业务,则可以重写这种方法。

(3) PostHandle:如果在主业务函数之后有后置业务,则可以重写这种方法。

当然每种方法都有一个唯一的形参 IRequest 对象,也就是客户端请求过来的连接和请求数据,作为业务方法的输入数据。

14.2.2　实现 Router 类

在 znet 目录下,创建 router.go 文件,该文件为 Router 类的实现层,代码如下:

```
//zinx/znet/router.go

package znet

import "zinx/ziface"
```

```
//实现 router 时,先嵌入这个基类,然后根据需要对这个基类的方法进行重写
type BaseRouter struct {}

func (br * BaseRouter)PreHandle(req ziface.IRequest){}
func (br * BaseRouter)Handle(req ziface.IRequest){}
func (br * BaseRouter)PostHandle(req ziface.IRequest){}
```

BaseRouter 类为一切实现 Router 子类的父类,BaseRouter 实现了 IRouter 的 3 个接口,但是 BaseRouter 的方法实现都为空,因为有的实现层 Router 不希望有 PreHandle 或 PostHandle,所以实现层 Router 全部继承 BaseRouter 的好处是,不实现 PreHandle 和 PostHandle 也可以实例化。

目前的 Zinx 目录结构如下:

```
.
├── README.md
├── ziface
│   ├── iconnection.go
│   ├── irequest.go
│   ├── irouter.go
│   └── iserver.go
└── znet
    ├── connection.go
    ├── request.go
    ├── router.go
    ├── server.go
    └── server_test.go
```

14.3　Zinx-V0.3集成简单路由功能

现在 IRequest 和 IRouter 已经被定义,接下来需要将这部分集成到 Zinx 框架。

14.3.1　IServer 增添路由添加功能

IServer 类需要增加一个抽象方法 AddRouter(),目的是让 Zinx 框架的使用者可以自定一个 Router 处理业务方法,代码如下:

```
//zinx/ziface/irouter.go
package ziface

//定义服务器接口
type IServer interface{
```

```
    //启动服务器方法
    Start()
    //停止服务器方法
    Stop()
    //开启业务服务方法
    Serve()
    //路由功能:给当前服务注册一个路由业务方法,供客户端连接处理使用
    AddRouter(router IRouter)
}
```

AddRouter()的参数类型依然是抽象层 IRouter,而不是具体的实现类。

14.3.2　Server 类增添 Router 成员

有了抽象的方法,自然 Server 就要实现,并且还要添加一个 Router 成员,修改后的 Server 数据结构如下:

```
//zinx/znet/server.go

//iServer 接口实现,定义一个 Server 服务类
type Server struct {
    //服务器的名称
    Name string
    //tcp4 or other
    IPVersion string
    //服务绑定的 IP 地址
    IP string
    //服务绑定的端口
    Port int
    //当前 Server 由用户绑定回调 router,也就是 Server 注册的连接对应的处理业务
    Router ziface.IRouter
}
```

相应地,NewServer()方法中也要加上 Router 的默认初始化赋值,代码如下:

```
//zinx/znet/server.go

/*
   创建一个服务器句柄
*/
func NewServer (name string) ziface.IServer {
    s: = &Server {
            Name :name,
```

```
                IPVersion:"tcp4",
                IP:"0.0.0.0",
                Port:7777,
                Router: nil, //默认不指定
        }

        return s
}
```

Server 需要实现 AddRouter()，以便添加路由方法，这里仅仅需要注册到 s.Router 成员中，AddRouter()方法是供业务功能开发者使用的，代码如下：

```
//zinx/znet/server.go

//路由功能: 给当前服务注册一个路由业务方法,供客户端连接处理使用
func (s * Server)AddRouter(router ziface.IRouter) {
    s.Router = router

    fmt.Println("Add Router succ! ")
}
```

14.3.3　Connection 类绑定一个 Router 成员

Server 已经集成了 Router 功能，相应的 Connection 也需要关联 Router，修正 Connection 实现类的数据结构，新增 Router 成员，修改后的具体代码如下：

```
//zinx/znet/connection.go

type Connection struct {
    //当前连接的 socket TCP 套接字
    Conn  * net.TCPConn
    //当前连接的 ID 也可以称为 SessionID,ID 全局唯一
    ConnID uint32
    //当前连接的关闭状态
    isClosed bool

    //该连接的处理方法 router
    Router ziface.IRouter

    //告知该连接已经退出/停止的 channel
    ExitBuffChan chan bool
}
```

NewConnection()在创建新连接的时候也要将Router路由参数传递进来,修改后的代码如下:

```
//zinx/znet/connection.go

//创建连接的方法
func NewConnection(conn * net.TCPConn, connID uint32, router ziface.IRouter) * Connection{
    c := &Connection{
        Conn: conn,
        ConnID: connID,
        isClosed: false,
        Router: router,
        ExitBuffChan: make(chan bool, 1),
    }

    return c
}
```

14.3.4 在 Connection 调用注册的 Router 处理业务

在 Connection 已经集成 Router 成员之后,在 StartReader()处理了解读取数据的逻辑中就可以调用 Router 注册的业务逻辑了,下面就将这个部分的调用 Router 加在读取完数据之后,修改的代码如下:

```
//zinx/znet/connection.go

func (c * Connection) StartReader() {
    fmt.Println("Reader Goroutine is running")
    defer fmt.Println(c.RemoteAddr().String(), " conn reader exit!")
    defer c.Stop()

    for {
            //将最大的数据读到 buf 中
            buf := make([]Byte, 512)
            _, err := c.Conn.Read(buf)
            if err != nil {
                    fmt.Println("recv buf err ", err)
                    c.ExitBuffChan <- true
                    continue
            }
            //得到当前客户端请求的 Request 数据
            req := Request{
                    conn:c,
```

```
                              data:buf,
                    }
                    //从路由 Routers 中找到注册绑定 Conn 的对应 Handle
                    go func (request ziface.IRequest) {
                              //执行注册的路由方法
                              c.Router.PreHandle(request)
                              c.Router.Handle(request)
                              c.Router.PostHandle(request)
                    }(&req)
             }
   }
```

在 conn 读取完客户端数据之后，将数据和 conn 封装到一个 Request 中，作为 Router 的输入数据，代码如下：

```
//得到当前客户端请求的 Request 数据
req := Request{
         conn:c,
         data:buf,
}
```

然后开启一个 Goroutine 去调用已给 Zinx 框架注册好的路由业务：

```
//从路由 Routers 中找到注册绑定 Conn 的对应 Handle
go func (request ziface.IRequest) {
         //执行注册的路由方法
         c.Router.PreHandle(request)
         c.Router.Handle(request)
         c.Router.PostHandle(request)
}(&req)
```

如果 Router 已经重写了 PreHandle()，则会调用此方法，如果没有重写就会调用 BaseRouter()的空方法，Handle()和 PostHandle()同理。

14.4 Server 传递 Router 参数 Connection

在 Server 每次监听到新连接建立成功之后，创建一个新的 Connection，需要将当前的 Router 参数传递给当前连接，主要修改代码的地方在 NewConnection()方法，具体改动的相关关键代码如下：

```go
//zinx/znet/server.go
package znet

import (
    "fmt"
    "net"
    "time"
    "zinx/ziface"
)

//开启网络服务
func (s * Server) Start() {
    //… …（部分省略）

    //开启一个go去做服务器端Linster业务
    go func() {
        //1. 获取一个TCP的Addr
        //… …（部分省略）

        //2. 监听服务器地址
        //… …（部分省略）

        //3. 启动Server网络连接业务
        for {
            //3.1 阻塞等待客户端建立连接请求
            conn, err := listenner.AcceptTCP()
            if err != nil {
                fmt.Println("Accept err ", err)
                continue
            }

            //3.2 TODO Server.Start() 设置服务器最大连接控制
//如果超过最大连接,则关闭此连接

            //3.3 处理该新连接请求的业务方法
//此时handler 和conn应该是绑定的
            dealConn := NewConnection(conn, cid, s.Router)
            cid ++

            //3.4 启动当前连接的处理业务
            go dealConn.Start()
        }
    }()
}
```

14.5　使用 Zinx-V0.3 完成应用程序

现在基于 Zinx 开发的服务器，就可以配置一个简单的路由功能了。

14.5.1　测试基于 Zinx 完成的服务器端应用

现在继续完成 Server.go 业务应用程序，开发者需要自定义一个 Router 类，并且实现 Zinx 有数据请求时处理具体业务的 PreHandle()、Handle()、PostHandle()方法，具体的代码如下：

```go
//Server.go
package main

import (
    "fmt"
    "zinx/ziface"
    "zinx/znet"
)

//ping test 自定义路由
type PingRouter struct {
    znet.BaseRouter   //一定要先定义基础路由 BaseRouter
}

//Test PreHandle
func (this *PingRouter) PreHandle(request ziface.IRequest) {
    fmt.Println("Call Router PreHandle")

    _, err := request.GetConnection().GetTCPConnection()
                    .Write([]Byte("before ping ....\n"))
    if err != nil {
            fmt.Println("call back ping ping ping error")
    }
}

//Test Handle
func (this *PingRouter) Handle(request ziface.IRequest) {
    fmt.Println("Call PingRouter Handle")

    _, err := request.GetConnection().GetTCPConnection()
.Write([]Byte("ping...ping...ping\n"))
    if err != nil {
            fmt.Println("call back ping ping ping error")
```

```
        }
    }

    //Test PostHandle
    func (this *PingRouter) PostHandle(request ziface.IRequest) {
        fmt.Println("Call Router PostHandle")

        _, err := request.GetConnection().GetTCPConnection()
    .Write([]Byte("After ping .....\n"))
        if err != nil {
                fmt.Println("call back ping ping ping error")
        }
    }

    func main(){
        //创建一个 Server 句柄
        s := znet.NewServer("[zinx V0.3]")

        s.AddRouter(&PingRouter{})

        //开启服务
        s.Serve()
    }
```

上述代码自定义了一个类似 Ping 操作的路由,当客户端发送数据时,服务器端处理业务后返回客户端 ping... ping... ping。为了测试,当前路由同时实现了 PreHandle()和 PostHandle()两种方法。实际上 Zinx 会利用模板方法设计模式[①],依次在框架中调用 PreHandle()、Handle()、PostHandle()3 种方法。

14.5.2　启动 Server 和 Client

1. 启动 Server.go
执行下述指令来启动已经注册 Router 的 Server 服务器端程序:

```
go run Server.go
```

2. 启动 Client.go
Client.go 的客户端代码没有任何改动,和之前的版本一样,执行下述指令执行程序:

---

①　模板方法(Template Method)模式定义一个操作中的算法骨架,而将算法的一些步骤延迟到子类中,使得子类可以不改变该算法结构的情况下重定义该算法的某些特定步骤,它是一种行为型模式。

```
go run Client.go
```

3. 服务器端运行结果

```
$ go run Server.go
Add Router succ!
[START] Server listenner at IP: 0.0.0.0, Port 7777, is starting
start Zinx server  [zinx V0.3]  succ, now listenning...
Reader Goroutine is running
Call  Router PreHandle
Call  PingRouter Handle
Call  Router PostHandle
Call  Router PreHandle
Call  PingRouter Handle
Call  Router PostHandle
Call  Router PreHandle
Call  PingRouter Handle
Call  Router PostHandle
Call  Router PreHandle
Call  PingRouter Handle
Call  Router PostHandle
Call  Router PreHandle
Call  PingRouter Handle
Call  Router PostHandle
...
```

4. 客户端运行结果

```
$ go run Client.go
Client Test ... start
server call back : before ping ....
, cnt = 17
server call back : ping...ping...ping
After ping .....
, cnt = 36
server call back : before ping ....
ping...ping...ping
After ping .....
, cnt = 53
server call back : before ping ....
ping...ping...ping
After ping .....
, cnt = 53
```

```
server call back : before ping ....
ping...ping...ping
After ping .....
, cnt = 53
...
```

14.6　小结

现在 Zinx 框架已经有路由功能了,虽然目前只能配置一个 Router,但 Zinx 可以让开发者自由地配置业务逻辑了,接下来 Zinx 会增加配置多路由的能力。

## 第 15 章

Zinx 全局配置

随着架构逐步地变大，参数就会越来越多，为了省去后续高频率修改参数的麻烦，接下来 Zinx 需要做一个加载配置的模块和一个全局获取 Zinx 参数的对象。

15.1　Zinx-V0.4 增添全局配置代码实现

首先设计一个简单的加载配置模块，要加载的配置文件的文本格式选择比较通用的 json 格式，配置信息暂时如下：

```
//zinx.json
{
  "Name":"demo server",
  "Host":"127.0.0.1",
  "TcpPort":7777,
  "MaxConn":3
}
```

现在 Zinx 需要建立一个全局配置信息的对象。

1. 创建全局参数文件

创建 zinx/utils 文件夹，utils 文件夹主要用于存放 Zinx 框架一些共用的工具类模块，在 utils 文件夹下创建 globalobj.go 文件，暂时编写的代码如下：

```
//zinx/utils/globalobj.go
package utils

import (
    "encoding/json"
    "io/ioutil"
    "zinx/ziface"
)
```

```
/*
    存储一切有关 Zinx 框架的全局参数,供其他模块使用
    一些参数也可以通过用户根据 zinx.json 来配置
*/
type GlobalObj        struct {
    TcpServer        ziface.IServer        //当前 Zinx 的全局 Server 对象
    Host             string                //当前服务器主机 IP
    TcpPort          int                   //当前服务器主机监听端口号
    Name             string                //当前服务器名称
    Version          string                //当前 Zinx 版本号

    MaxPacketSize    uint32                //读取数据包的最大值
    MaxConn          int                   //当前服务器主机允许的最大连接个数
}

/*
    定义一个全局的对象
*/
var GlobalObject * GlobalObj
```

上述代码在全局定义了一个 GlobalObject 对象,而且首字符大写表示是对外公开的变量,目的就是让其他模块都能访问里面的参数。

全局配置中包括的几个参数如下。

(1) TcpServer:这是一个 IServer 类型的属性,表示当前 Zinx 正在启动服务的 Server 对象,这个属性通过 zinx.json 无法配置,是 Zinx 启动具体的 Server 实例后添加到全局中的,方便其他模块访问当前 Zinx 的 Server 实例。

(2) Host:当前 Zinx 服务监听的 IP 地址,字符串类型,配置文件 zinx.json 可配置。

(3) TcpPort:当前 Zinx 服务监听的端口号,整型,配置文件 zinx.json 可配置。

(4) Name:当前 Zinx 的服务名称,和 Server 中的 Name 属性含义一致。

(5) Version:当前 Zinx 版本号,方便开发者区分管理和日志区分使用。

(6) MaxPacketSize:目前实现的 Zinx 功能还没有承载这个能力,表示 Zinx 服务每次从对端读取数据包的最大长度。

(7) MaxConn:目前实现的 Zinx 功能还没有承载这个能力,表示当前服务器允许的最大连接个数,接下来的版本用于限定 Zinx 连接数量的统计指标。

2. 提供 init 初始化方法

然后给 globalobj.go 提供一个 init()方法,目的是初始化 GlobalObject 对象和加载服务器端应用配置文件 conf/zinx.json,具体的实现代码如下:

```
//zinx/utils/globalobj.go

//读取用户的配置文件
```

```
func (g * GlobalObj) Reload() {
    data, err := ioutil.ReadFile("conf/zinx.json")
    if err != nil {
            panic(err)
    }
    //将 json 数据解析到 struct 中
    //fmt.Printf("json : % s\n", data)
    err = json.Unmarshal(data, &GlobalObject)
    if err != nil {
            panic(err)
    }
}


/ *
    提供 init 方法,默认加载
* /
func init() {
    //初始化 GlobalObject 变量,设置一些默认值
    GlobalObject = &GlobalObj{
            Name: "ZinxServerApp",
            Version: "V0.4",
            TcpPort: 7777,
            Host: "0.0.0.0",
            MaxConn: 12000,
            MaxPacketSize:4096,
    }

    //从配置文件中加载一些用户配置的参数
    GlobalObject.Reload()
}
```

　　每个模块被加载的时候,首先会执行当前模块的 init()方法,在 init()方法中执行 Reload()方法,加载本地配置文件 zinx.json,将可配置的参数加载到 Zinx 内存中。

3. 硬参数替换与 Server 初始化参数配置

　　接下来将全局配置的可配置参数替换到 Zinx 现有的实现逻辑中,首先在每次 NewServer 创建 Server 的时候,将 Server 的属性用 GlobalObject 进行赋值,代码如下:

```
//zinx/znet/server.go
/ *
    创建一个服务器句柄
* /
func NewServer () ziface.IServer {
    //先初始化全局配置文件
```

```
        utils.GlobalObject.Reload()
        s: = &Server {
                Name :utils.GlobalObject.Name,              //从全局参数获取
                IPVersion:"tcp4",
                IP:utils.GlobalObject.Host,                 //从全局参数获取
                Port:utils.GlobalObject.TcpPort,            //从全局参数获取
                Router: nil,
        }
        return s
}
```

为了方便验证参数已经成功被加载，在 Server.Start() 方法中加入几行调试信息：

```
//zinx/znet/server.go

//开启网络服务
func (s * Server) Start() {
    fmt.Printf("[START] Server name: % s,listenner at IP: % s, Port % d is starting\n",
s.Name, s.IP, s.Port)
    fmt.Printf("[Zinx] Version: % s, MaxConn: % d, MaxPacketSize: % d\n",
            utils.GlobalObject.Version,
            utils.GlobalObject.MaxConn,
            utils.GlobalObject.MaxPacketSize)

    //...
    //...
}
```

当然还有一些其他固定的写死的参数，均可以在配置文件配置，用全局参数替换，这里不一一列举。

当前 Zinx 框架的目录结构如下：

```
├── README.md
├── utils
│   └── globalobj.go
├── ziface
│   ├── iconnection.go
│   ├── irequest.go
│   ├── irouter.go
│   └── iserver.go
└── znet
    ├── connection.go
    ├── request.go
```

```
        ├── router.go
        ├── server.go
        └── server_test.go
```

15.2　使用 Zinx-V0.4 完成应用程序

现在基于 Zinx 完成服务器就必须提前写好一个 conf/zinx.json 配置文件,基于 Zinx 应用程序的项目代码路径参考如下:

```
├── Client.go
├── conf
│   └── zinx.json
└── Server.go
```

现在将 Server.go 文件中不必要的 PreHandle() 和 PostHandle() 去掉,只留 Handle() 业务逻辑,代码如下:

```go
//Server.go
package main

import (
    "fmt"
    "zinx/ziface"
    "zinx/znet"
)

//ping test 自定义路由
type PingRouter struct {
    znet.BaseRouter
}

//Test Handle
func (this *PingRouter) Handle(request ziface.IRequest) {
    fmt.Println("Call PingRouter Handle")
    _, err := request.GetConnection().GetTCPConnection().Write([]Byte("ping...ping...ping\n"))
    if err != nil {
            fmt.Println("call back ping ping ping error")
    }
}

func main() {
```

```
    //创建一个 Server 句柄
    s : = znet.NewServer()

    //配置路由
    s.AddRouter(&PingRouter{})

    //开启服务
    s.Serve()
}
```

通过下述指令启动 Server.go 服务器端程序：

```
$ go run Server.go
```

运行结果如下：

```
$ go run Server.go
Add Router succ!
[START] Server name: demo server,listenner at IP: 127.0.0.1, Port 7777 is starting
[Zinx] Version: V0.4, MaxConn: 3, MaxPacketSize: 4096
start Zinx server demo server succ, now listening...
```

15.3　小结

现在已经可以将可配置的参数通过开发者配置文件传递进来，读者可以优化该配置文件的实现逻辑，也可以采用其他配置文件协议。配置文件的目的是能够让开发者在调试或者部署的时候不需要重新编译程序，就可以改变一些必要参数，以便达到更换服务能力或者功能的目的，一般在设计一个后端守护进程服务类应用程序时此程序需要有配置文件能力。

第 16 章　Zinx 消息封装模块

设计与实现

接下来再对 Zinx 做一个简单的升级。现在服务器的全部请求数据都放在一个 Request 里,当前的 Request 结构如下:

```
type Request struct {
    conn ziface.IConnection        //已经和客户端建立好连接
    data []Byte                    //客户端请求的数据
}
```

不难看出,目前 Request 是用一个[]Byte 来接收全部数据,这里没有定义长度,也没有定义消息类型。这样对于数据的管理是不充分的。为了更好地表现数据形式,就要自定义一种消息类型,把全部的消息都放在这种消息类型里。

16.1　创建消息封装类型

在 zinx/ziface 目录下创建 imessage. go 文件,这个文件作为消息封装的抽象层文件,在文件中,定义 IMessage 抽象接口,代码如下:

```
//zinx/ziface/imessage.go
package ziface

/*
    将请求的一条消息封装到 message 中,定义抽象层接口
*/
type IMessage interface {
    GetDataLen() uint32        //获取消息数据段长度
    GetMsgId() uint32          //获取消息 ID
    GetData() []Byte           //获取消息内容

    SetMsgId(uint32)           //设计消息 ID
    SetData([]Byte)            //设计消息内容
```

```
        SetDataLen(uint32)           //设置消息数据段长度
}
```

IMessage 是消息封装结构的 interface，里面定义了 Setter 和 Getter 等 6 种方法，如获取和设置消息长度、消息 ID 和消息内容。通过接口可以看出，一个 Message 应该具备 ID、长度、数据 3 个元素。

接下来创建实现层实例 Message 类，在 zinx/znet 目录下创建 message.go 文件，实现代码如下：

```
//zinx/znet/message.go
package znet

type Message struct {
    Id      uint32      //消息的 ID
    DataLen uint32      //消息的长度
    Data    []Byte      //消息的内容
}
```

接下来提供 Message 的构造方法，代码如下：

```
//zinx/znet/message.go

//创建一个 Message 消息包
func NewMsgPackage(id uint32, data []Byte) * Message {
    return &Message{
            Id:     id,
            DataLen: uint32(len(data)),
            Data:   data,
    }
}
```

相关的 Getter 和 Setter 方法实现方式如下：

```
//zinx/znet/message.go

//获取消息数据段长度
func (msg * Message) GetDataLen() uint32 {
    return msg.DataLen
}

//获取消息 ID
func (msg * Message) GetMsgId() uint32 {
```

```
    return msg.Id
}

//获取消息内容
func (msg * Message) GetData() []Byte {
    return msg.Data
}

//设置消息数据段长度
func (msg * Message) SetDataLen(len uint32) {
    msg.DataLen = len
}

//设计消息 ID
func (msg * Message) SetMsgId(msgId uint32) {
    msg.Id = msgId
}

//设计消息内容
func (msg * Message) SetData(data []Byte) {
    msg.Data = data
}
```

Message 是为了以后做封装时起到优化的作用。同时也提供了创建一个 Message 包的初始化方法 NewMegPackage()。

16.2 消息的封包与拆包

Zinx 的消息封装采用了经典的 TLV（Type-Len-Value）封包格式来解决 TCP 黏包问题，具体的消息结构图形表示如图 16.1 所示。

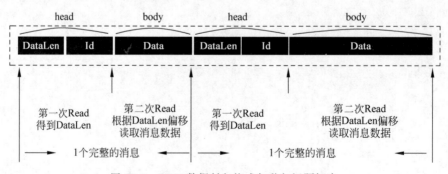

图 16.1 TLV 数据封包格式与黏包问题解决

由于 Zinx 以 TCP 流的形式传播数据,难免会出现消息 1 和消息 2 一同发送,此时 Zinx 就需要有能力区分两条消息的边界,因此 Zinx 应该提供一个统一的拆包和封包的方法。在发包之前打包成如图 16.1 所示的这种格式,即有 Head 和 Body 两部分的包,在收到数据的时候分两次进行读取,先读取固定长度的 Head 部分,得到后续 Data 的长度,再根据 DataLen 读取之后的 Body,这样就能够解决黏包的问题了。

16.2.1　创建拆包封包抽象类

本节实现 Message 黏包问题解决的拆包和封包的功能,首先在 zinx/ziface 目录下创建 idatapack.go 文件,该文件作为拆包封包的抽象层接口,定义代码如下:

```
//zinx/ziface/idatapack.go

package ziface

/*
    封包数据和拆包数据
    直接面向 TCP 连接中的数据流,为传输数据添加头部信息,用于处理 TCP 黏包问题
*/
type IDataPack interface{
    GetHeadLen() uint32                //获取包头长度方法
    Pack(msg IMessage)([]Byte, error)  //封包方法
    Unpack([]Byte)(IMessage, error)    //拆包方法
}
```

IDataPack 是抽象 interface,定义了以下 3 个接口。

(1) GetHeadLen:获取消息 Head 头部长度,对于应用层数据报文,双方通信均需要一个已知的头部长度消息体,从头部读取相关当前报文消息的其他数据,所以需要提供一个获取头部长度的接口供具体的封包拆包实现类去实现。

(2) Pack:将 IMessage 结构形式的数据压缩打包成二进制流报文形式数据的方法。

(3) Unpack:将遵循 Zinx 报文协议的应用层二进制数据流解析到 IMessage 结构的方法,与 Pack()方法相呼应。

16.2.2　实现拆包封包类

本节实现 Zinx 的拆包封包实现层代码,在 zinx/znet 目录下创建 datapack.go 文件,该文件作为实现具体的拆包封包实现类,实现代码如下:

```
//zinx/znet/datapack.go

package znet

import (
```

```
        "Bytes"
        "encoding/binary"
        "errors"
        "zinx/utils"
        "zinx/ziface"
)

//封包拆包类实例,暂时不需要成员
type DataPack struct {}

//封包拆包实例初始化方法
func NewDataPack()  * DataPack {
        return &DataPack{}
}
```

此处定义了 DataPack 类,目前里面还不需要任何属性,接着提供相应的构造方法 NewDataPack()。

DataPack 需要依次实现 IDataPack 接口的 GetHeadLen()、Pack()、UnPack() 3 个接口,首先看 GetHeadLen()方法,具体的实现方式如下:

```
//zinx/znet/datapack.go

//获取包头长度方法
func(dp * DataPack) GetHeadLen() uint32 {
    //Id uint32(4 字节) + DataLen uint32(4 字节)
    return 8
}
```

这里实则返回了一个固定的长度 8,这个 8 是从何而得的呢? 按照如图 16.1 所示的 TLV 消息格式,可以得出 Data 部分的长度是不可控制的,但是 Head 部分每条消息的长度都是固定的。

其中 4 字节[1]存放消息 ID 内容,另外 4 字节存放 Data 部分,所以 Zinx 的 GetHeadLen() 方法直接返回 8 字节的长度。

Pack()方法的具体实现代码如下:

```
//zinx/znet/datapack.go

//封包方法(压缩数据)
func(dp * DataPack) Pack(msg ziface.IMessage)([]Byte, error) {
```

---

[1] uint32 为 32 位整型,占用内存长度 4 字节。

```
        //创建一个存放 Bytes 字节的缓冲
        dataBuff := Bytes.NewBuffer([]Byte{})


        //写 dataLen
        if err := binary.Write(dataBuff, binary.LittleEndian, msg.GetDataLen()); err != nil {
                return nil, err
        }


        //写 msgID
        if err := binary.Write(dataBuff, binary.LittleEndian, msg.GetMsgId()); err != nil {
                return nil, err
        }


        //写 data 数据
        if err := binary.Write(dataBuff, binary.LittleEndian, msg.GetData()); err != nil {
                return nil ,err
        }


        return dataBuff.Bytes(), nil
}
```

这里统一采用小端字节序排列(只要拆包和封包字节序一样)。这里压缩二进制的顺序要注意,是按照压缩 DataLen、MsgID、Data 的顺序来封装,在拆包的时候也一定要按照这个顺序解包,相关的 Unpack()方法如下:

```
//zinx/znet/datapack.go

//拆包方法(解压数据)
func(dp *DataPack) Unpack(binaryData []Byte)(ziface.IMessage, error) {
    //创建一个输入二进制数据的 ioReader
    dataBuff := Bytes.NewReader(binaryData)

    //只解压 head 的信息,得到 dataLen 和 msgID
    msg := &Message{}

    //读 dataLen
    if err := binary.Read(dataBuff, binary.LittleEndian, &msg.DataLen); err != nil {
            return nil, err
    }

    //读 msgID
    if err := binary.Read(dataBuff, binary.LittleEndian, &msg.Id); err != nil {
```

```
                    return nil, err
        }

        //判断 dataLen 的长度是否超出允许的最大包长度
        if (utils.GlobalObject.MaxPacketSize > 0 && msg.DataLen > utils.GlobalObject.
MaxPacketSize) {
                    return nil, errors.New("Too large msg data received")
        }

        //这里只需把 head 的数据拆包出来就可以了,然后通过 head 的长度,再从 conn 读取一次数据
        return msg, nil
}
```

需要注意的是这里的 Unpack()方法,从图 16.1 可以知道,进行拆包的时候是两次执行,第二次依赖第一次的 dataLen 数据内容的长度,所以 Unpack()只能解压出包头 Head 的内容,得到 msgId 和 dataLen 两个值。之后调用者再根据 dataLen 的数据内容的长度继续从 I/O 流中读取 Body 中的数据,这里需要注意读取 dataLen 和 msgID 的顺序要和 Pack()的顺序一致。

16.2.3　测试拆包封包功能

为了更好地让读者理解,这里先不将 DataPack 集成到 Zinx 框架来测试,而是先单独写一个 Server 和 Client 来测试一下封包拆包的功能,Server 服务器端的代码如下:

```go
//Server.go

package main

import (
    "fmt"
    "io"
    "net"
    "zinx/znet"
)

//只是负责测试 datapack 拆包和封包功能
func main() {
    //创建 socket TCP Server
    listener, err := net.Listen("tcp", "127.0.0.1:7777")
    if err != nil {
            fmt.Println("server listen err:", err)
            return
    }
```

```
//创建服务器 goroutine,负责从客户端 goroutine 读取黏包的数据,然后进行解析
for {
        conn, err := listener.Accept()
        if err != nil {
                fmt.Println("server accept err:", err)
        }

        //处理客户端请求
        go func(conn net.Conn) {
                //创建封包拆包对象 dp
                dp := znet.NewDataPack()
                for {
                        //1.先读出流中的 head 部分
                        headData := make([]Byte, dp.GetHeadLen())
                                //ReadFull 会把 msg 填充满为止
                        _, err := io.ReadFull(conn, headData)
                        if err != nil {
                                fmt.Println("read head error")
                                break
                        }
                        //2.将 headData 字节流拆包到 msg 中
                        msgHead, err := dp.Unpack(headData)
                        if err != nil {
                                fmt.Println("server unpack err:", err)
                                return
                        }

                        //3.根据 dataLen 从 io 中读取字节流
                        if msgHead.GetDataLen() > 0 {
                                //msg 有 data 数据,需要再次读取 data 数据
                                msg := msgHead.(*znet.Message)
                                msg.Data = make([]Byte, msg.GetDataLen())
                                _, err := io.ReadFull(conn, msg.Data)
                                if err != nil {
                                        fmt.Println("server unpack data err:", err)
                                        return
                                }

                                fmt.Println(" ==> Recv Msg: ID=", msg.Id, ", len=",
msg.DataLen, ", data=", string(msg.Data))
                        }
                }
        }(conn)
    }

}
```

接下来详细分析上述的几个关键步骤。

(1) 先读出流中的 head 部分,代码如下:

```
headData := make([]Byte, dp.GetHeadLen())

//ReadFull 会把 msg 填充满为止
_, err := io.ReadFull(conn, headData)
if err != nil {
        fmt.Println("read head error")
        break
}
```

先定义一个长度就是 Head 固定长度 8 字节的 buffer 内存,即 headData,然后从 Socket 的 I/O 中只读取 8 字节数据存到 headData 中。这里有个细节读者需要分析清楚,就是如果 Socket 底层 Buffer 目前没有 8 字节,则可能存在这 8 字节的头部信息读不满,从而导致无法解析头部的信息。这一点对于 C/C++编程语言确实需要在 Read()系统调用的时候做一些特殊的参数处理,但是 Go 语言有一个一次性解决这个问题的 I/O 调用函数,即 ReadFull() 函数,该函数第 2 个参数传递的是 Data,是一个[]Byte 类型,ReadFull()能够保证一次调用就可将 Data 的内存填充满,如果底层一次 I/O 填充不满,则 ReadFull()函数将不会返回,直到填充满为止,ReadFull()函数的相关源代码如下:

```
//go/src/io/io.go

//ReadFull reads exactly len(buf) Bytes from r into buf.
//It returns the number of Bytes copied and an error if fewer Bytes were read.
//The error is EOF only if no Bytes were read.
//If an EOF happens after reading some but not all the Bytes,
//ReadFull returns ErrUnexpectedEOF.
//On return, n == len(buf) if and only if err == nil.
//If r returns an error having read at least len(buf) Bytes, the error is dropped.
func ReadFull(r Reader, buf []Byte) (n int, err error) {
    return ReadAtLeast(r, buf, len(buf))
}

//… …(省略部分代码)

//ReadAtLeast reads from r into buf until it has read at least min Bytes.
//It returns the number of Bytes copied and an error if fewer Bytes were read.
//The error is EOF only if no Bytes were read.
//If an EOF happens after reading fewer than min Bytes,
//ReadAtLeast returns ErrUnexpectedEOF.
//If min is greater than the length of buf, ReadAtLeast returns ErrShortBuffer.
```

```
//On return, n >= min if and only if err == nil.
//If r returns an error having read at least min Bytes, the error is dropped.
func ReadAtLeast(r Reader, buf []Byte, min int) (n int, err error) {
    if len(buf) < min {
        return 0, ErrShortBuffer
    }
    for n < min && err == nil {
        var nn int
        nn, err = r.Read(buf[n:])
        n += nn
    }
    if n >= min {
        err = nil
    } else if n > 0 && err == EOF {
        err = ErrUnexpectedEOF
    }
    return
}
```

通过 Go 语言源码中的 ReadAtLeast()方法，可以看到里面有个 for 循环，如果读取的长度 nn 没有达到 buf 的长度 min，则会继续执行 Read()读取，所以 Zinx 用 ReadFull()来读数据的 8 字节头部信息再好不过了。

但如果 Socket 底层缓存大于 8 字节会如何呢？此时 ReadFull()本次的返回将只返回读取的这 8 字节，剩下的数据留在 Socket Buffer 中，留用户态开发者下次再调用 Read()方法读取。

（2）将 headData 的头部信息字节流拆包到 Message 中，代码如下：

```
msgHead, err := dp.Unpack(headData)
if err != nil {
        fmt.Println("server unpack err:", err)
        return
}
```

Unpack()可以从 headData 的 8 字节中解析出 Message 的头部信息，msgHead.ID 和 msgHead.DataLen 会被赋值。

（3）根据 dataLen 从 I/O 中读取字节流，代码如下：

```
//3.根据 dataLen 从 I/O 中读取字节流
if msgHead.GetDataLen() > 0 {
        //msg 有 data 数据，需要再次读取 data 数据
        msg := msgHead.(*znet.Message)
        msg.Data = make([]Byte, msg.GetDataLen())
```

```
        _, err := io.ReadFull(conn, msg.Data)
        if err != nil {
        fmt.Println("server unpack data err:", err)
                return
        }

        //……(省略部分代码)
}
```

这部分代码则根据 DataLen 的一个完整消息的数据长度进行第二次读取,依然使用 ReadFull()方法,读取固定长度的 DataLen,将读取的数据填充到 msgHead.Data 属性中, 这样就实现了一条完整数据报文的读取,同时也解决了黏包问题。

下面来看客户端的测试代码,代码如下:

```
//Client.go
package main

import (
    "fmt"
    "net"
    "zinx/znet"
)

func main() {
    //客户端 goroutine,负责模拟黏包的数据,然后进行发送
    conn, err := net.Dial("tcp", "127.0.0.1:7777")
    if err != nil {
            fmt.Println("client dial err:", err)
            return
    }

    //1. 创建一个封包对象 dp
    dp := znet.NewDataPack()

    //2. 封装一个 msg1 包
    msg1 := &znet.Message{
            Id: 0,
            DataLen: 5,
            Data: []Byte{'h', 'e', 'l', 'l', 'o'},
    }

    sendData1, err := dp.Pack(msg1)
    if err != nil {
```

```
            fmt.Println("client pack msg1 err:", err)
            return
    }

    //3. 封装一个msg1包
    msg2 := &znet.Message{
            Id: 1,
            DataLen: 7,
            Data: []Byte{'w', 'o', 'r', 'l', 'd', '!', '!'},
    }
    sendData2, err := dp.Pack(msg2)
    if err != nil {
            fmt.Println("client temp msg2 err:", err)
            return
    }

    //4. 将sendData1和sendData2拼接到一起,组成黏包
    sendData1 = append(sendData1, sendData2...)

    //5. 向服务器端写数据
    conn.Write(sendData1)

    //客户端阻塞
    select {}
}
```

代码中的 5 个步骤很明显,客户端使用 zinx/znet 的 DataPack 打包方式进行打包,连续打两个包,并且通过 append()方法将两个数据字节流拼接起来,起到模拟黏包的作用,然后通过一次写给远程服务器端,如果服务器端可以将两个包的数据解析出来,则足以证明 DataPack 的封包拆包方法可以正常使用。

通过下面指令运行 Server 服务器端代码:

```
go run Server.go
```

再新启动一个终端,通过下面指令运行 Client 客户端代码:

```
go run Client.go
```

从服务器端看到的运行结果:

```
$ go run Server.go
==> Recv Msg: ID = 0 , len = 5 , data = hello
==> Recv Msg: ID = 1 , len = 7 , data = world!!
```

从结果看出，Zinx 得到了客户端发送的两个包，并且成功地解析出来了。

16.3 Zinx-V0.5 代码实现

本节需要把封包和拆包的功能集成到 Zinx 中，并且测试 Zinx 该功能是否生效。

16.3.1 Request 字段修改

首先要将之前的 Request 中的[]Byte 类型的 data 字段改成 IMessage 类型，代码如下：

```
//zinx/znet/request.go

package znet

import "zinx/ziface"

type Request struct {
    conn ziface.IConnection          //已经和客户端建立好连接
    msg ziface.IMessage              //客户端请求的数据
}

//获取请求连接信息
func(r * Request) GetConnection() ziface.IConnection {
    return r.conn
}

//获取请求消息的数据
func(r * Request) GetData() []Byte {
    return r.msg.GetData()
}

//获取请求的消息的 ID
func (r * Request) GetMsgID() uint32 {
    return r.msg.GetMsgId()
}
```

相关的 Getter 方法也要进行相应修改。

16.3.2 集成拆包过程

接下来需要在 Connection 的 StartReader()方法中，修改之前的读取客户端的这段代码：

```
//zinx/znet/connection.go

func (c *Connection) StartReader() {

    //… …(省略部分代码)

    for {
            //将最大的数据读到buf中
            buf := make([]Byte, utils.GlobalObject.MaxPacketSize)
            _, err := c.Conn.Read(buf)
            if err != nil {
                    fmt.Println("recv buf err ", err)
                    c.ExitBuffChan <- true
                    continue
            }

        //… …(省略部分代码)

    }
}
```

对上述代码进行修正，修正后的代码如下：

```
//zinx/znet/connection.go

func (c *Connection) StartReader() {
    fmt.Println("Reader Goroutine is running")
    defer fmt.Println(c.RemoteAddr().String(), " conn reader exit!")
    defer c.Stop()

    for {
            //创建拆包解包的对象
            dp := NewDataPack()

            //读取客户端的Msg head
            headData := make([]Byte, dp.GetHeadLen())
            if _, err := io.ReadFull(c.GetTCPConnection(), headData); err != nil {
                    fmt.Println("read msg head error ", err)
                    c.ExitBuffChan <- true
                    continue
            }

            //拆包,得到msgid和datalen后放到msg中
            msg, err := dp.Unpack(headData)
```

```
            if err != nil {
                    fmt.Println("unpack error ", err)
                    c.ExitBuffChan <- true
                    continue
            }

            //根据 dataLen 读取 data,放到 msg.Data 中
            var data []Byte
            if msg.GetDataLen() > 0 {
                    data = make([]Byte, msg.GetDataLen())
                    if _, err := io.ReadFull(c.GetTCPConnection(), data); err != nil {
                            fmt.Println("read msg data error ", err)
                            c.ExitBuffChan <- true
                            continue
                    }
            }
            msg.SetData(data)

            //得到当前客户端请求的 Request 数据
            req := Request{
                    conn:c,
                    msg:msg,    //将之前的 buf 改成 msg
            }
            //从路由 Routers 中找到注册绑定 Conn 的对应 Handle
            go func (request ziface.IRequest) {
                    //执行注册的路由方法
                    c.Router.PreHandle(request)
                    c.Router.Handle(request)
                    c.Router.PostHandle(request)
            }(&req)
        }
}
```

集成的逻辑和 16.2.3 节测试的 Server.go 类似。

16.3.3 提供封包的发送方法

现在已经将拆包的功能集成到 Zinx 中,但是使用 Zinx 的时候,如果开发者希望给用户返回一个 TLV 格式的数据,总不能每次都经过这么烦琐的过程,所以应该给 Zinx 提供一个封包的接口,供 Zinx 发包使用,将这种方法定义在 IConnection 接口中,定义为 SendMsg()接口,代码如下:

```
//zinx/ziface/iconnection.go

package ziface
```

```
import "net"

//定义连接接口
type IConnection interface {
    //启动连接,让当前连接开始工作
    Start()
    //停止连接,结束当前连接状态 M
    Stop()
    //从当前连接获取原始的 socket TCPConn
    GetTCPConnection()  * net.TCPConn
    //获取当前连接 ID
    GetConnID() uint32
    //获取远程客户端地址信息
    RemoteAddr() net.Addr
    //直接将 Message 数据发送给远程的 TCP 客户端
    SendMsg(msgId uint32, data []Byte) error
}
```

SendMsg()提供了两个参数,一个是当前发送消息的消息 ID,另一个是当前消息承载的数据。在实现层 Connection 实现该方法,代码如下:

```
//zinx/znet/connection.go

//将 Message 数据发送给远程的 TCP 客户端
func (c * Connection) SendMsg(msgId uint32, data []Byte) error {
    if c.isClosed == true {
            return errors.New("Connection closed when send msg")
    }

    //将 data 封包,并且发送
    dp := NewDataPack()
    msg, err := dp.Pack(NewMsgPackage(msgId, data))
    if err != nil {
            fmt.Println("Pack error msg id = ", msgId)
            return errors.New("Pack error msg ")
    }

    //写回客户端
    if _, err := c.Conn.Write(msg); err != nil {
            fmt.Println("Write msg id ", msgId, " error ")
            c.ExitBuffChan <- true
            return errors.New("conn Write error")
    }

    return nil
}
```

SendMsg()可以将打包的过程透明化,这样发包的可读性更好,接口也变得清晰明了。

16.3.4　使用 Zinx-V0.5 完成应用程序

现在可以基于 Zinx 框架完成发送 Message 消息封装功能的应用层测试用例服务程序了,应用服务器代码如下:

```go
//Server.go

package main

import (
    "fmt"
    "zinx/ziface"
    "zinx/znet"
)

//ping test 自定义路由
type PingRouter struct {
    znet.BaseRouter
}

//Test Handle
func (this *PingRouter) Handle(request ziface.IRequest) {
    fmt.Println("Call PingRouter Handle")
    //先读取客户端的数据,再回写 ping...ping...ping
    fmt.Println("recv from client : msgId = ", request.GetMsgID(), ", data = ", string
(request.GetData()))

    //回写数据
    err := request.GetConnection().SendMsg(1, []Byte("ping...ping...ping"))
    if err != nil {
            fmt.Println(err)
    }
}

func main() {
    //创建一个 server 句柄
    s := znet.NewServer()

    //配置路由
    s.AddRouter(&PingRouter{})

    //开启服务
    s.Serve()
}
```

现在如果希望给对端发送 Zinx 的应用层数据，则只需调用 Connection 对象的 SendMsg()方法，也可以给当前的消息指定 ID 编号，这样开发者就可以根据不同的 ID 的 Message 来处理不同的业务逻辑了。

当前 Server 端先对从客户端发送来的 Message 进行解析，然后返回一个 ID 为 1 的消息，消息内容是 ping...ping...ping。

应用客户端的实现代码如下：

```go
//Client.go

package main

import (
    "fmt"
    "io"
    "net"
    "time"
    "zinx/znet"
)

/*
    模拟客户端
*/
func main() {
    fmt.Println("Client Test ... start")
    //3s 之后发起测试请求,给服务器端开启服务的机会
    time.Sleep(3 * time.Second)

    conn,err := net.Dial("tcp", "127.0.0.1:7777")
    if err != nil {
            fmt.Println("client start err, exit!")
            return
    }

    for {
            //发封包 message 消息
            dp := znet.NewDataPack()
            msg, _ := dp.Pack(znet.NewMsgPackage(0,[]Byte("Zinx V0.5 Client Test Message")))
            _, err := conn.Write(msg)
            if err != nil {
                    fmt.Println("write error err ", err)
                    return
            }
```

```
                        //先读出流中的 head 部分
                        headData := make([]Byte, dp.GetHeadLen())
                        _, err = io.ReadFull(conn, headData) //ReadFull 会把 msg 填充满
                        if err != nil {
                                fmt.Println("read head error")
                                break
                        }
                        //将 headData 字节流拆包到 msg 中
                        msgHead, err := dp.Unpack(headData)
                        if err != nil {
                                fmt.Println("server unpack err:", err)
                                return
                        }

                        if msgHead.GetDataLen() > 0 {
                                //msg 有 data 数据,需要再次读取 data 数据
                                msg := msgHead.(*znet.Message)
                                msg.Data = make([]Byte, msg.GetDataLen())

                                //根据 dataLen 从 io 中读取字节流
                                _, err := io.ReadFull(conn, msg.Data)
                                if err != nil {
                                        fmt.Println("server unpack data err:", err)
                                        return
                                }

                                fmt.Println(" ==> Recv Msg: ID = ", msg.Id, ", len = ", msg.DataLen, ",
data = ", string(msg.Data))
                        }

                        time.Sleep(1 * time.Second)
                }
        }
}
```

这里 Client 客户端模拟了一个 ID 为 0 的"Zinx V0.5 Client Test Message"消息,然后把服务器端返回的数据 log 打印出来。

分别在两个终端运行指令,指令如下:

```
$ go run Server.go
$ go run Client.go
```

服务器端的结果如下:

```
$ go run Server.go
Add Router succ!
[START] Server name: zinx v - 0.5 demoApp, listenner at IP: 127.0.0.1, Port 7777 is starting
[Zinx] Version: V0.4, MaxConn: 3, MaxPacketSize: 4096
start Zinx server zinx v - 0.5 demoApp succ, now listening...
Reader Goroutine is running
Call PingRouter Handle
recv from client : msgId = 0 , data = Zinx V0.5 Client Test Message
Call PingRouter Handle
recv from client : msgId = 0 , data = Zinx V0.5 Client Test Message
Call PingRouter Handle
recv from client : msgId = 0 , data = Zinx V0.5 Client Test Message
...
```

客户端的结果如下：

```
$ go run Client.go
Client Test ... start
==>  Recv Msg: ID = 1 , len = 18 , data = ping...ping...ping
==>  Recv Msg: ID = 1 , len = 18 , data = ping...ping...ping
==>  Recv Msg: ID = 1 , len = 18 , data = ping...ping...ping
...
```

16.4　小结

　　Zinx已经成功地集成了消息的封装功能，这样就有Zinx通信的基本协议标准了。因为Zinx具备了识别消息种类的能力，基于这种能力Zinx框架的通信路由可以根据不同的Message跳转到不同的业务来处理。

　　消息封装是服务器端框架必备的一个模块，这种封装实则是在定义通信框架的应用层协议，这个协议可以基于TCP/IP，也可以基于UDP。Zinx的通信协议比较简单，如果读者希望丰富框架的通信协议，则可以在消息头Head里添加属性，例如数据包完整校验身份信息、解密密钥、校验消息状态等，但需要注意，每次添加一个属性，Head的头部的固定长度就要累加，开发者需要记录这个长度，每次保证完整的头部信息可被读取。

第 17 章

Zinx 多路由模式设计与实现

Zinx-V0.5 配置了路由模式功能,但是只能绑定一个路由的处理业务方法。显然这无法满足基本的服务器需求,现在要在之前的基础上,给 Zinx 添加多路由的方式。

何为多路由的模式,即需要对 MsgID 和对应的处理逻辑进行捆绑。绑定的关系需要放在一个 Map 数据结构的映射中,定义方式如下:

```
Apis map[uint32] ziface.IRouter
```

Map 的 Key 是 uint32 类型,存放的是每一类 Message 的 ID,Value 是 IRouter 路由业务的抽象层,里面应是使用者重写的 Handle 等方法。注意,这里依然不建议存放具体的实现层 Router 类型,其原因还是设计模块是面向抽象层设计的,该 Map 被命名为 Apis。

17.1 创建消息管理模块

本节将定义一条消息管理模块,用于维护这个 Apis 绑定关系表。

17.1.1 创建消息管理模块抽象类

在 zinx/ziface 目录下创建 imsghandler.go 文件,该文件用于定义消息管理的抽象层接口,消息管理接口定义名称为 IMsgHandle 的 interface,定义方式如下:

```
//zinx/ziface/imsghandler.go

package ziface
/*
    消息管理抽象层
 */
type IMsgHandle interface{
    DoMsgHandler(request IRequest)              //马上以非阻塞方式处理消息
    AddRouter(msgId uint32, router IRouter)     //为消息添加具体的处理逻辑
}
```

这里有两种方法,AddRouter()实则将一个 MsgID 和一个路由关系添加到 Apis 中,DoMsgHandler()则是调用 Router 中具体 Handle()等方法的接口,参数是 IRequest 类型,因为 Zinx 已经将客户端的全部消息请求放在一个 IRequest 中,这里将会有全部消息相关的属性。

17.1.2　实现消息管理模块

在 zinx/znet 目录下创建 msghandler.go 文件,该文件为 IMsgHandle 的实现层代码,具体定义方式如下:

```
//zinx/znet/msghandler.go

package znet

import (
    "fmt"
    "strconv"
    "zinx/ziface"
)

type MsgHandle struct{
    Apis map[uint32] ziface.IRouter //存放每个 MsgId 所对应的处理方法的 map 属性
}
```

MsgHandle 类有一个属性,即绑定 MsgID 和 Router 关系的 Map,接下来提供 MsgHandle 的构造方法,实现代码如下:

```
//zinx/znet/msghandler.go

func NewMsgHandle() * MsgHandle {
    return &MsgHandle {
            Apis:make(map[uint32]ziface.IRouter),
    }
}
```

Go 语言中 Map 的初始化需要 make 关键字开辟空间,这里需要注意。MsgHandle 要实现 IMsgHandle 的两个接口方法 DoMsgHandler()和 AddRouter(),具体实现如下:

```
//zinx/znet/msghandler.go

//以非阻塞方式处理消息
func (mh * MsgHandle) DoMsgHandler(request ziface.IRequest){
    handler, ok := mh.Apis[request.GetMsgID()]
```

```
        if !ok {
                fmt.Println("api msgId = ",
                                request.GetMsgID(), " is not FOUND!")
                return
        }

        //执行对应处理方法
        handler.PreHandle(request)
        handler.Handle(request)
        handler.PostHandle(request)
}

//为消息添加具体的处理逻辑
func (mh * MsgHandle) AddRouter(msgId uint32, router ziface.IRouter) {
        //1. 判断当前 msg 绑定的 API 处理方法是否已经存在
        if _, ok := mh.Apis[msgId]; ok {
                panic("repeated api , msgId = " + strconv.Itoa(int(msgId)))
        }
        //2. 添加 msg 与 api 的绑定关系
        mh.Apis[msgId] = router
        fmt.Println("Add api msgId = ", msgId)
}
```

DoMsgHandler()方法处理逻辑包括两个步骤,第一步是从输入形参 request 获取对端传递过来的 MsgID,然后通过 Apis 的 Map 映射关系得到对应的 Router,如果找不到,则为不识别的消息提示开发者需要预先注册该类消息的回调业务 Router。第二步是得到 Router 后依次按照模板顺序执行开发者注册的 PreHandle()、Handle()、PostHandle()3 种方法。这 3 种方法执行完后该消息的业务也就结束了。

以上消息管理模块已经设计完了,接下来需要将该模块集成到 Zinx 框架中,并且升级到 Zinx-V0.6 版本。

17.2 Zinx-V0.6 代码实现

首先,IServer 抽象层要修正 AddRouter()的接口,现在增加 MsgID 区分,所以需新增 MsgId 参数,修改后的代码如下:

```
//zinx/ziface/iserver.go
package ziface

//定义服务器接口
type IServer interface{
```

```
    //启动服务器方法
    Start()
    //停止服务器方法
    Stop()
    //开启业务服务方法
    Serve()
    //路由功能：给当前服务注册一个路由业务方法，供客户端连接处理使用
    AddRouter(msgId uint32, router IRouter)
}
```

其次，Server 类中之前有一个 Router 成员，代表唯一的消息处理的业务方法，现在应该替换成 MsgHandler 成员，修改后的代码如下：

```
//zinx/znet/server.go

type Server struct {
    //服务器的名称
    Name string
    //tcp4 or other
    IPVersion string
    //服务绑定的 IP 地址
    IP string
    //服务绑定的端口
    Port int
    //当前 Server 的消息管理模块，用来绑定 MsgId 和对应的处理方法
    msgHandler ziface.IMsgHandle
}
```

初始化 Server 的构造函数自然也要更正，增加 msgHandler 对象的初始化，代码如下：

```
//zinx/znet/server.go

/*
  创建一个服务器句柄
*/
func NewServer () ziface.IServer {
    utils.GlobalObject.Reload()

    s: = &Server {
            Name :utils.GlobalObject.Name,
            IPVersion:"tcp4",
            IP:utils.GlobalObject.Host,
            Port:utils.GlobalObject.TcpPort,
```

```
            msgHandler: NewMsgHandle(), //msgHandler 初始化
    }
    return s
}
```

然后,当 Server 在处理 conn 连接请求业务的时候,创建 conn 连接时也需要把 msgHandler 作为参数传递给 Connection 对象,相关的代码部分如下:

```
/zinx/znet/server.go

//……(省略部分代码)

dealConn := NewConnection(conn, cid, s.msgHandler)

//……(省略部分代码)
```

接下来修改 Connection 对象。在 Connection 对象中应该有 MsgHandler 的成员,来查找消息对应的回调路由方法,修改后的代码如下:

```
//zinx/znet/connection.go

type Connection struct {
    //当前连接的 socket TCP 套接字
    Conn * net.TCPConn
    //当前连接的 ID 也可以称为 SessionID,ID 全局唯一
    ConnID uint32
    //当前连接的关闭状态
    isClosed bool
    //消息管理 MsgId 和对应处理方法的消息管理模块
    MsgHandler ziface.IMsgHandle
    //告知该连接已经退出/停止的 channel
    ExitBuffChan chan bool
}
```

相应地,创建连接 Connection 的构造方法也要将 MsgHandler 的参数传递给成员赋值,代码如下:

```
//zinx/zneet/connection.go

func NewConnection(conn * net.TCPConn, connID uint32, msgHandler ziface.IMsgHandle) *
Connection{
    c := &Connection{
```

```
                    Conn: conn,
                    ConnID: connID,
                    isClosed: false,
                    MsgHandler: msgHandler,
                    ExitBuffChan: make(chan bool, 1),
        }

        return c
}
```

最后，在 conn 已经读到完整的 Message 数据之后，封装在一个 Request 中，当需要调用路由业务的时候，只需让 conn 调用 MsgHandler 中的 DoMsgHandler()方法，相关的修正代码如下：

```
//zinx/znet/connection.go

func (c * Connection) StartReader() {

    //……(省略部分代码)

    for {
            //……(省略部分代码)

            //得到当前客户端请求的 Request 数据
            req : = Request{
                    conn:c,
                    msg:msg,
            }

            //从绑定好的消息和对应的处理方法中执行对应的 Handle 方法
            go c.MsgHandler.DoMsgHandler(&req)
    }
}
```

启动一个新的 Goroutine 承载 DoMsgHandler()方法，这样不同的 MsgID 的消息就会匹配到不同处理业务流程进行执行。

17.3 使用 Zinx-V0.6 完成应用程序

现在通过 Server 后端应用服务来使用 Zinx-V0.6 版本进行开发，代码如下：

```go
//Server.go
package main

import (
    "fmt"
    "zinx/ziface"
    "zinx/znet"
)

//ping test 自定义路由
type PingRouter struct {
    znet.BaseRouter
}

//Ping Handle
func (this *PingRouter) Handle(request ziface.IRequest) {
    fmt.Println("Call PingRouter Handle")
    //先读取客户端的数据,再回写 ping...ping...ping
    fmt.Println("recv from client : msgId = ", request.GetMsgID(), ", data = ", string(request.GetData()))

    err := request.GetConnection().SendMsg(0, []Byte("ping...ping...ping"))
    if err != nil {
        fmt.Println(err)
    }
}

//HelloZinxRouter Handle
type HelloZinxRouter struct {
    znet.BaseRouter
}

func (this *HelloZinxRouter) Handle(request ziface.IRequest) {
    fmt.Println("Call HelloZinxRouter Handle")
    //先读取客户端的数据,再回写 ping...ping...ping
    fmt.Println("recv from client : msgId = ", request.GetMsgID(), ", data = ", string(request.GetData()))

    err := request.GetConnection().SendMsg(1, []Byte("Hello Zinx Router V0.6"))
    if err != nil {
        fmt.Println(err)
    }
}

func main() {
```

```
    //创建一个 server 句柄
    s := znet.NewServer()

    //配置路由
    s.AddRouter(0, &PingRouter{})
    s.AddRouter(1, &HelloZinxRouter{})

    //开启服务
    s.Serve()
}
```

Server 端设置了两个路由,一个是 MsgID 为 0 的消息会执行 PingRouter{} 重写的 Handle() 方法,另一个是 MsgID 为 1 的消息会执行 HelloZinxRouter{} 重写的 Handle() 方法。

接下来写两个客户端,分别发送 MsgID 为 0 的消息和 MsgID 为 1 的消息进行测试,以便确认 Zinx 是否能够处理两个不同的消息业务。

第 1 个客户端写在 Client0.go 文件中,代码如下:

```
//Client0.go

package main

import (
    "fmt"
    "io"
    "net"
    "time"
    "zinx/znet"
)

/*
   模拟客户端
*/
func main() {

    fmt.Println("Client Test ... start")
    //3s 之后发起测试请求,给服务器端开启服务的机会
    time.Sleep(3 * time.Second)

    conn,err := net.Dial("tcp", "127.0.0.1:7777")
    if err != nil {
        fmt.Println("client start err, exit!")
        return
```

```
        }

    for {
        //发封包 message 消息
        dp := znet.NewDataPack()
        msg, _ := dp.Pack(znet.NewMsgPackage(0,[]Byte("Zinx V0.6 Client0 Test Message")))
        _, err := conn.Write(msg)
        if err != nil {
            fmt.Println("write error err ", err)
            return
        }

        //先读出流中的 head 部分
        headData := make([]Byte, dp.GetHeadLen())
        _, err = io.ReadFull(conn, headData) //ReadFull 会把 msg 填充满为止
        if err != nil {
            fmt.Println("read head error")
            break
        }
        //将 headData 字节流拆包到 msg 中
        msgHead, err := dp.Unpack(headData)
        if err != nil {
            fmt.Println("server unpack err:", err)
            return
        }

        if msgHead.GetDataLen() > 0 {
            //msg 有 data 数据,需要再次读取 data 数据
            msg := msgHead.(*znet.Message)
            msg.Data = make([]Byte, msg.GetDataLen())

            //根据 dataLen 从 io 中读取字节流
            _, err := io.ReadFull(conn, msg.Data)
            if err != nil {
                fmt.Println("server unpack data err:", err)
                return
            }

            fmt.Println(" == > Recv Msg: ID = ", msg.Id, ", len = ", msg.DataLen, ", data = ",
string(msg.Data))
        }

        time.Sleep(1 * time.Second)
    }
}
```

Client0 发送 MsgID 为 0 的消息，消息内容是"Zinx V0.6 Client0 Test Message"。
第 2 个客户端写在 Client1.go 文件中，代码如下：

```go
//Client1.go
package main

import (
    "fmt"
    "io"
    "net"
    "time"
    "zinx/znet"
)

/*
    模拟客户端
*/
func main() {

    fmt.Println("Client Test ... start")
    //3s 之后发起测试请求,给服务器端开启服务的机会
    time.Sleep(3 * time.Second)

    conn, err := net.Dial("tcp", "127.0.0.1:7777")
    if err != nil {
        fmt.Println("client start err, exit!")
        return
    }

    for {
        //发封包 message 消息
        dp := znet.NewDataPack()
        msg, _ := dp.Pack(znet.NewMsgPackage(1, []Byte("Zinx V0.6 Client1 Test Message")))
        _, err := conn.Write(msg)
        if err != nil {
            fmt.Println("write error err ", err)
            return
        }

        //先读出流中的 head 部分
        headData := make([]Byte, dp.GetHeadLen())
        _, err = io.ReadFull(conn, headData) //ReadFull 会把 msg 填充满为止
        if err != nil {
            fmt.Println("read head error")
            break
```

```
        }
        //将 headData 字节流拆包到 msg 中
        msgHead, err := dp.Unpack(headData)
        if err != nil {
            fmt.Println("server unpack err:", err)
            return
        }

        if msgHead.GetDataLen() > 0 {
            //msg 有 data 数据,需要再次读取 data 数据
            msg := msgHead.(*znet.Message)
            msg.Data = make([]Byte, msg.GetDataLen())

            //根据 dataLen 从 io 中读取字节流
            _, err := io.ReadFull(conn, msg.Data)
            if err != nil {
                fmt.Println("server unpack data err:", err)
                return
            }

            fmt.Println("==> Recv Msg: ID = ", msg.Id, ", len = ", msg.DataLen, ", data = ",
string(msg.Data))
        }

        time.Sleep(1 * time.Second)
    }
}
```

Client1 发送 MsgID 为 1 的消息,消息内容是"Zinx V0.6 Client1 Test Message"。
分别执行服务器端和两个客户端,通过下述方式执行,分别在 3 个不同终端执行:

```
$ go  run  Server.go
$ go  run  Client0.go
$ go  run  Client1.go
```

服务器端显示的结果如下:

```
$ go run Server.go
Add api msgId = 0
Add api msgId = 1
[START] Server name: zinx v-0.6 demoApp,listenner at IP: 127.0.0.1, Port 7777 is starting
[Zinx] Version: V0.4, MaxConn: 3, MaxPacketSize: 4096
start Zinx server zinx v-0.6 demoApp succ, now listening...
Reader Goroutine is running
```

```
Call PingRouter Handle
recv from client : msgId = 0 , data = Zinx V0.6 Client0 Test Message
Reader Goroutine is running
Call HelloZinxRouter Handle
recv from client : msgId = 1 , data = Zinx V0.6 Client1 Test Message
Call PingRouter Handle
recv from client : msgId = 0 , data = Zinx V0.6 Client0 Test Message
Call HelloZinxRouter Handle
recv from client : msgId = 1 , data = Zinx V0.6 Client1 Test Message
Call PingRouter Handle
recv from client : msgId = 0 , data = Zinx V0.6 Client0 Test Message
Call HelloZinxRouter Handle
recv from client : msgId = 1 , data = Zinx V0.6 Client1 Test Message
//… …
```

客户端 0 显示的结果如下：

```
$ go run Client0.go
Client Test … start
==> Recv Msg: ID = 0 , len = 18 , data = ping…ping…ping
==> Recv Msg: ID = 0 , len = 18 , data = ping…ping…ping
==> Recv Msg: ID = 0 , len = 18 , data = ping…ping…ping
//… …
```

客户端 1 显示的结果如下：

```
$ go run Client1.go
Client Test … start
==> Recv Msg: ID = 1 , len = 22 , data = Hello Zinx Router V0.6
==> Recv Msg: ID = 1 , len = 22 , data = Hello Zinx Router V0.6
==> Recv Msg: ID = 1 , len = 22 , data = Hello Zinx Router V0.6
//… …
```

从结果可以看出服务器端代码已经可以依据不同的 MsgID 进行不同的逻辑处理了，客户端 1 只收到了 ping…ping…ping 的回复，而客户端 2 只收到了 Hello Zinx Router V0.6 的回复。

17.4　小结

截止 Zinx V0.6 版本，已经可以根据不同的消息进行不同的业务分发，具备了服务器端网络通信框架的基本能力，开发者可以在使用 Zinx 的时候预设好消息种类，依据消息种类注册不同的 Handle 业务，通过 AddRouter() 添加到 Server 服务对象中，这样就可以提供服务器业务层开发能力了。接下来针对 Zinx 内部模块结构的处理进行进一步升级。

第 18 章

Zinx 读写分离模型构建

本章要对 Zinx 进行小的版本升级，改动与客户端进行数据交互的 Goroutine，由之前的一个变成两个。其中一个专门负责从客户端读取数据，另一个专门负责向客户端写数据。这样设计的好处是高内聚，模块的功能单一，对于今后扩展功能更加方便。改动之后的读写架构如图 18.1 所示。

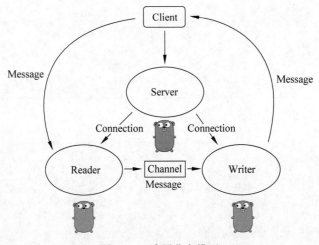

图 18.1　读写分离模型

Server 依然用于处理客户端的响应，包括之前的关键方法，如 Listen()、Accept() 等。当建立与客户端的套接字后，就会开启两个 Goroutine，分别处理读数据业务和写数据业务，读写数据之间的消息通过一个 Channel 传递。

18.1　Zinx-V0.7 代码实现

读写分离模型的改动不大，这里涉及 4 个地方需要改动。

1. 添加读写模块交互数据的管道

首选要添加读写两个 Goroutine 之间的通信 Channel，用于读写两个协程之间的信号状态数据，这个 Channel 定义在 Connection 中，原因是读写两个协程都会从当前已经创建的连接进行操作，对于二者的共享 Channel 需要定义在二者都会依赖的当前的 Connection 中，改动之后的 Connection 的数据结构如下：

```
//zinx/znet/connection.go

type Connection struct {
    //当前连接的 socket TCP 套接字
    Conn * net.TCPConn
    //当前连接的 ID 也可以称为 SessionID,ID 全局唯一
    ConnID uint32
    //当前连接的关闭状态
    isClosed bool
    //消息管理 MsgId 和对应处理方法的消息管理模块
    MsgHandler ziface.IMsgHandle
    //告知该连接已经退出/停止的 channel
    ExitBuffChan chan bool
    //无缓冲管道,用于读、写两个 Goroutine 之间的消息通信
    msgChan             chan []Byte
}
```

给 Connection 新增一个管道成员 msgChan，用于读写两个 Go 的通信。相应地，Connection 的构造方法也要初始化 msgChan 属性，改动后的代码如下：

```
//创建连接的方法
func NewConnection(conn * net.TCPConn, connID uint32, msgHandler ziface.IMsgHandle) *
Connection{
    c := &Connection{
            Conn: conn,
            ConnID: connID,
            isClosed: false,
            MsgHandler: msgHandler,
            ExitBuffChan: make(chan bool, 1),
            msgChan:make(chan []Byte), //msgChan 初始化
    }

    return c
}
```

2. 创建 Writer Goroutine

编写一个写消息 Goroutine，核心代码是调用 conn.Write()方法，逻辑过程是阻塞等待读 Goroutine 发送过来的消息，代码如下：

```
//zinx/znet/connection.go

/*
    写消息 Goroutine,用户将数据发送给客户端
*/
func (c *Connection) StartWriter() {

    fmt.Println("[Writer Goroutine is running]")
    defer fmt.Println(c.RemoteAddr().String(), "[conn Writer exit!]")

    for {
        select {
            case data := <- c.msgChan:
                    //有数据要写给客户端
                    if _, err := c.Conn.Write(data); err != nil {
                            fmt.Println("Send Data error:, ", err, " Conn Writer exit")
                            return
                    }
            case <- c.ExitBuffChan:
                    //conn 已经关闭
                    return

        }
    }
}
```

创建 StartWriter()协程的好处是程序的读写业务分离,职责单一,再优化读或者优化写逻辑的时候相互互不干扰。

3. Reader 将发送客户端的数据改为发送至 Channel

修改 Reader 调用的 SendMsg()方法,Reader 将回写对端的逻辑改为将消息发送给Writer 处理,相关代码如下:

```
//zinx/znet/connection.go

//直接将 Message 数据发送给远程的 TCP 客户端
func (c *Connection) SendMsg(msgId uint32, data []Byte) error {
    if c.isClosed == true {
            return errors.New("Connection closed when send msg")
    }
    //将 data 封包,并且发送
    dp := NewDataPack()
    msg, err := dp.Pack(NewMsgPackage(msgId, data))
    if err != nil {
            fmt.Println("Pack error msg id = ", msgId)
```

```
        return errors.New("Pack error msg ")
    }

    //写回客户端
    //将之前直接回写给 conn.Write 的方法改为发送给 Channel,供 Writer 读取
    c.msgChan <- msg

    return nil
}
```

4. 启动 Reader 和 Writer

连接启动的逻辑变得更加清晰,只需分别启动 Reader 和 Writer 两个协程,分别处理连接的读写业务,启动代码如下:

```
//zinx/znet/connection.go

//启动连接,让当前连接开始工作
func (c * Connection) Start() {

    //1. 开启用户从客户端读取数据流程的 Goroutine
    go c.StartReader()
    //2. 开启用于写回客户端数据流程的 Goroutine
    go c.StartWriter()

    for {
        select {
        case <- c.ExitBuffChan:
                //得到退出消息,不再阻塞
                return
        }
    }
}
```

18.2 小结

测试代码和 V0.6 的代码一样,这里就不再复述了。现在已经将读写模块分离了。读写分离设计的意义在于在继续改进框架的时候,可以确定是读流程的业务还是写流程的业务。接下来可以基于本章的读写分离机制再进行升级,添加任务队列机制。

第 19 章　Zinx 消息队列和任务工作池

设计与实现

本章将为 Zinx 添加消息队列和多任务 Worker 机制。通过 Worker 的数量来限定处理业务的固定 Goroutine 的数量，而不是无限制地开辟 Goroutine。虽然 Go 的调度算法设计及优化后的性能非常优秀，但是大量的 Goroutine 依然会带来一些不必要的环境切换成本。这些是服务器本应该节省掉的成本。可以用消息队列来缓冲 Worker 工作的数据。

Zinx 框架的 Worker Pool 工作池的设计如图 19.1 所示。

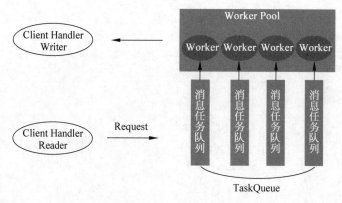

图 19.1　Worker Pool 工作池结构

在第 18 章的 Zinx V0.7 设计中，已经将连接的读写业务分离成 Reader 和 Writer 两个协程来处理。在添加 Worker Pool 工作池后，Reader 将收到 Client 客户端的 Request 请求，将请求交给 Worker Pool 中的 TaskQueue 消息队列，Reader 作为消息的生产者，而每条消息任务队列均会有一个 Worker 进行消费，并且在消费之后会将数据交给 Writer 进行写操作，然后传给远程客户端。

这样消息通过 Worker Pool 传播的目的是，无论连接数量为多少，最终处理消息业务逻辑程序的是并行 Worker，即计算业务逻辑的 Goroutine 协程数量是固定的。可以在大量读写吞吐和并发的情况下限定 Goroutine 泛滥过多而导致性能下降的情况。

19.1 创建消息队列

首先,将处理消息队列的部分集成到 MsgHandler 模块下,因为属于消息模块范畴,所以消息队列可作为 MsgHandler 消息管理模块的一个成员属性 TaskQueue,每条消息的数据类型是 IRequest,定义的方式如下:

```
//zinx/znet/msghandler.go

type MsgHandle struct {
    Apis             map[uint32]ziface.IRouter
    WorkerPoolSize   uint32                        //业务工作 Worker 池的数量
    TaskQueue        []chan ziface.IRequest         //Worker 负责取任务的消息队列
}
```

WorkerPoolSize 是消息队列的数量,消息队列和 Worker 的数量是 1 : 1 的关系,一个 Worker 只会耗费一条消息队列。TaskQueue 是一个 Channel 数组,对于 Slice 在初始化的时候开发者也要有用 make 初始化的习惯,初始化代码如下:

```
func NewMsgHandle()  * MsgHandle {
    return &MsgHandle{
            Apis: make(map[uint32]ziface.IRouter),
            WorkerPoolSize:utils.GlobalObject.WorkerPoolSize,
            //一个 worker 对应一个 queue
            TaskQueue:make([]chan ziface.IRequest, utils.GlobalObject.WorkerPoolSize),
    }
}
```

添加的两个成员如下。

(1) WorkerPoolSize 作为工作池的数量,因为 TaskQueue 中的每个队列应该和一个 Worker 对应,所以在创建 TaskQueue 时队列数量要和 Worker 的数量一致。

(2) TaskQueue 是一个 Request 请求信息的 Channel 集合。用来缓冲提供 Worker 调用的 Request 请求信息,Worker 会从对应的队列中获取客户端的请求数据并且处理掉。

当然 WorkerPoolSize 最好也可以从 GlobalObject 获取,并且 zinx.json 配置文件可以手动配置,配置加载部分的代码修改后如下:

```
//zinx/utils/globalobj.go

/*
    存储一切有关 Zinx 框架的全局参数,供其他模块使用
    一些参数也可以通过用户根据 zinx.json 文件来配置
```

```
 */
type GlobalObj        struct {
    /*

                Server
     */
    TcpServer        ziface.IServer        //当前 Zinx 的全局 Server 对象
    Host             string                //当前服务器主机 IP
    TcpPort          int                   //当前服务器主机监听端口号
    Name             string                //当前服务器名称

    /*

                Zinx
     */
    Version          string                //当前 Zinx 版本号
    MaxPacketSize    uint32                //都需数据包的最大值
    MaxConn          int                   //当前服务器主机允许的最大连接个数
    WorkerPoolSize   uint32                //业务工作池 Worker 的数量
    MaxWorkerTaskLen uint32                //业务工作 Worker 对应负责的任务队列的最大任务存储数量

    /*

                config file path
     */
    ConfFilePath string
}
```

将 WorkerPoolSize 业务工作池 Worker 的数量和 MaxWorkerTaskLen 每条消息队列最大缓冲的消息数量开放在 zinx.json 可配置文件中，相关的 init()初始化配置也要给这两个参数赋值，代码如下：

```
//zinx/utils/globalobj.go

/*
    提供 init()方法,默认加载
 */
func init() {
    //初始化 GlobalObject 变量,设置一些默认值
    GlobalObject = &GlobalObj{
            Name:             "ZinxServerApp",
            Version:          "V0.4",
            TcpPort:          7777,
            Host:             "0.0.0.0",
            MaxConn:          12000,
            MaxPacketSize:    4096,
            ConfFilePath:     "conf/zinx.json",
```

```
              WorkerPoolSize:          10,
              MaxWorkerTaskLen:        1024,
      }

      //从配置文件中加载一些用户配置的参数
      GlobalObject.Reload()
}
```

19.2　创建及启动 Worker 工作池

现在添加 Worker 工作池，先定义一些启动工作池的接口，接口定义在抽象层 IMsgHandle 中，定义的代码如下：

```
//zinx/ziface/imsghandler.go

/*
    消息管理抽象层
*/
type IMsgHandle interface{
    DoMsgHandler(request IRequest)            //以非阻塞方式处理消息
    AddRouter(msgId uint32, router IRouter)   //为消息添加具体的处理逻辑
    StartWorkerPool()                         //启动 Worker 工作池
    SendMsgToTaskQueue(request IRequest)      //将消息交给 TaskQueue,由 Worker 进行处理
}
```

新增的两个接口方法的含义如下：

(1) StartWorkerPool()方法用于启动 Worker 工作池，这里根据用户配置好的 WorkerPoolSize 的数量来启动，然后分别给每个 Worker 分配一个 TaskQueue，然后用一个 Goroutine 来承载一个 Worker 的工作业务。

(2) SendMsgToTaskQueue()方法用于对外提供消息，即将消息交给 TaskQueue，也就是交给 WorkerPool 处理，这是 WorkerPool 的入口。

首先实现 StartOneWorker()方法，在实现层 msghandler. go 为 MsgHandle 添加 StartOneWorker()方法，StartOneWorker()方法是一个 Worker 的工作业务，每个 Worker 不会退出(目前没有设定 Worker 的停止工作机制)，会永久地从对应的 TaskQueue 中等待消息，并处理，代码逻辑如下：

```
//zinx/znet/msghandler.go

//启动一个 Worker 工作流程
```

```go
func (mh * MsgHandle) StartOneWorker(workerID int, taskQueue chan ziface.IRequest) {
    fmt.Println("Worker ID = ", workerID, " is started.")
    //不断地等待队列中的消息
    for {
        select {
            //如果有消息,则取出队列的Request,并执行绑定的业务方法
            case request : = <- taskQueue:
                    mh.DoMsgHandler(request)
        }
    }
}
```

每个 Worker 的业务就是不断地耗费各自相对应的 TaskQueue 消息队列,一旦有消息过来,就将 Request 请求交给路由 Router 进行业务匹配处理,然后继续 select 阻塞等待队列传来数据。

上述是一个 Worker 的逻辑,将全部的 Worker 启动起来并且将每个 Worker 和 TaskQueue 相关联就是 StartWorkerPool()逻辑要完成的事情,代码实现的逻辑如下:

```go
//zinx/znet/msghandler.go

//启动 Worker 工作池
func (mh * MsgHandle) StartWorkerPool() {
    //遍历需要启动 Worker 的数量,依此启动
    for i: = 0; i < int(mh.WorkerPoolSize); i++{
        //一个 Worker 被启动
        //给当前 Worker 对应的任务队列开辟空间
            mh. TaskQueue [i] =  make (chan ziface. IRequest, utils. GlobalObject.
MaxWorkerTaskLen)
            //启动当前 Worker,阻塞地等待对应的任务队列是否有消息传递进来
            go mh. StartOneWorker(i, mh. TaskQueue[i])
    }
}
```

StartWorkerPool()会根据 WorkerPoolSize 的数量启动 Worker,并且用一个 Goroutine 来承载一个 Worker 业务。每个 Worker 会跟格子的索引下标 i 和 TaskQueue 切片的第 i 个 Channel 对应。这里需要注意每个 Channel 在使用之前需要用 make 初始化开辟内存空间。

19.3 将消息发送给消息队列

现在 Worker 工作池已经准备就绪了,就需要有一个给 Worker 工作池消息的入口,接下来实现 SendMsgToTaskQueue()方法,代码如下:

```go
//zinx/znet/msghandler.go

//将消息交给 TaskQueue,由 Worker 进行处理
func (mh * MsgHandle)SendMsgToTaskQueue(request ziface.IRequest) {
    //根据 ConnID 来分配当前的连接应该由哪个 Worker 负责处理
    //轮询的平均分配法则

    //得到需要处理此条连接的 workerID
    workerID := request.GetConnection().GetConnID() % mh.WorkerPoolSize

    fmt.Println("Add ConnID = ", request.GetConnection().GetConnID()," request msgID = ",
request.GetMsgID(), "to workerID = ", workerID)

    //将请求消息发送给任务队列
    mh.TaskQueue[workerID] <- request
}
```

SendMsgToTaskQueue()作为工作池的数据入口,这里采用的是轮询的分配机制,因为不同的连接信息都会调用这个入口,所以应确定到底应该由哪个 Worker 处理该连接的请求处理,这里用的是一个简单的求模运算,用余数和 WorkerID 的匹配进行分配。

最终将 Request 请求数据发送给对应 Worker 的 TaskQueue,这样对应的 Worker 的 Goroutine 就会处理该连接请求了。

19.4　Zinx-V0.8 代码实现

本节会将消息队列和多任务 Worker 机制集成到 Zinx 中,Zinx 将升级为 V0.8 版本。首先,在 Server 的 Start()方法中,逻辑处理到 Accept()方法之前来启动 Worker 工作池,添加的相关代码如下:

```go
//zinx/znet/server.go

//开启网络服务
func (s * Server) Start() {

    //… …(省略部分代码)

    //开启一个 go 去做服务器端 Linster 业务
    go func() {
        //0 启动 worker 工作池机制
        s.msgHandler.StartWorkerPool()

        //1. 获取一个 TCP 的 Addr
```

```
        addr, err := net.ResolveTCPAddr(s.IPVersion, fmt.Sprintf("%s:%d", s.IP, s.Port))
        if err != nil {
                fmt.Println("resolve tcp addr err: ", err)
                return
        }

        //……(省略部分代码)
    }()
}
```

其次,当服务器端 Server 已经得到客户端的连接请求过来数据的时候,将数据发送给 Worker 工作池进行处理,所以应该在 Connection 的 StartReader()方法中添加如下逻辑代码:

```
//zinx/znet/connection.go

/*
    读消息 Goroutine,用于从客户端中读取数据
*/
func (c *Connection) StartReader() {
    fmt.Println("Reader Goroutine is running")
    defer fmt.Println(c.RemoteAddr().String(), " conn reader exit!")
    defer c.Stop()

    for {
            //……(省略部分代码)


            //得到当前客户端请求的 Request 数据
            req := Request{
                    conn:c,
                    msg:msg,
            }

            if utils.GlobalObject.WorkerPoolSize > 0 {
                    //已经启动工作池机制,将消息交给 Worker 处理
                    c.MsgHandler.SendMsgToTaskQueue(&req)
            } else {
                    //从绑定好的消息和对应的处理方法中执行对应的 Handle 方法
                    go c.MsgHandler.DoMsgHandler(&req)
            }
    }
}
```

Connection 的 StartReader() 方法并没有强制使用多任务 Worker 机制，而是判断用户配置 WorkerPoolSize 的个数，如果大于 0，就启动多任务机制处理连接请求消息，如果等于 0 或者小于 0，则保持之前的逻辑不变，只开启一个临时的 Goroutine 处理客户端请求消息。

19.5　使用 Zinx-V0.8 完成应用程序

下面就是来验证 WorkerPool 的功能是否可以正常使用，测试代码和 V0.6、V0.7 的代码一样。因为 Zinx 框架对外接口没有发生改变。

分别启动 Server 服务器端应用程序和 Client 客户端应用程序，客户端应用程序分为三个终端来启动，下述代码依次在 4 个终端执行：

```
$ go run Server.go
$ go run Client0.go
$ go run Client1.go
$ go run Client0.go
```

服务器端运行的结果如下：

```
$ go run Server.go
Add api msgId = 0
Add api msgId = 1
[START] Server name: zinx v-0.8 demoApp,listenner at IP: 127.0.0.1, Port 7777 is starting
[Zinx] Version: V0.4, MaxConn: 3, MaxPacketSize: 4096
Worker ID = 4 is started.
start Zinx server zinx v-0.8 demoApp succ, now listening...
Worker ID = 9 is started.
Worker ID = 0 is started.
Worker ID = 5 is started.
Worker ID = 6 is started.
Worker ID = 1 is started.
Worker ID = 2 is started.
Worker ID = 7 is started.
Worker ID = 8 is started.
Worker ID = 3 is started.
Reader Goroutine is running
Add ConnID = 0 request msgID = 0 to workerID = 0
Call PingRouter Handle
recv from client : msgId = 0 , data = Zinx V0.8 Client0 Test Message
Reader Goroutine is running
Add ConnID = 1 request msgID = 1 to workerID = 1
Call HelloZinxRouter Handle
```

```
recv from client : msgId = 1 , data = Zinx V0.8 Client1 Test Message
Add ConnID = 0 request msgID = 0 to workerID = 0
Call PingRouter Handle
recv from client : msgId = 0 , data = Zinx V0.8 Client0 Test Message
Reader Goroutine is running
Add ConnID = 2 request msgID = 0 to workerID = 2
Call PingRouter Handle
recv from client : msgId = 0 , data = Zinx V0.8 Client0 Test Message
Add ConnID = 1 request msgID = 1 to workerID = 1
Call HelloZinxRouter Handle
recv from client : msgId = 1 , data = Zinx V0.8 Client1 Test Message
Add ConnID = 0 request msgID = 0 to workerID = 0
Call PingRouter Handle
recv from client : msgId = 0 , data = Zinx V0.8 Client0 Test Message
Add ConnID = 2 request msgID = 0 to workerID = 2
Call PingRouter Handle
recv from client : msgId = 0 , data = Zinx V0.8 Client0 Test Message
Add ConnID = 1 request msgID = 1 to workerID = 1
Call HelloZinxRouter Handle
recv from client : msgId = 1 , data = Zinx V0.8 Client1 Test Message
Add ConnID = 0 request msgID = 0 to workerID = 0
Call PingRouter Handle
recv from client : msgId = 0 , data = Zinx V0.8 Client0 Test Message
//… …
```

客户端 0 的运行结果如下：

```
$ go run Client0.go
Client Test … start
==> Recv Msg: ID = 0 , len = 18 , data = ping...ping...ping
==> Recv Msg: ID = 0 , len = 18 , data = ping...ping...ping
==> Recv Msg: ID = 0 , len = 18 , data = ping...ping...ping
==> Recv Msg: ID = 0 , len = 18 , data = ping...ping...ping
//… …
```

客户端 1 的运行结果如下：

```
$ go run Client1.go
Client Test … start
==> Recv Msg: ID = 1 , len = 22 , data = Hello Zinx Router V0.8
==> Recv Msg: ID = 1 , len = 22 , data = Hello Zinx Router V0.8
==> Recv Msg: ID = 1 , len = 22 , data = Hello Zinx Router V0.8
//… …
```

客户端 2（与客户端 0 的代码一样）的运行结果如下：

```
$ go run Client0.go
Client Test … start
==> Recv Msg: ID = 0 , len = 18 , data = ping…ping…ping
==> Recv Msg: ID = 0 , len = 18 , data = ping…ping…ping
//… …
```

19.6　小结

　　消息队列和任务工作池通过上述代码的结果来看已经可以提供相关功能了。那么设计 WorkerPool 的意义在哪里？从当前的 Zinx 框架的设计可以看出来，如果一个客户端连接过来，服务器端会启动一个 Reader 协程和一个 Write 协程，这两个协程实则是在处理 I/O 的读写状态，而且在网络上没有数据传输的情况下是一个阻塞的状态。本书在前面章节的内容中介绍过，一个流程如果阻塞是不会占用 CPU 资源的。在网络上有传输的数据对于读写的计算也必须让 CPU 承担。可以理解为对于 I/O 读写的计算部分成本开发者无法优化，或者不应该优化。因此只剩下了将数据读取到用户态应用程序内存中对数据的业务逻辑处理部分。

　　如果框架没有添加 WorkerPool 工作池的功能，则对于整体功能来看毫无影响，但是一个连接对应一个业务处理的 Goroutine，随着连接数量的增加，服务器端的 Goroutine 的数量也相应地增加，而这些 Goroutine 并不会出现阻塞等现象，大部分逻辑都在计算业务，这样便将业务的处理优先级最大化了，但是 Goroutine 的数量剧增会导致切换的频率变高，当超过计算机硬件可以承受的某个阈值时，程序将会立刻变得缓慢，如果连接此时继续增加，将会引起恶性循环，从而导致程序资源被撑爆而导致进程死亡。WorkerPool 实则是控制服务器端程序的最大切换处理业务频率的工具，大量的连接经过漏斗供给计算业务后，速度将得到控制。

第 20 章

Zinx 连接管理及属性设置

本章将给 Zinx 框架增加连接个数的限定,如果超过一定量的客户端个数,Zinx 为了保证后端的及时响应,而拒绝连接请求。同时给 Zinx 添加连接属性,让业务层开发者可以通过连接携带业务参数供业务访问。

20.1 连接管理

Zinx 需要定义一个连接管理模块,连接管理模块依然分为抽象层和实现层。抽象层接口为 IConnManager。

20.1.1 创建连接管理模块

在 zinx/ziface 目录下创建 iconnmanager.go,该文件实现连接管理模块的抽象层,代码如下:

```
//zinx/ziface/iconnmanager.go

package ziface

/*
    连接管理抽象层
 */
type IConnManager interface {
    Add(conn IConnection)                            //添加连接
    Remove(conn IConnection)                         //删除连接
    Get(connID uint32) (IConnection, error)          //利用 ConnID 获取连接
    Len() int                                        //获取当前连接
        ClearConn()                                  //删除并停止所有连接
}
```

IConnManager 定义了以下个接口方法。

(1) Add:将一个连接添加到管理模块中。

（2）Remove：从管理模块中移除一个连接，并非关闭一个连接，被移除的连接不再接受 ConnManager 管理。

（3）Get：根据连接 ID 获取对应的连接对象。

（4）Len：得到当前连接管理模块的总连接个数。

（5）ClearConn：从管理模块中移除全部连接，并且全部关闭。

在 zinx/znet 目录下创建 connmanager.go 作为 IConnManager 的实现层代码，定义 ConnManager 的代码如下：

```
//zinx/znet/connmanager.go

package znet

import (
    "errors"
    "fmt"
    "sync"
    "zinx/ziface"
)

/*
    连接管理模块
*/
type ConnManager struct {
    connections map[uint32]ziface.IConnection    //管理的连接信息
    connLock sync.RWMutex                          //读写连接的读写锁
}
```

在 ConnManager 中，用一个 map 来承载全部的连接信息，Key 是连接 ID，Value 则是连接本身。其中有一个读写锁 connLock，主要在针对 map 做多任务修改时起到互斥保护的作用。

ConnManager 的构造方法如下，只需注意 map 的初始化需要 make：

```
//zinx/znet/connmanager.go

/*
    创建一个连接管理
*/
func NewConnManager() *ConnManager {
    return &ConnManager{
            connections:make(map[uint32] ziface.IConnection),
    }
}
```

Add()添加连接方法,实现代码如下:

```
//zinx/znet/connmanager.go

//添加连接
func (connMgr *ConnManager) Add(conn ziface.IConnection) {
    //保护共享资源,Map 加写锁
    connMgr.connLock.Lock()
    defer connMgr.connLock.Unlock()

    //将 conn 连接添加到 ConnManager 中
    connMgr.connections[conn.GetConnID()] = conn

    fmt.Println("connection add to ConnManager successfully: conn num = ", connMgr.Len())
}
```

Go 语言标准库的 map 是非线程安全的,在进行写操作的时候要加锁保护,connLock 是一个读写锁,当前操作是写锁。Remove()是移除连接的方法,实现代码如下:

```
//zinx/znet/connmanager.go

//删除连接
func (connMgr *ConnManager) Remove(conn ziface.IConnection) {
    //保护共享资源,Map 加写锁
    connMgr.connLock.Lock()
    defer connMgr.connLock.Unlock()

    //删除连接信息
    delete(connMgr.connections, conn.GetConnID())

    fmt.Println("connection Remove ConnID = ",conn.GetConnID(), " successfully: conn num = ",
connMgr.Len())
}
```

Remove()仅将连接从 map 中移除,没有对 conn 做停止业务处理。

Get()方法和 Len()方法的实现代码如下:

```
//zinx/znet/connmanager.go

//利用 ConnID 获取连接
func (connMgr *ConnManager) Get(connID uint32) (ziface.IConnection, error) {
    //保护共享资源,Map 加读锁
    connMgr.connLock.RLock()
    defer connMgr.connLock.RUnlock()
```

```
        if conn, ok : = connMgr.connections[connID]; ok {
            return conn, nil
        } else {
            return nil, errors.New("connection not found")
        }
    }

    //获取当前连接
    func (connMgr * ConnManager) Len() int {
        return len(connMgr.connections)
    }
```

Get()方法为 map 读操作，上读锁即可。接下来是最后一种方法 ClearConn()的实现，代码如下：

```
//zinx/znet/connmanager.go

//清除并停止所有连接
func (connMgr * ConnManager) ClearConn() {
    //保护共享资源,Map 加写锁
    connMgr.connLock.Lock()
    defer connMgr.connLock.Unlock()

    //停止并删除全部连接信息
    for connID, conn : = range connMgr.connections {
        //停止
        conn.Stop()
        //删除
        delete(connMgr.connections,connID)
    }

    fmt.Println("Clear All Connections successfully: conn num = ", connMgr.Len())
}
```

ClearConn()方法会先停止连接业务 c.Stop()，然后从 map 中移除。

20.1.2 将连接管理模块集成到 Zinx 中

1. 将 ConnManager 集成到 Server 中

现在需要将 ConnManager 添加到 Server 中，在 Server 的数据结构中新增 IConnManager 成员属性 ConnMgr，代码如下：

```
//zinx/znet/server.go

//iServer 接口实现,定义一个 Server 服务类
type Server struct {
    //服务器的名称
    Name string
    //tcp4 or other
    IPVersion string
    //服务绑定的 IP 地址
    IP string
    //服务绑定的端口
    Port int
    //当前 Server 的消息管理模块,用来绑定 MsgId 和对应的处理方法
    msgHandler ziface.IMsgHandle
    //当前 Server 的连接管理器
    ConnMgr ziface.IConnManager
}
```

Server 的构造方法也要初始化 ConnMgr 连接管理模块,代码如下:

```
/*
    创建一个服务器句柄
*/
func NewServer () ziface.IServer {
    utils.GlobalObject.Reload()

    s: = &Server {
            Name :utils.GlobalObject.Name,
            IPVersion:"tcp4",
            IP:utils.GlobalObject.Host,
            Port:utils.GlobalObject.TcpPort,
            msgHandler: NewMsgHandle(),
            ConnMgr:NewConnManager(),   //创建 ConnManager
    }
    return s
}
```

既然 Server 具备了 ConnManager 成员,在获取的时候就需要给抽象层提供一个获取
ConnManager 的方法 GetConnMgr(),在 IServer 中定义的接口如下:

```
//zinx/ziface/iserver.go

type IServer interface{
    //启动服务器方法
```

```
        Start()
        //停止服务器方法
        Stop()
        //开启业务服务方法
        Serve()
        //路由功能：给当前服务注册一个路由业务方法，供客户端连接处理使用
        AddRouter(msgId uint32, router IRouter)
        //得到连接管理
        GetConnMgr() IConnManager
}
```

GetConnMgr()的实现方法返回相应的ConnMgr属性即可，代码如下：

```
//zinx/znet/server.go

//得到连接管理
func (s * Server) GetConnMgr() ziface.IConnManager {
    return s.ConnMgr
}
```

因为在Server中有连接的管理，有的时候conn也需要得到ConnMgr的使用权，所以就需要将Server和Connection建立能够互相索引的关系。接下来在Connection中，添加Server当前conn从属的Server对象，在Connection中添加TcpServer成员，代码如下：

```
//zinx/znet/connection.go

type Connection struct {
    //当前Conn属于哪个Server
    TcpServer      ziface.IServer   //当前conn属于哪个Server，在conn初始化的时候添加即可
    //当前连接的socket TCP套接字
    Conn * net.TCPConn
    //当前连接的ID 也可以称为SessionID，ID全局唯一
    ConnID uint32
    //当前连接的关闭状态
    isClosed bool
    //消息管理MsgId和对应处理方法的消息管理模块
    MsgHandler ziface.IMsgHandle
    //告知该连接已经退出/停止的channel
    ExitBuffChan chan bool
    //无缓冲管道，用于读、写两个Goroutine之间的消息通信
    msgChan      chan []Byte
    //有缓冲管道，用于读、写两个Goroutine之间的消息通信
    msgBuffChan   chan []Byte
}
```

2. 连接的添加

在每次初始化连接的时候,将当前连接添加到从属的 Server 对象中,代码如下:

```
//zinx/znet/connection.go

//创建连接的方法
func NewConnection( server ziface. IServer, conn * net. TCPConn, connID uint32, msgHandler
ziface. IMsgHandle) * Connection{
    //初始化 Conn 属性
    c : = &Connection{
            TcpServer:server,              //将隶属的 Server 传递进来
            Conn:          conn,
            ConnID:        connID,
            isClosed:      false,
            MsgHandler:    msgHandler,
            ExitBuffChan:  make(chan bool, 1),
            msgChan:       make(chan []Byte),
            msgBuffChan:   make(chan []Byte, utils. GlobalObject. MaxMsgChanLen),
    }

    //将新创建的 Conn 添加到连接管理中
    c. TcpServer. GetConnMgr(). Add(c)        //将当前新创建的连接添加到 ConnManager 中
    return c
}
```

3. 在 Server 中添加连接数量的判断

在 Server 的 Start()方法中,在 Accept 与客户端连接建立成功后,可以直接对连接的个数做一个判断,如果大于最大连接数量,则终止连接创建,添加的相关代码如下:

```
//zinx/znet/server.go
//开启网络服务
func (s * Server) Start() {
    //… …(省去部分代码)

    //开启一个 go 去做服务器端 Linster 业务
    go func() {
        //… …(省去部分代码)

        //3. 启动 Server 网络连接业务
        for {
            //3.1 阻塞等待客户端建立连接请求
            //… …(省去部分代码)
```

```
                    //3.2 设置服务器最大连接控制
                    //如果超过最大连接,则关闭此连接
                    if s.ConnMgr.Len() >= utils.GlobalObject.MaxConn {
                            conn.Close()
                            continue
                    }

                    //……(省去部分代码)
        }
    }()
}
```

开发者也可以在配置文件 zinx.json 或者 GlobalObject 全局配置中,定义好所期望的连接的最大数目,以便限制 MaxConn。

4．连接的删除

连接在关闭的时候,应该将自身连接从 ConnManager 中删除,所以在 Connection 的 Stop()方法中添加从 ConnManager 移除的动作,相关代码如下:

```
//zinx/znet/connecion.go

func (c *Connection) Stop() {
    fmt.Println("Conn Stop()...ConnID = ", c.ConnID)
    //如果当前连接已经关闭
    if c.isClosed == true {
            return
    }
    c.isClosed = true

    //关闭 Socket 连接
    c.Conn.Close()
    //关闭 Writer Goroutine
    c.ExitBuffChan <- true

    //将连接从连接管理器中删除
    c.TcpServer.GetConnMgr().Remove(c)   //将 conn 从 ConnManager 中删除

    //关闭该连接的全部管道
    close(c.ExitBuffChan)
    close(c.msgBuffChan)
}
```

在 Server 停止的时候,将全部的连接清空,代码如下:

```
//zinx/znet/server.go

func (s * Server) Stop() {
    fmt.Println("[STOP] Zinx server , name " , s.Name)

    //将其他需要清理的连接信息或者其他信息一并停止或者清理
    s.ConnMgr.ClearConn()
}
```

以上代码完成之后就将连接管理成功的集成到了 Zinx 之中了。

20.1.3　连接的带缓冲的发包方法

之前给 Connection 提供了一个发消息的方法 SendMsg()，此方法将数据发送到一个无缓冲的 Channel 中的 msgChan，但是如果客户端连接比较多，导致对方处理不及时，则可能会出现短暂的阻塞现象，所以可以提供具有一定缓冲的发消息方法，提高非阻塞的发送体验，代码如下：

```
//zinx/ziface/iconnection.go

//定义连接接口
type IConnection interface {
    //启动连接,让当前连接开始工作
    Start()
    //停止连接,结束当前连接状态 M
    Stop()
    //从当前连接获取原始的 socket TCPConn
    GetTCPConnection() * net.TCPConn
    //获取当前连接 ID
    GetConnID() uint32
    //获取远程客户端地址信息
    RemoteAddr() net.Addr
    //直接将 Message 数据发送给远程的 TCP 客户端(无缓冲)
    SendMsg(msgId uint32, data []Byte) error
    //直接将 Message 数据发送给远程的 TCP 客户端(有缓冲)
    SendBuffMsg(msgId uint32, data []Byte) error //添加带缓冲发送消息接口
}
```

相对于 SendMsg()方法，再提供一个 SendBuffMsg()方法，接口定义和 SendMsg()一样，SendBuffMsg()和 SendMsg()一样，只不过传输的 Channel 有区分，SendBuffMsg 用有一定缓冲的 Channel 进行两个 Goroutine 之间的通信，下面在 Connection 定义 msgBuffChan，数据类型是 chan []Byte，代码如下：

```
//zinx/znet/connection.go

type Connection struct {
    //当前 Conn 属于哪个 Server
    TcpServer         ziface.IServer
    //当前连接的 socket TCP 套接字
    Conn  * net.TCPConn
    //当前连接的 ID 也可以称为 SessionID, ID 全局唯一
    ConnID uint32
    //当前连接的关闭状态
    isClosed bool
    //消息管理 MsgId 和对应处理方法的消息管理模块
    MsgHandler ziface.IMsgHandle
    //告知该连接已经退出/停止的 channel
    ExitBuffChan      chan bool
    //无缓冲管道,用于读、写两个 Goroutine 之间的消息通信
    msgChan           chan []Byte
    //有缓冲管道,用于读、写两个 Goroutine 之间的消息通信
    msgBuffChan       chan []Byte
}
```

在构造 Connection 的方法中也要初始化 msgBuffChan 成员,代码如下:

```
//zinx/znet/connection.go

//创建连接的方法
func NewConnection( server ziface. IServer, conn * net. TCPConn, connID uint32, msgHandler
ziface.IMsgHandle) * Connection{
    //初始化 Conn 属性
    c := &Connection{
            TcpServer:server,
            Conn: conn,
            ConnID: connID,
            isClosed: false,
            MsgHandler: msgHandler,
            ExitBuffChan: make(chan bool, 1),
            msgChan:make(chan []Byte),
            msgBuffChan:make(chan []Byte, utils.GlobalObject.MaxMsgChanLen),
                                                    //不要忘记用 make 初始化
    }

    //将新创建的 Conn 添加到连接管理中
    c.TcpServer.GetConnMgr().Add(c)
    return c
}
```

SendBuffMsg()方法实现如下,与 SendMsg()逻辑相同:

```
//zinx/znet/connection.go

func (c * Connection) SendBuffMsg(msgId uint32, data [ ]Byte) error {
    if c.isClosed == true {
        return errors.New("Connection closed when send buff msg")
    }
    //将 data 封包,并且发送
    dp := NewDataPack()
    msg, err := dp.Pack(NewMsgPackage(msgId, data))
    if err != nil {
            fmt.Println("Pack error msg id = ", msgId)
            return errors.New("Pack error msg ")
    }

    //写回客户端
    c.msgBuffChan <- msg

    return nil
}
```

在 Writer 中也要对 msgBuffChan 进行数据监听,代码如下:

```
//zinx/znet/connection.go

/*
    写消息 Goroutine,用户将数据发送给客户端
*/
func (c * Connection) StartWriter() {
    fmt.Println("[Writer Goroutine is running]")
    defer fmt.Println(c.RemoteAddr().String(), "[conn Writer exit!]")

    for {
            select {
                    case data := <-c.msgChan:
                            //有数据要写给客户端
                            if _, err := c.Conn.Write(data); err != nil {
                                    fmt.Println("Send Data error:, ", err, " Conn Writer exit")
                                    return
                            }

                    case data, ok := <-c.msgBuffChan:
                            //针对有缓冲 channel 需要进行数据处理
```

```
                              if ok {
                                  //有数据要写给客户端
                                  if _, err := c.Conn.Write(data); err != nil {
                                      fmt.Println("Send Buff Data error:, ", err,
" Conn Writer exit")

                                      return
                                  }
                              } else {
                                  break
                                  fmt.Println("msgBuffChan is Closed")
                              }
                          case <- c.ExitBuffChan:
                              return
                      }
                  }
              }
```

20.1.4   注册连接启动/停止自定义 Hook 方法功能

在一个连接的创建周期中,有两个时刻开发者需要注册业务回调功能,执行一些用户自定义的业务,这两个时刻分别是创建连接之后和断开连接之前。为了满足这个需求,Zinx需增添连接创建后和断开前触发的回调业务函数,一般称作 Hook(钩子)函数。

在 Server 数据结构中提供注册 Connection 的 Hook 接口方法,供业务开发者使用,定义的接口如下:

```
//zinx/ziface/iserver.go

type IServer interface{
    //启动服务器方法
    Start()
    //停止服务器方法
    Stop()
    //开启业务服务方法
    Serve()
    //路由功能:给当前服务注册一个路由业务方法,供客户端连接处理使用
    AddRouter(msgId uint32, router IRouter)
    //得到连接管理
    GetConnMgr() IConnManager
    //设置该 Server 连接创建时的 Hook 函数
    SetOnConnStart(func (IConnection))
    //设置该 Server 连接断开时的 Hook 函数
    SetOnConnStop(func (IConnection))
}
```

```
        //调用连接 OnConnStart Hook 函数
        CallOnConnStart(conn IConnection)
        //调用连接 OnConnStop Hook 函数
        CallOnConnStop(conn IConnection)
    }
```

新增了相关的 4 个 Hook 方法,分别如下。

(1) SetOnConnStart:设置当前 Server 所有连接在创建时需要回调的 Hook 函数。

(2) SetOnConnStop:设置当前 Server 所有连接在断开时需要回调的 Hook 函数。

(3) CallOnConnStart:调用连接创建之后需要回调的业务方法。

(4) CallOnConnStop:调用连接停止之前需要回调的业务方法。

其中 SetOnConnStart()和 SetOnConnStop()两种方法的形参均为 func(IConnection)函数类型,表示这两种方法为注册方法,需要先定义好具体的 func(IConnection)函数,再注册进来。

在 Server 实现层添加 OnConnStart、OnConnStop 两个 Hook 函数,用于存放开发者传递进来的 Hook 函数的地址,代码如下:

```
//zinx/znet/server.go

//iServer 接口实现,定义一个 Server 服务类
type Server struct {
    //服务器的名称
    Name string
    //tcp4 or other
    IPVersion string
    //服务绑定的 IP 地址
    IP string
    //服务绑定的端口
    Port int
    //当前 Server 的消息管理模块,用来绑定 MsgId 和对应的处理方法
    msgHandler ziface.IMsgHandle
    //当前 Server 的连接管理器
    ConnMgr ziface.IConnManager

    //新增两个 Hook 函数原型

    //该 Server 连接创建时的 Hook 函数
    OnConnStart      func(conn ziface.IConnection)
    //该 Server 连接断开时的 Hook 函数
    OnConnStop func(conn ziface.IConnection)
}
```

下面代码用于实现新增的 4 个有关 Hook 函数的接口：

```go
//zinx/znet/server.go

//设置该 Server 连接创建时的 Hook 函数
func (s * Server) SetOnConnStart(hookFunc func (ziface.IConnection)) {
    s.OnConnStart = hookFunc
}

//设置该 Server 连接断开时的 Hook 函数
func (s * Server) SetOnConnStop(hookFunc func (ziface.IConnection)) {
    s.OnConnStop = hookFunc
}

//调用连接 OnConnStart Hook 函数
func (s * Server) CallOnConnStart(conn ziface.IConnection) {
    if s.OnConnStart != nil {
            fmt.Println(" ---> CallOnConnStart....")
            s.OnConnStart(conn)
    }
}

//调用连接 OnConnStop Hook 函数
func (s * Server) CallOnConnStop(conn ziface.IConnection) {
    if s.OnConnStop != nil {
            fmt.Println(" ---> CallOnConnStop....")
            s.OnConnStop(conn)
    }
}
```

接下来，需要确定这两个 Hook 方法的调用位置，第 1 个位置是创建连接之后，也就是在 Connection 执行 Start()方法的最后一步，代码如下：

```go
//zinx/znet/connection.go

//启动连接,让当前连接开始工作
func (c * Connection) Start() {
    //1. 开启用户从客户端读取数据流程的 Goroutine
    go c.StartReader()
    //2. 开启用于写回客户端数据流程的 Goroutine
    go c.StartWriter()

    //按照用户传递进来的创建连接时需要处理的业务,执行钩子方法
    c.TcpServer.CallOnConnStart(c)
}
```

第 2 个位置是停止连接之前,也就是在 Connection 调用 Stop()时,并且在执行 Socket 的 Close()动作之前,因为一旦 Socket 被关闭,将与对端的通信断开,由于 Hook 方法中涉及回写给客户端的一些数据无法正常通信,所以应该在 Close()调用之前执行 Hook 方法,代码如下:

```go
//zinx/znet/connection.go

//停止连接,结束当前连接状态 M
func (c *Connection) Stop() {
    fmt.Println("Conn Stop()...ConnID = ", c.ConnID)
    //如果当前连接已经关闭
    if c.isClosed == true {
        return
    }
    c.isClosed = true

    //==================
    //如果用户注册了该连接的关闭回调业务,则在此刻应该显示调用
    c.TcpServer.CallOnConnStop(c)
    //==================

    //关闭 Socket 连接
    c.Conn.Close()
    //关闭 Writer
    c.ExitBuffChan <- true

    //将连接从连接管理器中删除
    c.TcpServer.GetConnMgr().Remove(c)

    //关闭该连接的全部管道
    close(c.ExitBuffChan)
    close(c.msgBuffChan)
}
```

20.1.5 使用 Zinx-V0.9 完成应用程序

截至目前,已经将全部的连接管理的功能集成到 Zinx 中,接下来就需要测试一下连接管理模块是否可以使用了。

测试完成一个服务器端,完成连接管理 Hook 函数回调业务的功能测试,代码如下:

```go
//Server.go

package main
```

```
import (
    "fmt"
    "zinx/ziface"
    "zinx/znet"
)

//ping test 自定义路由
type PingRouter struct {
    znet.BaseRouter
}

//Ping Handle
func (this *PingRouter) Handle(request ziface.IRequest) {
    fmt.Println("Call PingRouter Handle")
    //先读取客户端的数据,再回写 ping...ping...ping
    fmt.Println("recv from client : msgId = ", request.GetMsgID(), ", data = ",
string(request.GetData()))

    err := request.GetConnection().SendBuffMsg(0, []Byte("ping...ping...ping"))
    if err != nil {
            fmt.Println(err)
    }
}

type HelloZinxRouter struct {
    znet.BaseRouter
}

//HelloZinxRouter Handle
func (this *HelloZinxRouter) Handle(request ziface.IRequest) {
    fmt.Println("Call HelloZinxRouter Handle")
    //先读取客户端的数据,再回写 ping...ping...ping
    fmt.Println("recv from client : msgId = ", request.GetMsgID(), ", data = ",
string(request.GetData()))

    err := request.GetConnection().SendBuffMsg(1, []Byte("Hello Zinx Router V0.8"))
    if err != nil {
            fmt.Println(err)
    }
}

//创建连接的时候执行
func DoConnectionBegin(conn ziface.IConnection) {
    fmt.Println("DoConnectionBegin is Called ... ")
    err := conn.SendMsg(2, []Byte("DoConnection BEGIN..."))
```

```
            if err != nil {
                    fmt.Println(err)
            }
    }

    //连接断开的时候执行
    func DoConnectionLost(conn ziface.IConnection) {
        fmt.Println("DoConnectionLost is Called ... ")
    }

    func main() {
        //创建一个 Server 句柄
        s := znet.NewServer()

        //注册连接 hook 回调函数
        s.SetOnConnStart(DoConnectionBegin)
        s.SetOnConnStop(DoConnectionLost)

        //配置路由
        s.AddRouter(0, &PingRouter{})
        s.AddRouter(1, &HelloZinxRouter{})

        //开启服务
        s.Serve()
    }
```

服务器端业务代码注册了两个 Hook 函数，分别是连接初始化之后的 DoConnectionBegin()和连接停止之前的 DoConnectionLost()。

（1）DoConnectionBegin()：在连接创建之后会发给客户端一条消息 2 的文本，并且在服务器端打印调试信息"DoConnectionBegin is Called ... "

（2）DoConnectionLost()：在连接断开之前，在服务器端打印调试信息"DoConnectionLost is Called ... "。

客户端的 Client.go 的代码不变，接下来分别打开不同的终端通过下述指令来启动服务器端和客户端。

启动服务器端，代码如下：

```
$ go run Server.go
```

启动客户端，代码如下：

```
$ go run Client.go
```

服务器端的运行结果如下：

```
$ go run Server.go
Add api msgId = 0
Add api msgId = 1
[START] Server name: zinx v - 0.8 demoApp, listenner at IP: 127.0.0.1, Port 7777 is starting
[Zinx] Version: V0.4, MaxConn: 3, MaxPacketSize: 4096
start Zinx server zinx v - 0.8 demoApp succ, now listenning...
Worker  ID  =  9  is  started.
Worker  ID  =  5  is  started.
Worker  ID  =  6  is  started.
Worker  ID  =  7  is  started.
Worker  ID  =  8  is  started.
Worker  ID  =  1  is  started.
Worker  ID  =  0  is  started.
Worker  ID  =  2  is  started.
Worker  ID  =  3  is  started.
Worker  ID  =  4  is  started.
connection add to ConnManager successfully: conn num = 1
--- > CallOnConnStart....
DoConnectionBegin is Called ...
[Writer Goroutine is running]
[Reader Goroutine is running]
Add ConnID = 0 request msgID = 0 to workerID = 0
Call PingRouter Handle
recv from client : msgId = 0 , data = Zinx V0.8 Client0 Test Message
Add ConnID = 0 request msgID = 0 to workerID = 0
Call PingRouter Handle
recv from client : msgId = 0 , data = Zinx V0.8 Client0 Test Message
Add ConnID = 0 request msgID = 0 to workerID = 0
Call PingRouter Handle
recv from client : msgId = 0 , data = Zinx V0.8 Client0 Test Message
Add ConnID = 0 request msgID = 0 to workerID = 0
Call PingRouter Handle
recv from client : msgId = 0 , data = Zinx V0.8 Client0 Test Message
Add ConnID = 0 request msgID = 0 to workerID = 0
Call PingRouter Handle
recv from client : msgId = 0 , data = Zinx V0.8 Client0 Test Message
read msg head error read tcp4 127.0.0.1:7777 - > 127.0.0.1:49510: read: connection reset
by peer
Conn Stop()...ConnID = 0
--- > CallOnConnStop....
DoConnectionLost is Called ...
connection Remove ConnID = 0 successfully: conn num = 0
127.0.0.1:49510  [conn Reader exit!]
127.0.0.1:49510  [conn Writer exit!]
```

客户端的结果如下：

```
$ go run Client0.go
Client Test ... start
==> Recv Msg: ID = 2 , len = 21 , data = DoConnection BEGIN...
==> Recv Msg: ID = 0 , len = 18 , data = ping...ping...ping
==> Recv Msg: ID = 0 , len = 18 , data = ping...ping...ping
==> Recv Msg: ID = 0 , len = 18 , data = ping...ping...ping
==> Recv Msg: ID = 0 , len = 18 , data = ping...ping...ping
^Csignal: interrupt
```

分析上述运行的结果可以得出，客户端创建成功，回调 Hook 已经执行，并且 Conn 被添加到 ConnManager 中，目前的连接数量 conn num 为 1，当按快捷键 Ctrl＋C 关闭客户端的时候，服务器 ConnManager 已经成功将 Conn 断掉，连接数量 conn num 为 0。

同时服务器端也打印出 conn 停止之后的回调信息。

20.2　Zinx 的连接属性设置

当连接处理的时候，业务开发者希望能够让连接绑定一些用户的数据或者参数，然后 Handle 处理业务的时候可以从连接获取传递的参数，进行业务逻辑处理。Zinx 为了具备这个能力，需要为当前连接设定一些传递参数的接口或者方法，本节将实现连接属性设置的能力。

20.2.1　给连接添加连接配置接口

首先在 IConnection 抽象层中，添加配置连接属性的 3 个相关接口，代码如下：

```
//zinx/ziface/iconnection.go

//定义连接接口
type IConnection interface {
    //启动连接，让当前连接开始工作
    Start()
    //停止连接，结束当前连接状态 M
    Stop()

    //从当前连接获取原始的 socket TCPConn
    GetTCPConnection() * net.TCPConn
    //获取当前连接 ID
    GetConnID() uint32
    //获取远程客户端地址信息
    RemoteAddr() net.Addr
```

```
        //直接将 Message 数据发送给远程的 TCP 客户端(无缓冲)
        SendMsg(msgId uint32, data []Byte) error
        //直接将 Message 数据发送给远程的 TCP 客户端(有缓冲)
        SendBuffMsg(msgId uint32, data []Byte) error

        //设置连接属性
        SetProperty(key string, value interface{})
        //获取连接属性
        GetProperty(key string)(interface{}, error)
        //移除连接属性
        RemoveProperty(key string)
}
```

在上述代码中 IConnection 增添了 3 种方法 SetProperty()、GetProperty()和
RemoveProperty()。

这里的 Key 参数均为字符串类型，Value 参数为万能 interface{}类型。接下来在
Connection 定义 Property 的具体类型。

20.2.2　连接属性方法实现

在实现层给 Connection 增添成员属性 property，这个用于存放当前连接传递的全部用
户参数属性，并且定义为 map[string]interface{}类型，定义的方式如下：

```
//zinx/znet/connection.go

type Connection struct {
        //当前 Conn 属于哪个 Server
        TcpServer ziface.IServer
        //当前连接的 socket TCP 套接字
        Conn *net.TCPConn
        //当前连接的 ID 也可以称为 SessionID,ID 全局唯一
        ConnID uint32
        //当前连接的关闭状态
        isClosed bool
        //消息管理 MsgId 和对应处理方法的消息管理模块
        MsgHandler ziface.IMsgHandle
        //告知该连接已经退出/停止的 channel
        ExitBuffChan chan bool
        //无缓冲管道,用于读、写两个 Goroutine 之间的消息通信
        msgChan chan []Byte
        //有缓冲管道,用于读、写两个 Goroutine 之间的消息通信
        msgBuffChan chan []Byte
        //连接属性
```

```
            property      map[string]interface{}
        //保护连接属性修改的锁
        propertyLock sync.RWMutex
    }
```

其中 property 为非并发安全的 map,在操作 map 的读写操作时需要加上 propertyLock 读写锁保护。

同时在 Connection 的构造函数也要对 property 和 propertyLock 进行初始化,代码如下:

```
//zinx/znet/connection.go

//创建连接的方法
func NewConnection( server ziface. IServer, conn * net. TCPConn, connID uint32, msgHandler
ziface. IMsgHandle) * Connection {
    //初始化 Conn 属性
    c : = &Connection{
            TcpServer:        server,
            Conn:             conn,
            ConnID:           connID,
            isClosed:         false,
            MsgHandler:       msgHandler,
            ExitBuffChan:     make(chan bool, 1),
            msgChan:          make(chan []Byte),
            msgBuffChan:      make(chan []Byte, utils. GlobalObject. MaxMsgChanLen),
            property:         make(map[string]interface{}),   //对连接属性 map 初始化
    }

    //将新创建的 Conn 添加到连接管理中
    c. TcpServer. GetConnMgr(). Add(c)
    return c
}
```

连接属性的 3 种方法的实现不难理解,依次是对 map 结构的添加、读取和删除操作,这3 种方法的具体实现如下:

```
//zinx/znet/connection.go

//设置连接属性
func (c * Connection) SetProperty(key string, value interface{}) {
    c. propertyLock. Lock()
    defer c. propertyLock. Unlock()

    c. property[key] = value
```

```
}

//获取连接属性
func (c * Connection) GetProperty(key string) (interface{}, error) {
    c.propertyLock.RLock()
    defer c.propertyLock.RUnlock()

    if value, ok : = c.property[key]; ok {
            return value, nil
    } else {
            return nil, errors.New("no property found")
    }
}

//移除连接属性
func (c * Connection) RemoveProperty(key string) {
    c.propertyLock.Lock()
    defer c.propertyLock.Unlock()

    delete(c.property, key)
}
```

20.2.3　连接属性 Zinx-V0.10 单元测试

连接属性的功能封装好后,可以在服务器端使用其相关接口设置一些属性来测试一下属性的设置与提取是否可用,服务器端代码如下:

```
//Server.go

package main

import (
    "fmt"
    "zinx/ziface"
    "zinx/znet"
)

//ping test 自定义路由
type PingRouter struct {
    znet.BaseRouter
}

//Ping Handle
```

```go
func (this *PingRouter) Handle(request ziface.IRequest) {
    fmt.Println("Call PingRouter Handle")
    //先读取客户端的数据,再回写 ping...ping...ping
    fmt.Println("recv from client : msgId = ", request.GetMsgID(), ", data = ",
string(request.GetData()))

    err := request.GetConnection().SendBuffMsg(0, []Byte("ping...ping...ping"))
    if err != nil {
            fmt.Println(err)
    }
}

type HelloZinxRouter struct {
    znet.BaseRouter
}

//HelloZinxRouter Handle
func (this *HelloZinxRouter) Handle(request ziface.IRequest) {
    fmt.Println("Call HelloZinxRouter Handle")
    //先读取客户端的数据,再回写 ping...ping...ping
    fmt.Println("recv from client : msgId = ", request.GetMsgID(), ", data = ",
string(request.GetData()))

    err := request.GetConnection().SendBuffMsg(1, []Byte("Hello Zinx Router V0.10"))
    if err != nil {
            fmt.Println(err)
    }
}

//创建连接的时候执行
func DoConnectionBegin(conn ziface.IConnection) {
    fmt.Println("DoConnectionBegin is Called ... ")

    //设置两个连接属性,在连接创建之后
    fmt.Println("Set conn Name, Home done!")
    conn.SetProperty("Name", "Aceld")
    conn.SetProperty("Home", "https://github.com/aceld/zinx")

    err := conn.SendMsg(2, []Byte("DoConnection BEGIN..."))
    if err != nil {
            fmt.Println(err)
    }
}

//连接断开的时候执行
```

```
func DoConnectionLost(conn ziface.IConnection) {
    //在连接销毁之前,查询 conn 的 Name 和 Home 属性
    if name, err:= conn.GetProperty("Name"); err == nil {
            fmt.Println("Conn Property Name = ", name)
    }

    if home, err := conn.GetProperty("Home"); err == nil {
            fmt.Println("Conn Property Home = ", home)
    }

    fmt.Println("DoConnectionLost is Called ... ")
}

func main() {
    //创建一个 Server 句柄
    s := znet.NewServer()

    //注册连接 hook 回调函数
    s.SetOnConnStart(DoConnectionBegin)
    s.SetOnConnStop(DoConnectionLost)

    //配置路由
    s.AddRouter(0, &PingRouter{})
    s.AddRouter(1, &HelloZinxRouter{})

    //开启服务
    s.Serve()
}
```

这里主要看 DoConnectionBegin() 和 DoConnectionLost() 两个函数的实现,利用两个 Hook 函数设置连接属性和提取连接属性。连接创建之后给当前连接绑定两个属性 Name 和 Home,之后在 Handle 或者 DoConnectionLost() 回调中均可以通过 conn.GetProperty() 方法得到连接已经设置的属性。

打开一个终端来启动服务器端程序,得到的结果如下:

```
$ go run Server.go
Add api msgId = 0
Add api msgId = 1
[START] Server name: zinx v - 0.10 demoApp,listenner at IP: 127.0.0.1, Port 7777 is starting
[Zinx] Version: V0.4, MaxConn: 3, MaxPacketSize: 4096
start Zinx server zinx v - 0.10 demoApp succ, now listenning...
Worker  ID  =  9  is  started.
Worker  ID  =  5  is  started.
```

```
Worker   ID  =  6  is  started.
Worker   ID  =  7  is  started.
Worker   ID  =  8  is  started.
Worker   ID  =  1  is  started.
Worker   ID  =  0  is  started.
Worker   ID  =  2  is  started.
Worker   ID  =  3  is  started.
Worker   ID  =  4  is  started.
connection add to ConnManager successfully: conn num = 1
---> CallOnConnStart....
DoConnectionBegin is Called ...
Set conn Name, Home done!
[Writer Goroutine is running]
[Reader Goroutine is running]
Add ConnID = 0 request msgID = 0 to workerID = 0
Call PingRouter Handle
recv from client : msgId = 0 , data = Zinx V0.8 Client0 Test Message
Add ConnID = 0 request msgID = 0 to workerID = 0
Call PingRouter Handle
recv from client : msgId = 0 , data = Zinx V0.8 Client0 Test Message
Add ConnID = 0 request msgID = 0 to workerID = 0
Call PingRouter Handle
recv from client : msgId = 0 , data = Zinx V0.8 Client0 Test Message
read msg head error read tcp4 127.0.0.1:7777 -> 127.0.0.1:55208: read: connection reset
by peer
Conn Stop()...ConnID = 0
---> CallOnConnStop....
Conn Property Name = Aceld
Conn Property Home = https://github.com/aceld/zinx
DoConnectionLost is Called ...
connection Remove ConnID = 0 successfully: conn num = 0
127.0.0.1:55208 [conn Reader exit!]
127.0.0.1:55208 [conn Writer exit!]
```

在一个新的终端启动客户端,得到的结果如下:

```
$ go run Client0.go
Client Test ... start
==> Recv Msg: ID = 2 , len = 21 , data = DoConnection BEGIN...
==> Recv Msg: ID = 0 , len = 18 , data = ping...ping...ping
==> Recv Msg: ID = 0 , len = 18 , data = ping...ping...ping
^Csignal: interrupt
```

重点看服务器端的结果:

```
---> CallOnConnStop....
Conn Property Name = Aceld
Conn Property Home = https://github.com/aceld/zinx
DoConnectionLost is Called ...
```

当终止客户端连接时,服务器端在断开连接之前,已经读取了 conn 的两个属性 Name 和 Home。

20.3　小结

本章针对连接 Connection 增加了两个功能,一个是连接管理模块,另一个是连接属性设置。连接管理模块可以将 Zinx 服务器端的全部连接汇总并且统计整体的连接数量,Zinx 目前对于连接 ID 只实现了一个非常简单的累加计算,建议读者将 ConnID 改成常见的分布式 ID,只要保证 ID 不重复即可。

连接管理模块可以通过连接数量来限定 Zinx 的连接并发压力,而连接属性的设置更加丰富了 Zinx 处理业务能力的便捷性。如果业务开发者希望不同的连接关联不同的标记属性,则可以通过连接属性 SetProperty() 和 GetProperty() 设置和获取连接属性参数。

第 21 章　基于 Zinx 框架的应用

项目案例

截止至第 20 章，Zinx 框架的核心功能已经完成了，本章将基于 Zinx 完成一个服务器端的应用程序。

服务器端应用程序作为 Zinx 框架的一个应用级别的项目案例，实现基于之前章节从 0 到 1 构建的框架进行开发。

21.1　应用案例介绍

游戏场景是一款 MMO(Massively Multiplayer Online) 大型多人在线游戏，带 Unity3D 客户端[1]的服务器端 Demo，该 Demo 实现了 MMO 游戏的基础模块 AOI(Area Of Interest) 基于兴趣范围的广播、世界聊天、玩家位置同步等基础功能，如图 21.1 所示。

图 21.1 表示有 3 个游戏玩家，分别是 Player_1、Player_2、Player_3。当其中一个玩家进行移动时，其他玩家能够看到其相对移动及位置坐标变换，且当一个玩家通过文字信息说话时，其他玩家也能够看见世界聊天信息。

注意　客户端程序由第三方开发，非原创部分，可执行程序的下载网址为 https://github.com/aceld/zinx/tree/master/zinx_app_demo/mmo_game/game_client，本地址提供的是非源代码，而是可执行程序，仅支持 Windows 平台运行，本章内容仅仅依赖客户端的接口，来测试 Zinx 框架的功能，不具备商业游戏开发和商业游戏的能力。对客户端逻辑实现，以及代码实现，本章不具备解释权利和义务。

---

① 本游戏应用案例并非游戏级企业级项目开发，而是覆盖 Zinx 框架的全部接口，其目的是使用之前章节从 0 到 1 搭建的 Zinx 框架，并且使用起来。读者如果有更好的应用服务器业务场景，也可以基于 Zinx 框架完成其他服务器端的应用程序。

图 21.1 MMO 游戏案例效果图

21.2 MMO 多人在线游戏 AOI 算法

在实现当前项目案例之前,本节先介绍一下 MMO 游戏的一个基本算法。

游戏的 AOI(Area Of Interest)算法应该算作游戏的基础核心了,许多逻辑由 AOI 进出事件驱动,许多网络同步数据也由 AOI 进出事件产生,因此,良好的 AOI 算法和基于 AOI 算法的优化是提高游戏性能的关键。

为此,需要为每个玩家设定一个 AOI,当一个对象状态发生改变时,需要将信息广播给全部玩家,那些 AOI 覆盖到的玩家都会收到这条广播消息,从而做出相应的响应。

当前游戏 Demo 希望 AOI 能够具备的功能是,当服务器上的玩家或 NPC 状态发生改变时,服务器端将消息广播到附近的玩家。

当玩家进入 NPC 警戒区域时,AOI 模块将消息发送给 NPC,NPC 再做出相应的响应。

接下来启动 Zinx 的应用服务器案例 Demo 的项目,首先创建 mmo_game 文件目录,作为服务器端游戏应用的主项目目录。

21.2.1 网络法实现 AOI 算法

在实现 AOI 算法前,先绘制一个 2D 地图表示 AOI 的概念问题,如图 21.2 所示。

将当前坐标系平均分成 25 个格子,x 轴坐标和 y 轴坐标分别用 0~250 来表示,x 轴和 y 轴分别平均分成 5 份,每份作为一个格子在当前轴进行编号。x 轴具备编号 0~4,y 轴也具备编号 0~4,然后 x 轴和 y 轴的每个编号组成一个格子的编号,当前 2D 坐标轴就可以一共得到 25 个格子的编号。

下面来定义图中每个变量可以用来计算的公式:

(1) 当前 AOI 地图的场景大小,整体大小为 250×250,w 为 x 轴宽度,l 为 y 轴长度。

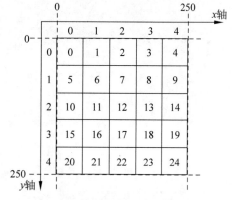

图 21.2　AOI算法 2D 坐标图

```
w = 250,l = 250
```

(2) x 轴格子数量为 nx。

```
nx = 5
```

(3) y 轴格子数量为 ny。

```
ny = 5
```

(4) 每个格子的宽度为 dx。

```
dx = w / nx
//即(dx = 250 / 5 = 50)
```

(5) 格子长度为 dy。

```
dy = l / ny
//即(dy = 250 / 5 = 50)
```

(6) 格子的 x 轴编号为 idx。idx 的取值范围为 0~4。

(7) 格子的 y 轴编号为 idy。idy 的取值范围为 0~4。

(8) 格子编号为 id。格子编号通过图 21.2 得知,为格子所在 y 轴编号乘以 x 轴格子的数量,再加上格子所在 x 轴的编号。

```
id = idy * nx + idx
```

通过上述公式得知,可以通过格子的坐标来算出格子的编号。

(9) 格子坐标编号, x 轴坐标编号为 idx, y 轴坐标编号为 idy。

```
idx = id % nx
idy = id / nx
```

通过上述公式得知,可以利用格子 id 得到格子坐标编号。

注意 以上几个公式,可参考图 21.2,读者仔细阅读和按照图简单推算一下,这样便于理解接下来的代码。

21.2.2 实现 AOI 格子结构

本节将基于 21.2.1 节的公式来通过代码实现 AOI 格子的数据结构和相关算法及接口。接下来将 AOI 模块放在 core 模块中,在 mmo_game 目录下创建 core 文件夹,并且创建 grid.go 文件,当前文件作为 AOI 有关格子算法的实现部分,代码如下:

```go
//mmo_game/core/grid.go

package core

import "sync"

/*
    一个地图中的格子类
*/
type Grid struct {
    GID         int                //格子 ID
    MinX        int                //格子左边界坐标
    MaxX        int                //格子右边界坐标
    MinY        int                //格子上边界坐标
    MaxY        int                //格子下边界坐标
    playerIDs   map[int]bool       //当前格子内的玩家或者物体成员 ID
    pIDLock     sync.RWMutex       //playerIDs 的保护 map 的锁
}

//初始化一个格子
func NewGrid(gID, minX, maxX, minY, maxY int) * Grid {
    return &Grid{
```

```
            GID:gID,
            MinX:minX,
            MaxX:maxX,
            MinY:minY,
            MaxY:maxY,
            playerIDs:make(map[int] bool),
        }
    }
```

上述代码定义了 Grid 数据结构,一个 Grid 就是一个格子,一张地图可以平均分割出若干个 Grid 格子,其中 MinX、MaxX、MinY、MaxY 为每个格子的四周边界坐标。PlayerIDs 为当前格子内有多少玩家或者物体存在,并且将玩家和物体的 ID 作为 key 存放在 map 数据结构中。pIDLock 为保护 playerIDs 的并发读写锁,GID 为当前格子的编号。

Grid 类需要具备几个能力。

(1) 将一个玩家添加到当前的 Grid 格子中,方法名称为 Add(),实现方式如下:

```
//mmo_game/core/grid.go

//向当前格子中添加一个玩家
func (g * Grid) Add(playerID int) {
    g.pIDLock.Lock()
    defer g.pIDLock.Unlock()

    g.playerIDs[playerID] = true
}
```

(2) 将一个玩家从当前 Grid 格子中删除,方法名称为 Remove(),实现方式如下:

```
//mmo_game/core/grid.go

//从格子中删除一个玩家
func (g * Grid) Remove(playerID int) {
    g.pIDLock.Lock()
    defer g.pIDLock.Unlock()

    delete(g.playerIDs, playerID)
}
```

(3) 得到当前格子中存放的所有玩家的 ID,方法名称为 GetPlayerIDs(),返回值是一个玩家 ID 的 int 切片,实现代码如下:

```
//mmo_game/core/grid.go

//得到当前格子中所有的玩家
```

```
func (g * Grid) GetPlayerIDs() (playerIDs []int) {
    g.pIDLock.RLock()
    defer g.pIDLock.RUnlock()

    for k, _ := range g.playerIDs {
            playerIDs = append(playerIDs, k)
    }

    return
}
```

（4）当前格子自身参数信息日志的打印方法，方法名称为String()，具体的代码如下：

```
//mmo_game/core/grid.go

//打印信息方法
func (g * Grid) String() string {
    return fmt.Sprintf("Grid id: % d, minX: % d, maxX: % d, minY: % d, maxY: % d, playerIDs: % v",
            g.GID, g.MinX, g.MaxX, g.MinY, g.MaxY, g.playerIDs)
}
```

21.2.3　实现 AOI 管理模块

如果将一个格子 Grid 作为一个元素，则多个格子就可以组成一个 AOI 区域。本节将管理全部格子的模块定义为 AOI 管理模块。有了 AOI 管理模块便可以将已经创建好的 Grid 对象添加到 AOI 模块中进行管理。

在 mmo_game/core 目录中创建 aoi.go 文件，当前文件主要实现 AOI 管理模块的相关功能，以及定义 AOI 管理模块的数据结构，代码如下：

```
//mmo_game/core/aoi.go
package core

/*
   AOI 管理模块
*/
type AOIManager struct {
    MinX int             //区域左边界坐标
    MaxX int             //区域右边界坐标
    CntsX int            //x方向格子的数量
    MinY int             //区域上边界坐标
    MaxY int             //区域下边界坐标
    CntsY int            //y方向的格子数量
    grids map[int] * Grid   //当前区域中都有哪些格子,key = 格子 ID,value = 格子对象
```

```
    }

/*
    初始化一个 AOI 区域
*/
func NewAOIManager(minX, maxX, cntsX, minY, maxY, cntsY int) * AOIManager {
    aoiMgr : = &AOIManager{
            MinX: minX,
            MaxX: maxX,
            CntsX: cntsX,
            MinY: minY,
            MaxY: maxY,
            CntsY: cntsY,
            grids: make(map[ int] * Grid),
    }

    //给 AOI 初始化区域中所有的格子
    for y : = 0; y < cntsY; y++{
            for x : = 0; x < cntsX; x++{
                    //计算格子 ID
                    //格子编号: id = idy * nx + idx,利用格子坐标得到格子编号
                    gid : = y * cntsX + x

                    //初始化一个格子,然后放在 AOI 中的 map 里,key 是当前格子的 ID
                    aoiMgr.grids[gid] = NewGrid(gid,
                            aoiMgr.MinX + x * aoiMgr.gridWidth(),
                            aoiMgr.MinX + (x + 1) * aoiMgr.gridWidth(),
                            aoiMgr.MinY + y * aoiMgr.gridLength(),
                            aoiMgr.MinY + (y + 1) * aoiMgr.gridLength())
            }
    }

    return aoiMgr
}
```

AOIManager 中有依然有 MinX、MinY、MaxX、MaxY 等区域四周边界的坐标。CntsX 和 CntsY 分别表示 x 轴和 y 轴的格子数量。成员属性 grids 为当前 AOIManager 区域都有哪些格子,用一个 map 进行管理,Key 为每个格子的 ID,Value 为格子对象。

通过 NewAOIManager() 方法来初始化一个 AOI 区域,并且返回一个 AOIManager 对象。在初始化过程中,AOIManager 会对本区域的所有 Grid 格子进行创建并且计算出 Grid 的格子 ID 和编号。共会创建 CntsX×CntsY 个格子,然后通过上述的公式计算出每个格子的 ID 和边界等,并且将创建好的格子添加到 grids 集合中。

AOIManager 区域格子管理模块还具备一些其他方法,如得到每个格子在 x 轴和 y 轴

的宽度和长度，以及打印当前区域所有格子的坐标及自身信息等，代码如下：

```
//mmo_game/core/aoi.go

//得到每个格子在 x 轴方向的宽度
func (m * AOIManager) gridWidth() int {
    return (m.MaxX - m.MinX) / m.CntsX
}

//得到每个格子在 x 轴方向的长度
func (m * AOIManager) gridLength() int {
    return (m.MaxY - m.MinY) / m.CntsY
}

//打印信息方法
func (m * AOIManager) String() string {
    s := fmt.Sprintf("AOIManagr:\nminX:% d, maxX:% d, cntsX:% d, minY:% d, maxY:% d,
cntsY:% d\n Grids in AOI Manager:\n",
            m.MinX, m.MaxX, m.CntsX, m.MinY, m.MaxY, m.CntsY)
    for _,grid := range m.grids {
            s += fmt.Sprintln(grid)
    }

    return s
}
```

以上创建了一个 AOI 管理模块，可以理解为一个 2D 的矩形地图，里面有若干份 Grid。NewAOIManager()构造方法会将此矩形地图平均划分多份小格子，并初始化格子的坐标，计算方式很简单，仅仅是初步的几何计算。

21.2.4　求出九宫格

AOI 算法有个重要的概念是九宫格，即求出与一个格子相邻的所有其他格子。由于 Grid 是一个四边形，所以如果这个格子不在 AOI 区域的边界，则所有其他的格子加上自身就会得出九个格子的集合。九宫格的概念主要应用于 MMO 游戏中，如果一个玩家从一个区域进入另一区域，则要触发一系列逻辑问题，例如视野的显示、地图的切换、技能的范围等，所以求出 AOI 区域中每个格子的九宫格是 AOIManager 必须具备的能力。

1. 根据格子 ID 求出九宫格
如果根据格子 ID 求出周边的格子有哪些，则要考虑以下几种情况：

（1）中心格子没有在 AOI 区域的边界，四周九宫格数量可以填充满，如图 21.3 所示。

（2）中心格子位于 AOI 区域的四个顶角，如图 21.4 所示。

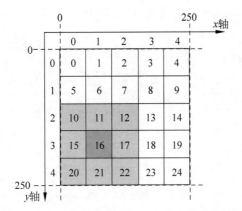

图 21.3　九宫格中心格子四周都存在格子的情况

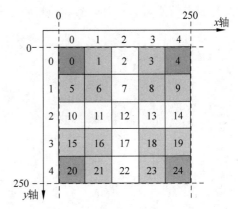

图 21.4　九宫格中心格子位于顶角

（3）中心格子位于所在 AOI 边界（非顶角），周边的格子缺少一列，或者缺少一行，如图 21.5 所示。

以上 3 种情况均可以用一种统一的算法来解决。解决时可以采用动态描绘向量的方法，如果要求出一个 Grid 周边九宫格，则可以先判断当前格子 Grid 所处的那一行的左边和右边是否存在格子，然后分别计算这一行的上边和下边是否存在格子，这样两次循环判断就能够得知当前格子周边都有哪些格子，如图 21.6 所示。

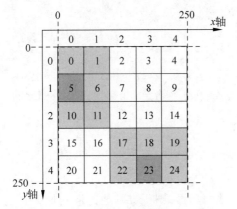

图 21.5　九宫格中心格子位于 AOI 边界

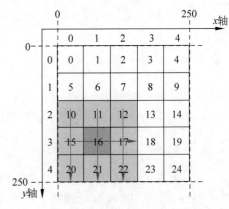

图 21.6　格子四周存在格子求九宫格方式

图 21.6 所示的中心节点是 GID 为 16 的格子，首先第一次遍历 GID 为 16 的格子所在的行的左右都有哪些格子，第一次画出的格子为编号 15、16、17 三个格子，然后看 15 号格子所在的列，其上下是否存在格子，然后画出格子编号为 10、15、20 三个格子。同样的逻辑分别得出编号 11、16、21 和 12、17、22 格子。这些被画出的格子就是编号为 16（包括自己）的全部九宫格区域。

对于所求的中心格子在 AOI 区域顶角的情况，如图 21.7 所示。

如果格子位于 AOI 的顶角，则算法依然不变，只不过第一次画向量时，有一部分是画不上的。例如编号 GID 为 0 的格子,求九宫格都有哪些,第一次看编号 0 的格子的左边和右边是否有格子,得到编号 0 和 1,然后基于 0 和 1 分别看上下是否有格子,得到编号 0、5 和编号 1、6。两次被标记的格子就是编号为 0 的所在九宫格区域。其他顶角情况与此类似。

最后一种情况是所求中心格子在 AOI 区域的边界。这种情况依然可以采用上述的解决方法来求出九宫格区域,如图 21.8 所示,如果要求出编号为 5 的格子所在的九宫格,则首先看编号 5 的左边和右边是否有格子,第一次得到编号为 5、6,然后基于 5 和 6 分别依次求出上边和下边是否存在格子,之后得到编号 0、5、10 和编号 1、6、11。最终被遍历到的格子均为中心格子编号为 5 所在的九宫格区域。

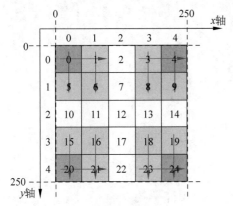

图 21.7　格子位于 AOI 顶角求九宫格方式

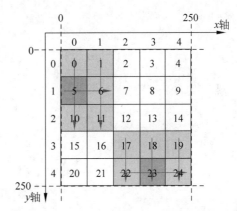

图 21.8　格子位于 AOI 边界求九宫格方式

接下来实现上述的求出九宫格的算法,该算法定义在 GetSurroundGridsByGid() 函数中,代码如下:

```go
//mmo_game/core/aoi.go

//根据格子的 gID 得到当前周边的九宫格信息
func (m * AOIManager) GetSurroundGridsByGid(gID int) (grids []* Grid) {
    //判断 gID 是否存在
    if _, ok := m.grids[gID]; !ok {
        return
    }

    //将当前 gid 添加到九宫格中
    grids = append(grids, m.grids[gID])

    //根据 gid 得到当前格子所在的 X 轴编号
    idx := gID % m.CntsX

    //判断当前 idx 的左边是否还有格子
```

```
        if idx > 0 {
                grids = append(grids, m.grids[gID - 1])
        }
        //判断当前 idx 的右边是否还有格子
        if idx < m.CntsX - 1 {
                grids = append(grids, m.grids[gID + 1])
        }

        //将 x 轴当前的格子都取出,进行遍历,再分别得到每个格子的上下是否有格子

        //得到当前 x 轴的格子 id 集合
        gidsX := make([]int, 0, len(grids))
        for _, v := range grids {
                gidsX = append(gidsX, v.GID)
        }

        //遍历 x 轴格子
        for _, v := range gidsX {
                //计算该格子处于第几列
                idy := v / m.CntsX

                //判断当前 idy 的上边是否还有格子
                if idy > 0 {
                        grids = append(grids, m.grids[v - m.CntsX])
                }
                //判断当前 idy 的下边是否还有格子
                if idy < m.CntsY - 1 {
                        grids = append(grids, m.grids[v + m.CntsX])
                }
        }

        return
}
```

在代码中进行左右和上下相邻格子判断时,要注意边界的点,如果不满足边界的判断,则证明当前方向没有任何格子。

2. 根据坐标求出九宫格

还有一种情况是玩家只知道自己的坐标,此种情况该如何确定玩家 AOI 九宫格的区域都有哪些玩家呢?这就需要设计一个根据坐标求出周边九宫格中玩家的接口。

整体思路是首先根据当前玩家的坐标得到所属格子的 ID,然后根据当前格子的 ID 获取九宫格信息,如图 21.9 所示。

通过玩家的 x 轴和 y 轴坐标得到当前所在格子 ID 的接口为 GetGIDByPos(),代码如下:

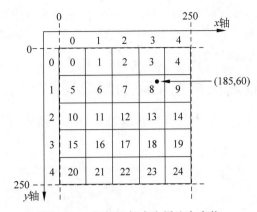

图 21.9 根据坐标求出周边九宫格

```
//mmo_game/core/aoi.go

//通过横纵坐标获取对应格子的 ID
func (m * AOIManager) GetGIDByPos(x, y float32) int {
    gx : = (int(x) − m.MinX) / m.gridWidth()
    gy : = (int(x) − m.MinY) / m.gridLength()

    return gy * m.CntsX + gx
}
```

通过玩家 x 轴和 y 轴坐标得到当前九宫格内全部玩家 ID 的接口为 GetPIDsByPos()，
代码如下：

```
//mmo_game/core/aoi.go

//通过横纵坐标得到周边九宫格内的全部 PlayerIDs
func (m * AOIManager) GetPIDsByPos(x, y float32) (playerIDs []int) {
    //根据横纵坐标得到当前坐标属于哪个格子 ID
    gID : = m.GetGIDByPos(x, y)

    //根据格子 ID 得到周边九宫格的信息
    grids : = m.GetSurroundGridsByGid(gID)
    for _, v : = range grids {
        playerIDs = append(playerIDs, v.GetPlyerIDs()...)
        fmt.Printf(" === > grid ID : % d, pids : % v ==== ", v.GID, v.GetPlyerIDs())
    }

    return
}
```

该接口的实现思路为先调用 GetGIDByPos() 得到当前坐标所属的格子 Grid，得到 GID，然后通过调用中心格子获取九宫格格子的信息，从而得到九宫格格子集合，再依次从每个格子中取出所有玩家的 ID 信息。

21.2.5　AOI 管理区域格子添加删除操作

本节将实现 AOIManager 的有关格子的添加和删除等操作，相关方法相对简单，代码如下：

```go
//mmo_game/core/aoi.go

//通过 GID 获取当前格子的全部 playerID
func (m * AOIManager) GetPidsByGid(gID int) (playerIDs []int) {
    playerIDs = m.grids[gID].GetPlyerIDs()
    return
}

//移除一个格子中的 PlayerID
func (m * AOIManager) RemovePidFromGrid(pID, gID int) {
    m.grids[gID].Remove(pID)
}

//将一个 PlayerID 添加到一个格子中
func (m * AOIManager) AddPidToGrid(pID, gID int) {
    m.grids[gID].Add(pID)
}

//通过横纵坐标将一个 Player 添加到一个格子中
func (m * AOIManager) AddToGridByPos(pID int, x, y float32) {
    gID := m.GetGidByPos(x, y)
    grid := m.grids[gID]
    grid.Add(pID)
}

//通过横纵坐标把一个 Player 从对应的格子中删除
func (m * AOIManager) RemoveFromGridByPos(pID int, x, y float32) {
    gID := m.GetGidByPos(x, y)
    grid := m.grids[gID]
    grid.Remove(pID)
}
```

21.2.6　AOI 模块单元测试

AOI 相关的全部功能实现之后，需要进行一次单元测试，以此来测试 AOI 对外提供的功能。在 mmo_game/core 目录下创建 aoi_test.go 单元测试文件，实现两个 Test 单元测试 TestNewAOIManager()和 TestAOIManagerSuroundGridsByGid()，代码如下：

```go
//mmo_game/core/aoi_test.go

package core

import (
    "fmt"
    "testing"
)

func TestNewAOIManager(t * testing.T) {
    aoiMgr : = NewAOIManager(100, 300, 4, 200, 450, 5)
    fmt.Println(aoiMgr)
}

func TestAOIManagerSuroundGridsByGid(t * testing.T) {
    aoiMgr : = NewAOIManager(0,250, 5, 0, 250, 5)

    for k, _ : = range aoiMgr.grids {
            //得到当前格子周边的九宫格
            grids : = aoiMgr.GetSurroundGridsByGid(k)
            //得到九宫格所有的 IDs
            fmt.Println("gid : ", k, " grids len = ", len(grids))
            gIDs : = make([]int, 0, len(grids))
            for _, grid : = range grids {
                    gIDs = append(gIDs, grid.GID)
            }
            fmt.Printf("grid ID: % d, surrounding grid IDs are % v\n", k, gIDs)
    }
}
```

TestNewAOIManager()方法只测试 AOI 区域的构建，并且将 AOI 区域构建之后的信息详细输出，测试结果如下：

```
AOIManager:
minX:100, maxX:300, cntsX:4, minY:200, maxY:450, cntsY:5
 Grids in AOI Manager:
Grid  id:  1,  minX:150,  maxX:200,  minY:200,  maxY:250,  playerIDs:map[]
Grid  id:  5,  minX:150,  maxX:200,  minY:250,  maxY:300,  playerIDs:map[]
Grid  id:  6,  minX:200,  maxX:250,  minY:250,  maxY:300,  playerIDs:map[]
Grid  id:  12, minX:100,  maxX:150,  minY:350,  maxY:400,  playerIDs:map[]
Grid  id:  19, minX:250,  maxX:300,  minY:400,  maxY:450,  playerIDs:map[]
```

```
Grid   id:   7,   minX:250,   maxX:300,   minY:250,   maxY:300,   playerIDs:map[]
Grid   id:   8,   minX:100,   maxX:150,   minY:300,   maxY:350,   playerIDs:map[]
Grid   id:   10,  minX:200,   maxX:250,   minY:300,   maxY:350,   playerIDs:map[]
Grid   id:   11,  minX:250,   maxX:300,   minY:300,   maxY:350,   playerIDs:map[]
Grid   id:   15,  minX:250,   maxX:300,   minY:350,   maxY:400,   playerIDs:map[]
Grid   id:   18,  minX:200,   maxX:250,   minY:400,   maxY:450,   playerIDs:map[]
Grid   id:   0,   minX:100,   maxX:150,   minY:200,   maxY:250,   playerIDs:map[]
Grid   id:   3,   minX:250,   maxX:300,   minY:200,   maxY:250,   playerIDs:map[]
Grid   id:   4,   minX:100,   maxX:150,   minY:250,   maxY:300,   playerIDs:map[]
Grid   id:   14,  minX:200,   maxX:250,   minY:350,   maxY:400,   playerIDs:map[]
Grid   id:   16,  minX:100,   maxX:150,   minY:400,   maxY:450,   playerIDs:map[]
Grid   id:   2,   minX:200,   maxX:250,   minY:200,   maxY:250,   playerIDs:map[]
Grid   id:   9,   minX:150,   maxX:200,   minY:300,   maxY:350,   playerIDs:map[]
Grid   id:   13,  minX:150,   maxX:200,   minY:350,   maxY:400,   playerIDs:map[]
Grid   id:   17,  minX:150,   maxX:200,   minY:400,   maxY:450,   playerIDs:map[]
```

TestAOIManagerSuroundGridsByGid()方法用于测试九宫格计算的结果是否正确,运行的结果如下:

```
gid :   3 grids len = 6
grid ID:   3, surrounding grid IDs are [ 3 2 4 8 7 9 ]
gid :   5 grids len = 6
grid ID:   5, surrounding grid IDs are [ 5 6 0 10 1 11 ]
gid :   6 grids len = 9
grid ID:   6, surrounding grid IDs are [ 6 5 7 1 11 0 10 2 12 ]
gid :   11 grids len = 9
grid ID:   11, surrounding grid IDs are [ 11 10 12 6 16 5 15 7 17 ]
gid :   18 grids len = 9
grid ID:   18, surrounding grid IDs are [ 18 17 19 13 23 12 22 14 24 ]
gid :   2 grids len = 6
grid ID:   2, surrounding grid IDs are [ 2 1 3 7 6 8 ]
gid :   4 grids len = 4
grid ID:   4, surrounding grid IDs are [ 4 3 9 8 ]
gid :   7 grids len = 9
grid ID:   7, surrounding grid IDs are [ 7 6 8 2 12 1 11 3 13 ]
gid :   8 grids len = 9
grid ID:   8, surrounding grid IDs are [ 8 7 9 3 13 2 12 4 14 ]
gid :   19 grids len = 6
grid ID:   19, surrounding grid IDs are [ 19 18 14 24 13 23 ]
gid :   22 grids len = 6
grid ID:   22, surrounding grid IDs are [ 22 21 23 17 16 18 ]
gid :   0 grids len = 4
grid ID:   0, surrounding grid IDs are [ 0 1 5 6 ]
```

```
gid :   1 grids len = 6
grid ID:   1, surrounding grid IDs are [1 0 2 6 5 7]
gid :  13 grids len = 9
grid ID:  13, surrounding grid IDs are [13 12 14 8 18 7 17 9 19]
gid :  14 grids len = 6
grid ID:  14, surrounding grid IDs are [14 13 9 19 8 18]
gid :  16 grids len = 9
grid ID:  16, surrounding grid IDs are [16 15 17 11 21 10 20 12 22]
gid :  17 grids len = 9
grid ID:  17, surrounding grid IDs are [17 16 18 12 22 11 21 13 23]
gid :  23 grids len = 6
grid ID:  23, surrounding grid IDs are [23 22 24 18 17 19]
gid :  24 grids len = 4
grid ID:  24, surrounding grid IDs are [24 23 19 18]
gid :   9 grids len = 6
grid ID:   9, surrounding grid IDs are [9 8 4 14 3 13]
gid :  10 grids len = 6
grid ID:  10, surrounding grid IDs are [10 11 5 15 6 16]
gid :  12 grids len = 9
grid ID:  12, surrounding grid IDs are [12 11 13 7 17 6 16 8 18]
gid :  15 grids len = 6
grid ID:  15, surrounding grid IDs are [15 16 10 20 11 21]
gid :  20 grids len = 4
grid ID:  20, surrounding grid IDs are [20 21 15 16]
gid :  21 grids len = 6
grid ID:  21, surrounding grid IDs are [21 20 22 16 15 17]
PASS
ok    zinx/zinx_app_demo/mmo_game/core0.002s
```

TestAOIManagerSuroundGridsByGid()方法的测试情况和图 21.2 展示的结构相同，通过校验可以看出九宫格算出的结果和图中展示的情况一致。

21.3　数据传输协议 Protocol Buffer

在当前章节的服务器端案例项目中，客户端和服务器端所传输的数据的承载方式是通过 Protocol Buffer 实现的。因此本节将单独介绍 Protocol Buffer 的环境安装和基本的使用方式，如果读者已经了解 Protocol Buffer 语法和相关协议，则可以直接跳过本节。

21.3.1　Protocol Buffer 简介

Google Protocol Buffer(简称 ProtoBuf)是谷歌旗下的一款轻便高效的结构化数据存储

格式,它与平台无关[①]、语言无关[②]且可扩展[③],可用于通信协议和数据存储等领域,所以很适合用作数据存储和其他不同应用。也非常适用于不同语言之间相互通信的数据交换格式。只要实现相同的协议格式(一般指同一个.proto 文件),就可以被编译成不同的语言版本,加入各自的工程中。这样不同语言就可以解析其他语言通过 ProtoBuf 序列化[④]的数据。目前官网提供了对 C/C++、Python、Java、Go 等语言的支持。谷歌在 2008 年 7 月 7 号将其作为开源项目对外公布。

21.3.2　数据交换格式

ProtoBuf 实际上是一种数据交换格式,数据交换格式是基于应用协议之上的一层数据协议,与本书之前章节介绍的 TLV 协议不同。数据交换格式具备更优秀的可读性和数据拼装能力,但付出的代价就是解析性能比较差,ProtoBuf 针对性能的部分进行了优化设计。

ProtoBuf 的相对优势有以下几点:

(1) 序列化后体积比 Json 和 XML 小,适合网络传输。

(2) 支持跨平台多语言。

(3) 消息格式升级和兼容性良好。

(4) 序列化和反序列化速度很快,快于 Json 的处理速度。

ProtoBuf 的相对劣势有以下几点:

(1) 应用不够广(相比 Xml 和 Json)。

(2) 二进制格式导致可读性差。

(3) 缺乏自描述。

21.3.3　ProtoBuf 环境安装

本节主要介绍 Linux(Ubuntu)环境下 Go 编程语言的 ProtoBuf 环境的安装,其他操作系统环境可参考其他资料或者官网文档。

1. ProtoBuf 编译工具安装

第一步,下载 ProtoBuf 源代码,代码如下:

```
cd $ GOPATH/src/
git clone https://github.com/protocolbuffers/protobuf.git
```

或者直接将压缩包拖入相关文件夹后解压,代码如下:

---

① 平台无关的含义是指 Linux、Mac 和 Windows 系统都可以使用,且兼容 32 位和 64 位系统。
② 语言无关的含义是指 C++、Java、Python、Go 等语言编写的程序都可以用,而且可以相互通信。
③ 可扩展指数据格式可以方便地增删字段。
④ 序列化的含义是指将复杂的结构体数据按照一定的规则编码成一组字节元素存放的切片。

```
unzip protobuf.zip
```

第二步，安装相关依赖的库代码，代码如下：

```
sudo apt-get install autoconf automake libtool curl make g++ unzip libffi-dev -y
```

第三步，自动生成 Configure 配置文件，代码如下：

```
cd protobuf/
./autogen.sh
```

第四步，配置环境，代码如下：

```
./configure
```

第五步，编译源代码，编译时间比较长，代码如下：

```
make
```

第六步，安装 ProtoBuf 相关可执行程序，代码如下：

```
sudo make install
```

第七步，刷新 ProtoBuf 依赖的动态库，此步骤比较重要，否则容易导致 ProtoBuf 相关指令程序出现动态库路径关联失败而启动不了，代码如下：

```
sudo ldconfig
```

第八步，测试 ProtoBuf 是否安装成功，执行的指令如下：

```
protoc -h
```

如果能正常提示且提示信息没有任何报错，则表示安装成功。

2. ProtoBuf 的 Go 语言插件安装

由于 ProtoBuf 并没直接支持 Go 语言，所以需要开发者手动安装相关插件。

第一步，获取 proto 包（Go 语言的 proto API），代码如下：

```
go get -v -u github.com/golang/protobuf/proto
go get -v -u github.com/golang/protobuf/protoc-gen-go
```

第二步，编译 Go 语言支持插件的代码，代码如下：

```
cd $ GOPATH/src/github.com/golang/protobuf/protoc - gen - go/
go build
```

第三步，将生成的 protoc-gen-go 可执行文件放到/bin 目录下（或者其他 $PATH 路径下），代码如下：

```
sudo cp protoc - gen - go /bin/
```

21.3.4　ProtoBuf 语法

ProtoBuf 通常会把用户定义的结构体类型叫作一条消息。ProtoBuf 消息通常定义在一个以 . proto 后缀结尾的文件中。

1. 一个简单的例子

下面文件内容是一个 ProtoBuf 的示例文件，取名为 file. proto，文件的内容如下：

```
//file.proto

syntax = "proto3";                     //指定版本信息,不指定时会报错
package pb;                            //后期生成 go 文件的包名

//message 为关键字,用于定义消息类型
message Person {
    string name = 1;                   //姓名
     int32 age = 2;                    //年龄
    repeated string emails = 3;        //电子邮件(repeated 表示字段允许重复)
    repeated PhoneNumber phones = 4;   //手机号
}

//enum 为关键字,用于定义枚举类型
enum PhoneType {
    MOBILE = 0;
    HOME = 1;
    WORK = 2;
}

//message 为关键字,用于定义消息类型,可以被另外的消息类型嵌套使用
message PhoneNumber {
    string number = 1;
    PhoneType type = 2;
}
```

一个 Proto 文件需要具备的几个必要因素如下：

（1）文件的顶部需要有 syntax 版本信息，当前项目案例用的 Proto 版本信息为 proto3。

（2）package 包名，如果是 Go 语言使用的应用场景，则通常只生成 go 文件的包名。

2．消息格式说明

消息由字段组成，每条消息的字段格式如下：

```
(字段修饰符 +)数据类型 + 字段名称 + 唯一的编号标签值
```

唯一的编号标签，如 PhoneNumber 中的 1 和 2，代码如下：

```
message PhoneNumber {
    string number = 1;
    PhoneType type = 2;
}
```

代表每个字段的一个唯一的编号标签，在同一条消息里不可以重复。这些编号标签[①]在消息二进制格式中用于标识字段，并且消息一旦定义就不能更改。

3．数据类型

ProtoBuf 协议中支持的数据类型和 Go 语言中的数据类型的对应关系及说明如表 21.1 所示。

表 21.1　ProtoBuf 的数据类型

.proto 类型	Go 类型	说　明
double	float64	64 位浮点数
float	float32	32 位浮点数
int32	int32	变长编码，对于负值的效率很低，如果可能有负值，则应使用 sint64 替代
uint32	uint32	变长编码
uint64	uint64	变长编码
sint32	int32	变长编码，这些编码在负值时比 int32 高效得多
sint64	int64	变长编码，有符号的整型值。编码时比通常的 int64 高效
fixed32	uint32	4 字节，如果数值总是比 228 大，则这种类型会比 uint32 高效
fixed64	uint64	8 字节，如果数值总是比 256 大，则这种类型会比 uint64 高效
sfixed32	int32	4 字节
sfixed32	int32	4 字节
sfixed64	int64	8 字节
bool	bool	1 字节
string	string	字符串必须是 UTF-8 编码或者 7-bit ASCII 编码的文本
Bytes	[]Byte	可能包含任意顺序的字节数据

---

① 更多详情可参考 Google 中 Protocol Buffers 的官方文档说明。

如表 21.1 所示,如果 Go 语言中需要定义数据类型,则参考与之对应的.proto Type 在 Proto 协议文件中定义即可。

4.默认缺省值

当一条消息被解析的时候,如果被编码的信息不包含一个特定的元素,则被解析的对象所对应的域被设置为一个默认值,如表 21.2 所示。

表 21.2　ProtoBuf 的默认缺省值

数据类型范围	默认缺省值
字符串类型	默认为一个空 String
二进制类型	默认为一个空的 Byte
布尔类型	默认为 false
数值类型	默认为 0

21.3.5　编译 ProtoBuf

通过以下方式调用 protocol 编译器,把.proto 文件编译成 Go 语言代码:

```
$ protoc -- proto_path = IMPORT_PATH -- go_out = DST_DIR path/to/file.proto
```

上述命令中的 protoc 指令是之前安装好的 ProtoBuf 协议的编译器,其中两个参数的含义如下:

(1) --proto_path,指定了.proto 文件导包时的路径,可以有多个,如果忽略,则默认当前目录。

(2) --go_out,指定了生成的 Go 语言代码文件放入的文件夹。

开发者也可以使用以下方式一次性编译多个 .proto 文件:

```
protoc -- go_out = ./ * .proto
```

编译时,protocal 编译器会把.proto 文件编译成.pd.go 文件。这个文件不可以被开发者修改,如果想修改,则需重新编辑.proto 文件,再重新编译。.pd.go 文件则可以被程序代码直接导入,里面包含定义好的数据结构和相关的方法等。

21.3.6　基于 ProtoBuf 协议的 Go 语言编程

21.3.5 节的 ProtoBuf 文件 package 定义的是 pb,并且最终生成的 pb 文件放在当前路径的 protocolbuffer_excise 目录下,下面就可以编写 Go 语言程序来使用已定义好的数据协议了,代码如下:

```go
package main

import (
    "fmt"
    "github.com/golang/protobuf/proto"
    "protocolbuffer_excise/pb"
)

func main() {
    person := &pb.Person{
        Name: "Aceld",
        Age: 16,
        Emails: []string{"https://legacy.gitbook.com/@aceld", "https://github.com/
aceld"},
        Phones: []*pb.PhoneNumber{
            &pb.PhoneNumber{
                Number: "13113111311",
                Type: pb.PhoneType_MOBILE,
            },
            &pb.PhoneNumber{
                Number: "14141444144",
                Type: pb.PhoneType_HOME,
            },
            &pb.PhoneNumber{
                Number: "19191919191",
                Type: pb.PhoneType_WORK,
            },
        },
    }

    data, err := proto.Marshal(person)
    if err != nil {
        fmt.Println("marshal err:", err)
    }

    newdata := &pb.Person{}
    err = proto.Unmarshal(data, newdata)
    if err != nil {
        fmt.Println("unmarshal err:", err)
    }

    fmt.Println(newdata)

}
```

上述代码就可以使用已定义好的 Person 数据协议了。通过 Marshal()方法可以将内存 Person 结构体编码成 Proto 序列化数据。通过 Unmarshal()方法可以将 Proto 序列化的二进制数据解析成 Person 结构体供业务代码使用。

21.4 MMO 游戏服务器应用协议

MMO 游戏 Demo 应用端为服务器的客户端部分,而本章即将介绍的内容是游戏的服务器端部分,在开发之前,需要定义双方协议。

21.4.1 协议定义

根据客户端应用要求得知,客户端会给服务器端传输下面几种应用协议游戏数据,如表 21.3 所示。

表 21.3　MMO 游戏 Demo 应用层通信协议

MsgID	Client	Server	描　　述
1	—	SyncPid	同步玩家本次登录的 ID(用来标识玩家)
2	Talk	—	世界聊天
3	Position	—	移动
200	—	BroadCast	广播消息 Tp 1：世界聊天 2：坐标(出生点同步) 3：动作 4：移动之后坐标信息更新
201	—	SyncPid	广播消息,掉线/AOI 消失在视野
202	—	SyncPlayers	同步周围人的位置信息,包括自己

1. 表格含义

表中每列的含义如下。

(1) MsgID:当前通信协议的 Message 编号,与 Zinx 定义的 MsgID 同义。

(2) Client:当前协议的名称,并且当前消息是由客户端主动发起请求。

(3) Server:当前协议的名称,并且当前消息由服务器端主动发起请求。

(4) 描述:当前协议的描述。

2. 协议含义

在表 21.3 中,共有 6 个协议,其含义依次如下。

(1) SyncPid 协议:由 Server 端主动发起,消息 ID 为 1,表示服务器端告知其他全部在线用户的客户端,当前用户玩家已经上线。

(2) Talk 协议:由 Client 端主动发起,消息 ID 为 2,表示用户玩家客户端主动发起世界聊天消息,将消息告知服务器端,让服务器端进行广播。

（3）Position 协议：由 Client 端主动发起，消息 ID 为 3，客户端玩家的移动坐标的消息。

（4）BroadCast 协议：由 Server 端主动发起，消息 ID 为 200，服务器端向全部在线的玩家客户端广播消息，其中用 Tp 变量表示不同的业务种类。

（5）SyncPid 协议：由 Server 端主动发起，消息 ID 为 201，服务器端广播掉线或者切换视野的消息。

（6）SyncPlayers：由 Server 端主动发起，消息 ID 为 202，同步周围的人（包括当前玩家自己）的位置。

21.4.2　Proto3 协议定义

本节将依据表 21.3 给出的协议定义格式，定义 ProtoBuf 的具体数据协议格式。

1．协议一（MsgID＝1）

SyncPid 协议，同步玩家本次登录的 ID（用来标识玩家），玩家登录之后，由 Server 端主动生成玩家 ID，然后发送给客户端。

Proto 协议的定义如下：

```
message SyncPid {
    int32 Pid = 1;
}
```

相关参数：Pid 表示玩家 ID。

2．协议二（MsgID＝2）

Talk 协议，世界聊天，当前消息由 Client 客户端主动发起请求。

Proto 协议的定义如下：

```
message Talk{
    string Content = 1;
}
```

相关参数：Content 表示聊天信息。

3．协议三（MsgID＝3）

Position 协议，移动的坐标数据，客户端玩家的移动坐标的消息，由 Client 主动发起。

Proto 协议的定义如下：

```
message Position{
    float X = 1;
    float Y = 2;
    float Z = 3;
    float V = 4;
}
```

相关参数如下：

（1）X 表示 3D 地图中 x 轴横坐标。

（2）Y 表示 3D 地图中高度轴坐标，不是 y 轴。

（3）Z 表示 3D 地图中 y 轴纵坐标。

（4）V 表示物体或者任务旋转的角度（$0\sim360°$）。

4．协议四（MsgID = 200）

BroadCast 协议，广播消息，服务器端向全部在线的玩家客户端广播消息，其中用 Tp 变量表示不同的业务种类。

Proto 协议的定义如下：

```
message BroadCast{
    int32 Pid = 1;
    int32 Tp = 2;
    oneof Data {
        string Content = 3;
        Position P = 4;
    int32 ActionData = 5;
    }
}
```

相关参数如下：

（1）Pid 表示玩家 ID。

（2）Tp 表示广播消息种类。1 为世界聊天，2 为坐标，3 为动作，4 为移动之后坐标信息更新。

（3）Data 表示具体传输的消息格式。Data 通过一个 oneof[①] 关键字修饰。根据不同的 Tp，Data 会表现出不同的具体数据类型。Content 是 Tp 为 1，广播的世界聊天数据，Position 是 Tp 为 2 或 4，广播的坐标数据。ActionData 是 Tp 为 3，广播的具体的玩家动作数据。

5．协议五（MsgID = 201）

SyncPid 协议，广播消息，某玩家掉线或者某玩家从 AOI 区域所见的视野消失，由 Server 端主动发起。

Proto 协议的定义如下：

```
message SyncPid{
    int32 Pid = 1;
}
```

---

① Proto 协议中的 oneof 表示如果一个 Message 拥有一堆字段，但同时只有一个字段会被赋值，则可以通过 oneof 功能来节省内存。oneof 字段会将多个常规字段共享一块内存，同时只有一个字段会被赋值。赋值任意字段会清除其他已经赋值的字段。

相关参数：Pid 表示玩家 ID。

6. 协议六（MsgID＝202）

SyncPlayers 协议，同步周围的人（包括当前玩家自己）的位置，由 Server 端主动发起。
Proto 协议的定义如下：

```
message SyncPlayers{
    repeated Player ps = 1;
}

message Player{
    int32 Pid = 1;
    Position P = 2;
}
```

相关参数如下：

（1）Player 表示需要同步的玩家集合，Player 用 repeated① 关键字修饰。

（2）Pid 表示玩家 ID。

（3）Position 表示位置信息。

21.5　构建项目与用户上线

以上对于当前项目案例的铺垫工作已经结束了，接下来基于 Zinx 框架构建一个 MMO 的游戏服务器应用程序。

21.5.1　构建项目

在 mmo_game 项目根目录下分别创建文件夹 api、conf、core、game_client、pb 等。

（1）api 目录，存放注册 MMO 游戏业务的一些 Router 处理流程模块代码。

（2）conf 目录，存放当前项目的一些配置文件，例如 zinx.json。

（3）core 目录，存放一些核心算法，或者游戏控制等模块。

（4）game_client 目录，存放游戏客户端程序。

（5）pb 目录，存放一些 ProtoBuf 的协议文件和 Go 文件。

创建完上述路径后，接下来通过几个步骤快速启动当前项目的构建流程。

1. 创建服务主程

在 mmo_game 下，创建一个 server.go 作为 main 包，主要作为服务器程序的主入口，代码如下：

---

① Proto 协议中的 repeated 表示可重复，可以理解为数组。

```
//mmo_game/server.go
package main

import (
    "zinx/znet"
)

func main() {
    //创建服务器句柄
    s := znet.NewServer()

    //启动服务
    s.Serve()
}
```

2. 添加 Zinx 配置文件

在 conf 目录下添加 zinx.conf 配置文件，代码如下：

```
//mmo_game/conf/zinx.conf
{
  "Name":"Zinx Game",
  "Host":"0.0.0.0",
  "TcpPort":8999,
  "MaxConn":3000,
  "WorkerPoolSize":10
}
```

3. Proto 协议文件创建

在 pb 目录下创建 msg.proto 文件，补充头部信息，其他信息在开发过程中再补充，协议如下：

```
//mmo_game/pb/msg.proto
syntax = "proto3";                      //Proto 协议
package pb;                             //当前包名
option csharp_namespace = "Pb";        //给 C#提供的选项
```

注意 这里有一个语句 option csharp_namespace，该条语句专门为客户端程序提供，与当前应用无关，因为当前客户端程序的代码采用 C#编写，所以客户端也要基于当前 Proto 生成响应的 C#代码协议文件，如果客户端不用 C#编写程序，则可以忽略本条语句。

创建一个 build.sh 编译指令脚本，方便开发的时候编译 Proto 协议文件，得到对应的 Go 语言代码：

```
//mmo_game/pb/build.sh
#!/bin/bash
protoc -- go_out = . * .proto
```

当前 mmo_game 项目的结构如下：

```
.
└── mmo_game
    ├── api
    ├── conf
    │   └── zinx.json
    ├── core
    │   ├── aoi.go
    │   ├── aoi_test.go
    │   └── grid.go
    ├── game_client
    │   └── client.exe
    ├── pb
    │   ├── build.sh
    │   └── msg.proto
    ├── README.md
    └── server.go
```

21.5.2　用户上线流程

在项目基本环境搭建完毕后，接下来实现第 1 个功能，即实现 MMO 客户端的第一次登录流程。在玩家用户上线时客户端与服务器端的交互过程比较简单，Client 每次登录时都会向服务器端创建连接，Server 在收到客户端的第一次建立请求时，会返回客户端被分配的玩家 ID。客户端在确认收到消息后，说明当前玩家已经成功上线，Server 端会将当前新玩家的上线坐标广播给其他在线玩家用户，具体的流程如图 21.10 所示。

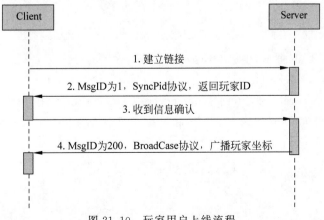

图 21.10　玩家用户上线流程

下面按照图 21.10 中的流程,将具体的代码实现。

1. 定义 proto 协议

上线的业务涉及 MsgID 为 1 和 MsgID 为 200 两条消息,根据 21.5.1 节的介绍,需要在 msg. proto 文件中定义两个 Proto 类型,并且生成对应的 Go 代码,Proto 文件添加的代码如下:

```proto
//mmo_game/pb/msg.proto
syntax = "proto3";                    //Proto 协议
package pb;                           //当前包名
option csharp_namespace = "Pb";       //给 C♯ 提供的选项

//同步客户端玩家 ID
message SyncPid{
    int32 Pid = 1;
}

//玩家位置
message Position{
    float X = 1;
    float Y = 2;
    float Z = 3;
    float V = 4;
}

//玩家广播数据
message BroadCast{
    int32 Pid = 1;
    int32 Tp = 2;
    oneof Data {
      string Content = 3;
      Position P = 4;
            int32 ActionData = 5;
    }
}
```

之后执行 build. sh 脚本,生成对应的 msg. pb. go 代码。

2. 创建 Player 模块

在 mmo_game/core 目录下,创建 player. go 文件,实现玩家用户的相关代码。要实现一个 Player 玩家模块,需要定义 Play 类,确定相关的成员属性和相关方法。首先定义 Play 类的数据,代码如下:

```go
//mmo_game/core/player.go

//玩家对象
```

```
type Player struct {
    Pid int32                              //玩家 ID
    Conn ziface.IConnection                //当前玩家的连接
    X   float32                            //平面 x 坐标
    Y   float32                            //高度
    Z   float32                            //平面 y 坐标（注意不是 Y）
    V   float32                            //旋转 0～360°
}
```

一个 Player 对象应该具备一个玩家用户 ID 和一个当前玩家与客户端建立连接的 IConnection 对象。其余的数据就是当前玩家在地图中的坐标信息。

实现一个 Player 构造方法，创建并且生成一个 Play 对象，具体的实现代码如下：

```
//mmo_game/core/player.go

/*
    Player ID 生成器
*/
var PidGen int32 = 1                     //用来生成玩家 ID 的计数器
var IdLock sync.Mutex                    //保护 PidGen 的互斥机制

//创建一个玩家对象
func NewPlayer(conn ziface.IConnection) *Player {
    //生成一个 PID
    IdLock.Lock()
    id := PidGen
    PidGen ++
    IdLock.Unlock()

    p := &Player{
            Pid : id,
            Conn:conn,

            //随机在 160 坐标点,基于 X 轴偏移若干坐标
            X:float32(160 + rand.Intn(10)),

            Y:0,                           //高度为 0
            //随机在 134 坐标点,基于 Y 轴偏移若干坐标
            Z:float32(134 + rand.Intn(17)),

            V:0,                           //角度为 0,尚未实现
    }

    return p
}
```

NewPlayer()方法会创建一个 Player 对象,这里玩家的 ID 是用一个全局序列号生成的,这是为了使本案例可以快速构建,如果是业务复杂的项目案例,则建议改成分布式 ID 或者自定义的 ID 协议,玩家的 ID 设计建议可排序。

Player 的初始坐标随机在一个范围内生成,编译后供开发者调试使用。

NewPlayer()创建时依赖传递进来的 IConnection,表示要确认连接已经建立成功后才能调用 NewPlayer()方法生成一个 Player 对象。

接下来,由于 Player 经常需要向客户端发送消息,所以需要给 Player 提供一个 SendMsg()方法,下面实现 Player 向客户端发送消息的方法,代码如下:

```go
//mmo_game/core/player.go

/*
    将消息发送给客户端,
    主要是将 pb 的 protobuf 数据序列化之后发送
 */
func (p * Player) SendMsg(msgId uint32, data proto.Message) {
    //将 proto Message 结构体序列化
    msg, err : = proto.Marshal(data)
    if err != nil {
            fmt.Println("marshal msg err: ", err)
            return
    }

    if p.Conn == nil {
            fmt.Println("connection in player is nil")
            return
    }

    //调用 Zinx 框架的 SendMsg 发包
    if err := p.Conn.SendMsg(msgId, msg); err != nil {
            fmt.Println("Player SendMsg error !")
            return
    }

    return
}
```

这里需要注意的是,SendMsg()是将发送的数据通过 Proto 序列化,然后调用 Zinx 框架的 SendMsg()方法发送给远程客户端。

3. 实现上线业务

在 Server 的 main 主入口,给连接绑定一个创建之后的 Hook 方法。因为上线的时候服务器自动回复客户端玩家的 ID 和坐标,所以需要在连接创建完毕之后自动触发这个流程,基于 Zinx 框架的 SetOnConnStart()方法将此逻辑注册进去。

在 mmo_game 目录下创建 server.go 文件,该文件作为服务器端的主入口,在此文件中定义 main()函数,代码如下:

```go
//mmo_game/server.go
package main

import (
    "fmt"
    "zinx/ziface"
    "zinx/zinx_app_demo/mmo_game/core"
    "zinx/znet"
)

//当客户端建立连接的时候的 Hook 函数
func OnConnectionAdd(conn ziface.IConnection) {
    //创建一个玩家
    player := core.NewPlayer(conn)

    //同步当前的 PlayerID, 使用 MsgID:1 消息
    player.SyncPid()

    //同步当前玩家的初始化坐标信息,使用 MsgID:200 消息
    player.BroadCastStartPosition()

    fmt.Println(" =====> Player pidId = ", player.Pid, " arrived ==== ")
}

func main() {
    //创建服务器句柄
    s := znet.NewServer()

    //注册客户端连接建立和丢失函数
    s.SetOnConnStart(OnConnectionAdd)

    //启动服务
    s.Serve()
}
```

根据上述的流程分析,在客户端建立连接之后,Server 要自动地回复给客户端一个玩家 ID,同时也要将当前玩家的坐标发送给客户端,所以这里给 Player 定义了两种方法 Player. SyncPid()和 Player.BroadCastStartPosition()。

(1) SyncPid()用于发送 MsgID 为 1 的消息,将当前上线的用户 ID 发送给相对应的客户端,此方法的实现代码如下:

```
//mmo_game/core/player.go

//告知客户端pid,同步已经生成的玩家ID
func (p * Player) SyncPid() {
    //组建 SyncPid 协议的 proto 数据
    data := &pb.SyncPid{
            Pid:p.Pid,
    }

    //将数据发送给客户端
    p.SendMsg(1, data)
}
```

（2）BroadCastStartPosition()用于发送 MsgID 为 200 的广播位置消息,虽然第一名玩家首次登录的时候,还没有其他用户在线,但是当前玩家自己的坐标也要被告知,该方法的实现代码如下:

```
//mmo_game/core/player.go

//广播玩家自己的地点
func (p * Player) BroadCastStartPosition() {
    //组件 BroadCast 协议 Proto 数据
    msg := &pb.BroadCast{
            Pid:p.Pid,
            Tp:2,//Tp2 代表广播坐标
            Data: &pb.BroadCast_P{
                    &pb.Position{
                            X:p.X,
                            Y:p.Y,
                            Z:p.Z,
                            V:p.V,
                    },
            },
    }

    p.SendMsg(200, msg)
}
```

这里 Tp 被填充为 2,根据协议定义,2 表示广播坐标,Data 则被赋值为坐标数据格式。

4. 测试用户上线业务

现在 MMO 的上线业务服务器端的代码已经开发完了,下面可以启动 Server 程序,并且启动客户端程序进行功能测试,先执行如下指令,启动服务器端程序:

```
$ cd mmo_game/
$ go run server.go
```

然后在 Windows 操作系统中打开 client.exe 客户端[①]程序。

注意 要确保 Windows 和启动服务器的 Linux 端要能够正常通信,为了方便测试,建议将 Linux 的防火墙设置为关闭状态,或者确保服务器的端口是开放的,以免耽误调试。

打开客户端应用程序后,会出现登录界面,提示用户输入服务器端的 IP 和 Port 信息,如图 21.11 所示。

在此处输入服务器的 IP 地址和端口,端口要求和服务器配置的 zinx.json 的端口号一致,然后单击 Connect 与服务器端进行连接。

顺利登录后会进入游戏 Demo 界面,如图 21.12 所示。

图 21.11 客户端登录服务器端
信息填充界面

图 21.12 客户端与服务器端建立连接,
玩家进入游戏界面

如果游戏界面可顺利进入,并且已经显示为 Player_1 玩家 ID,则表示登录成功,此时在服务器端也可以看到一些调试信息。操作按键 W、A、S、D 也可以使玩家移动。如果没有显示玩家 ID 或者为 TextView,则表示登录失败,开发者需要再针对协议的匹配进行调试。

21.6 世界聊天系统实现

当用户成功登录之后,表示目前前后端的初步连接已经达成了。接下来仅需实现聊天系统功能,可以让登录到服务器端的客户端玩家互相通信。

---

① Windows 的 client.exe 客户端程序的运行环境问题可以参考 Zinx 源代码的 issues,地址为 https://github.com/aceld/zinx/issues/7。

21.6.1　世界管理模块

世界聊天系统需要定义一个可以管理当前世界所有玩家的管理器。该管理器应该拥有全部当前在线玩家的信息和当前世界的 AOI 划分规则,这样可以方便玩家与玩家之间进行聊天,也方便各自同步位置等。

在 mmo_game/core/目录下创建 world_manager.go 文件,作为世界管理器模块代码的实现。

首先,定义 WorldManager 世界管理模块类的成员结构,代码如下:

```
//mmo_game/core/world_manager.go
package core

import (
    "sync"
)

/*
    当前游戏世界的总管理模块
*/
type WorldManager struct {
    AoiMgr *AOIManager          //当前世界地图的 AOI 规划管理器
    Players map[int32] *Player   //当前在线的玩家集合
    pLock sync.RWMutex           //保护 Players 的互斥读写机制
}
```

WorldManager 相关的成员包括以下几个。

(1) AoiMgr:一个 AOIManager 地图管理器,实则是当前世界地图的 AOI 管理。

(2) Players:用来存储当前世界全部玩家的信息变量,是一个 map 结果,其中 Key 为 PlayerID,Value 为 Player 对象。

(3) pLock:保证 Players 并发安全的读写锁。

其次,世界管理模块应该是全部 Player 共享的模块,下面定义一个 WorldManager 全局对象[①],定义如下:

```
//mmo_game/core/world_manager.go

//提供一个对外的世界管理模块句柄
var WorldMgrObj *WorldManager
```

---

① 本书为了保证案例的简单和方便读者理解,直接选用全局变量的定义方式,在实际开发中如果遇见全局唯一特性的对象或者变量建议设计类采用单例模式设计。

当 core 模块被首次引用的时候将 WorldMgrObj 全局对象进行初始化赋值,在 init()方法中完成此初始化动作,代码如下:

```
//mmo_game/core/world_manager.go

//提供 WorldManager 初始化方法
func init() {
    WorldMgrObj = &WorldManager{
            Players: make(map[int32] * Player),
            AoiMgr: NewAOIManager(AOI_MIN_X, AOI_MAX_X, AOI_CNTS_X, AOI_MIN_Y, AOI_MAX_Y,
AOI_CNTS_Y),
    }
}
```

这样就能确保 WorldManager 全局只被初始化一次,其中有关 AOIManager 初始化的一些常量定义如下:

```
//mmo_game/core/aoi.go

const (
    AOI_MIN_X int = 85
    AOI_MAX_X int = 410
    AOI_CNTS_X int = 10
    AOI_MIN_Y int = 75
    AOI_MAX_Y int = 400
    AOI_CNTS_Y int = 20
)
```

WorldManager 世界管理器还需要支持添加 Player、从场景移除 Player、获取 Player 对象等相关方法,接下来依次实现这些方法,代码如下:

```
//mmo_game/core/world_manager.go

//提供添加一个玩家的功能,将玩家添加进玩家信息表 Players
func (wm * WorldManager) AddPlayer(player * Player) {
    //将 player 添加到 世界管理器中
    wm.pLock.Lock()
    wm.Players[player.Pid] = player
    wm.pLock.Unlock()

    //将 player 添加到 AOI 网络规划中
    wm.AoiMgr.AddToGridByPos(int(player.Pid), player.X, player.Z)
```

```
    }

    //从玩家信息表中移除一个玩家
    func (wm * WorldManager) RemovePlayerByPid(pid int32) {
        wm.pLock.Lock()
        delete(wm.Players, pid)
        wm.pLock.Unlock()
    }

    //通过玩家 ID 获取对应玩家信息
    func (wm * WorldManager) GetPlayerByPid(pid int32) * Player {
        wm.pLock.RLock()
        defer wm.pLock.RUnlock()

        return wm.Players[pid]
    }

    //获取所有玩家的信息
    func (wm * WorldManager) GetAllPlayers() [] * Player {
        wm.pLock.RLock()
        defer wm.pLock.RUnlock()

        //创建返回的 player 集合切片
        players : = make([] * Player, 0)

        //添加切片
        for _, v : = range wm.Players {
                players = append(players, v)
        }

        //返回
        return players
    }
```

WorldManager 模块主要对 AOI 和玩家进行统一管理,起到协调其他模块的作用。其中全局变量 WorldMgrObj 是对外开放的管理模块句柄,供其他模块使用。

有了世界管理模块之后,每次玩家上线的时候,应该将玩家添加到 WorldMgrObj 对象中,相关添加的代码如下:

```
//mmo_game/server.go

//当客户端建立连接的时候的 Hook 函数
func OnConnectionAdd(conn ziface.IConnection) {
```

```
    //创建一个玩家
    player := core.NewPlayer(conn)

    //同步当前的 PlayerID,发送 MsgID:1 消息
    player.SyncPid()

    //同步当前玩家的初始化坐标信息,发送 MsgID:200 消息
    player.BroadCastStartPosition()

    //将当前新上线玩家添加到 worldManager 中
    core.WorldMgrObj.AddPlayer(player)

    fmt.Println(" =====> Player pidId = ", player.Pid, " arrived ====")
}
```

这样,服务器端的世界管理模块的相关创建和添加 Player 玩家的代码实现就完成了。

21.6.2 世界聊天系统实现

接下来,基于世界管理器,为当前服务器端实现一个玩家和玩家之间的世界聊天广播功能,交互流程如图 21.13 所示。

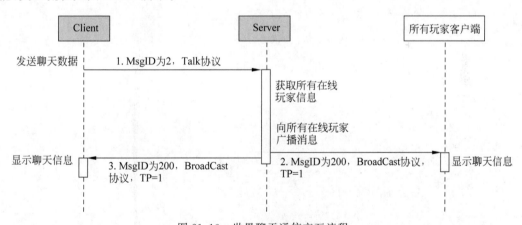

图 21.13 世界聊天通信交互流程

具体的流程如下:

(1) Client 客户用户端输入聊天信息后,主动将聊天数据发送给服务器端程序,根据预定义好的协议格式,采用 MsgID 为 2,Talk 协议。

(2) Server 服务器端在收到聊天数据后,进行协议解析,得到具体的消息数据,然后通过世界管理模块获取当前在线的所有 Player 信息和对应的 Connection 连接。

(3) 将收到的客户端聊天数据广播(依次调用 SendMsg)给全部的 Connection,采用 MsgID 为 200,BroadCast 协议,其中 Tp 为 1(聊天信息的广播类型数据)。

（4）每个客户端收到消息后，将收到的消息展示到界面中。

下面根据上述流程，分别逐步实现世界聊天系统功能。

1. Proto3 协议定义

这里涉及 MsgID 为 2 和 200 的指令，还有对应的 Talk 和 BroadCast 的 Proto 协议。在 msg.proto 文件中先将协议格式的 Proto 结构体定义出来，配置文件的代码如下：

```proto
//mmo_game/pb/msg.proto

syntax = "proto3";                  //Proto 协议
package pb;                         //当前包名
option csharp_namespace = "Pb";     //给 C♯ 提供的选项

//同步客户端玩家 ID
message SyncPid{
    int32 Pid = 1;
}

//玩家位置
message Position{
    float X = 1;
    float Y = 2;
    float Z = 3;
    float V = 4;
}

//玩家广播数据
message BroadCast{
    int32 Pid = 1;
    int32 Tp = 2;                   //1 表示世界聊天,2 表示玩家位置
    oneof Data {
        string Content = 3;         //聊天的信息
        Position P = 4;             //广播用户的位置
            int32 ActionData = 5;
        }
}

//玩家聊天数据
message Talk{
    string Content = 1;             //聊天内容
}
```

定义好后，执行事先编辑好的 build.sh 脚本文件，生成新的 msg.proto.go 文件。

2. 聊天业务 API 建立

接下来创建 mmo_game/api 文件目录，当前目录主要用来存放服务器端程序针对不同

MsgID 的 Handler 逻辑处理的业务代码。在 api 目录下创建 world_chat.go 文件,当前文件为世界聊天系统针对聊天业务的处理逻辑。

接下来按照 Zinx 编写 Router 处理逻辑 Handler 的代码形式,来处理 MsgID 为 2 的代码逻辑,具体实现的代码如下:

```go
//mmo_game/api/world_chat.go

package api

import (
    "fmt"
    "github.com/golang/protobuf/proto"
    "zinx/ziface"
    "zinx/zinx_app_demo/mmo_game/core"
    "zinx/zinx_app_demo/mmo_game/pb"
    "zinx/znet"
)

//世界聊天,路由业务
type WorldChatApi struct {
    znet.BaseRouter
}

func (*WorldChatApi) Handle(request ziface.IRequest) {
    //1. 将客户端传来的 proto 协议解码
    msg := &pb.Talk{}
    err := proto.Unmarshal(request.GetData(), msg)
    if err != nil {
            fmt.Println("Talk Unmarshal error ", err)
            return
    }

    //2. 得知当前的消息是从哪个玩家传递来的,从连接属性 pid 中获取
    pid, err := request.GetConnection().GetProperty("pid")
    if err != nil {
            fmt.Println("GetProperty pid error", err)
            request.GetConnection().Stop()
            return
    }
    //3. 根据 pid 得到 player 对象
    player := core.WorldMgrObj.GetPlayerByPid(pid.(int32))

    //4. 让 player 对象发起聊天广播请求
    player.Talk(msg.Content)
}
```

对于 MsgID 为 2 的路由业务实现,其中有个小细节需要注意一下。在上述代码的第 2

步中,根据连接 conn 得到当前玩家的 pid 属性,实则需要之前在玩家上线的时候,将 pid 和 conn 做一个属性绑定,否则从连接得不到玩家 Player 的 pid 属性,所以也要在之前的 OnConnectionAdd()方法中,即在客户端连接之后的 Hook 函数中加上 pid 和 conn 的绑定关系,具体的代码如下:

```go
//mmo_game/server.go

//当客户端建立连接的时候的 Hook 函数
func OnConnectionAdd(conn ziface.IConnection) {
    //创建一个玩家
    player := core.NewPlayer(conn)
    //同步当前的 PlayerID,发送 MsgID:1 消息
    player.SyncPid()
    //同步当前玩家的初始化坐标信息,发送 MsgID:200 消息
    player.BroadCastStartPosition()
    //将当前新上线玩家添加到 worldManager 中
    core.WorldMgrObj.AddPlayer(player)

    //新增: 将该连接绑定属性 Pid
    conn.SetProperty("pid", player.Pid)

    fmt.Println(" =====> Player pidId = ", player.Pid, " arrived ====")
}
```

接下来实现 Player 的 Talk 方法,即将广播消息发送给对应的客户端,实现代码如下:

```go
//mmo_game/core/player.go

//广播玩家聊天
func (p *Player) Talk(content string) {
    //1. 组建 MsgId200 proto 数据
    msg := &pb.BroadCast{
            Pid:p.Pid,
            Tp:1,//Tp 1 代表聊天广播
            Data: &pb.BroadCast_Content{
                    Content: content,
            },
    }

    //2. 得到当前世界所有的在线玩家
    players := WorldMgrObj.GetAllPlayers()

    //3. 向所有的玩家发送 MsgID:200 消息
    for _, player := range players {
```

```
                    player.SendMsg(200, msg)
            }
    }
```

主要流程是首先创建 MsgID 为 200 的 Proto 数据协议结构,然后通过世界管理器得到所有的玩家信息,接着遍历全部在线 Player,依次将 MsgID 为 200 的消息发送给每个 Player 对应的客户端程序。

3. 测试世界聊天功能

以上已经基本实现了世界聊天信息的功能,下面就要简单测试一下该功能是否可以正常运行。

在服务器端运行 Server,相关指令和结果如下:

```
$ go run server.go
Add api msgId = 2
[START] Server name: Zinx Game,listenner at IP: 0.0.0.0, Port 8999 is starting
[Zinx] Version: V0.11, MaxConn: 3000, MaxPacketSize: 4096
start Zinx server Zinx Game succ, now listenning...
Worker  ID  =  9  is  started.
Worker  ID  =  4  is  started.
Worker  ID  =  5  is  started.
Worker  ID  =  6  is  started.
Worker  ID  =  7  is  started.
Worker  ID  =  8  is  started.
Worker  ID  =  0  is  started.
Worker  ID  =  1  is  started.
Worker  ID  =  2  is  started.
Worker  ID  =  3  is  started.
```

然后在 Windows 系统中打开两个客户端,分别互相聊天,这样聊天功能就实现了,如图 21.14 所示。

(a)　　　　　　　　　　　　　　　　(b)

图 21.14　世界聊天测试效果

21.7 上线位置信息同步

当一个新用户登录服务器端的时候,应该将当前新玩家的位置信息同步给周围一定范围内在线的其他玩家,在其他玩家的客户端展示当前新上线玩家的位置信息等。同时也要将周围全部玩家的位置信息同步给当前新上线的玩家,让当前新上线的玩家也可以看见视野内其他在线玩家的位置信息,具体流程如图 21.15 所示。

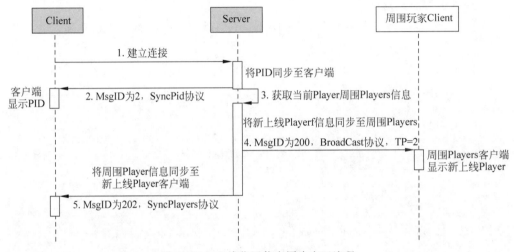

图 21.15 上线位置信息同步交互流程

上述流程涉及了 MsgID 为 202 消息,协议为 SyncPlayers,因此需要在 Proto 文件中再添加两条消息,在 msg.proto 数据协议中添加的代码如下:

```
//mmo_game/pb/msg.proto

//玩家信息
message Player{
    int32 Pid = 1;
    Position P = 2;
}

//同步玩家显示数据
message SyncPlayers{
    repeated Player ps = 1;
}
```

定义好后,执行事先编辑好的 build.sh 脚本文件,生成新的 msg.proto.go 文件。

接下来给 Player 提供一个同步位置的方法 SyncSurrounding(),以便给当前 Player 周

边的 Players 广播自己的位置信息,让周围的 Players 显示自己,具体的实现方法如下:

```go
//mmo_game/core/player.go

//向当前玩家周边的(九宫格内)玩家广播自己的位置,让他们显示自己
func (p * Player) SyncSurrounding() {
    //1. 根据自己的位置,获取周围九宫格内的玩家 pid
    pids := WorldMgrObj.AoiMgr.GetPidsByPos(p.X, p.Z)
    //2. 根据 pid 得到所有玩家对象
    players := make([] * Player, 0, len(pids))
    //3. 给这些玩家发送 MsgID:200 消息,让自己出现在对方视野中
    for _, pid := range pids {
            players = append(players,WorldMgrObj.GetPlayerByPid(int32(pid)))
    }
    //3.1 组建 MsgId200 proto 数据
    msg := &pb.BroadCast{
            Pid:p.Pid,
            Tp:2, //Tp2 代表广播坐标
            Data: &pb.BroadCast_P{
                    P:&pb.Position{
                            X:p.X,
                            Y:p.Y,
                            Z:p.Z,
                            V:p.V,
                    },
            },
    }
    //3.2 每个玩家分别给对应的客户端发送 200 消息,显示人物
    for _, player := range players {
            player.SendMsg(200, msg)
    }
    //4. 让周围九宫格内的玩家出现在自己的视野中
    //4.1 制作 Message SyncPlayers 数据
    playersData := make([] * pb.Player, 0, len(players))
    for _, player := range players {
            p := &pb.Player{
                    Pid:player.Pid,
                    P:&pb.Position{
                            X:player.X,
                            Y:player.Y,
                            Z:player.Z,
                            V:player.V,
                    },
            }
            playersData = append(playersData, p)
    }
```

```
    //4.2 封装 SyncPlayer protobuf 数据
    SyncPlayersMsg : = &pb.SyncPlayers{
            Ps:playersData[:],
    }

    //4.3 给当前玩家发送需要显示周围的全部玩家数据
    p.SendMsg(202, SyncPlayersMsg)
}
```

上述代码有两个重要过程,一个是将自己的坐标信息发送给 AOI 范围内周边的玩家,另一个是将周边玩家的坐标信息发送给自己的客户端。最后在用户上线的时候,调用同步坐标信息的方法即可,相关的触发 SyncSurrounding() 函数的地方还是在 OnConnectionAdd() 中实现,代码如下:

```
//mmo_game/server.go

//当客户端建立连接的时候的 Hook 函数
func OnConnectionAdd(conn ziface.IConnection) {
    //创建一个玩家
    player : = core.NewPlayer(conn)
    //同步当前的 PlayerID,发送 MsgID:1 消息
    player.SyncPid()
    //同步当前玩家的初始化坐标信息,发送 MsgID:200 消息
    player.BroadCastStartPosition()
    //将当前新上线玩家添加到 worldManager 中
    core.WorldMgrObj.AddPlayer(player)
    //将该连接绑定属性 Pid
    conn.SetProperty("pid", player.Pid)

    //新增:同步周边玩家上线信息,与现实周边玩家信息
    player.SyncSurrounding()

    fmt.Println(" =====> Player pidId = ", player.Pid, " arrived ====")
}
```

最后运行程序进行简单的测试,服务器端执行如下指令来启动 Server:

```
$ go run server.go
```

再分别启动 3 个客户端,观察是否能够互相看到对方的位置信息,如图 21.16 所示。

从图 21.16 的界面效果可以看出,Player_4 能够看见其他在线的玩家,Player_5 也能够看到 Player_4 和其他在线的玩家。

(a)

(b)

图 21.16　上线位置信息同步效果

21.8　移动位置与未跨越格子的 AOI 广播

本节来介绍当一个玩家在移动的时候,当前玩家周围的玩家客户端要实时显示移动的玩家位置,即移动的玩家当前自身客户端不仅可以看见自身在移动,其他周围玩家的客户端也要看到其在移动,具体的处理流程如图 21.17 所示。

上述流程涉及两条消息,分别是 MsgID 为 3 和 MsgID 为 200,并且 Tp 为 4 的消息。当玩家移动的时候,客户端会主动给服务器端发送 MsgID 为 3 的 Position 消息。

服务器端 Server 在启动之前,应该给注册针对 MsgID 为 3 的 Router 业务 Handler 处理流程方法,代码如下:

```
//mmo_game/ server.go

func main() {
    //创建服务器句柄
```

```
    s : = znet.NewServer()

    //注册客户端连接建立和丢失函数
    s.SetOnConnStart(OnConnectionAdd)

    //注册路由
    s.AddRouter(2, &api.WorldChatApi{})          //聊天
    s.AddRouter(3, &api.MoveApi{})               //移动

    //启动服务
    s.Serve()
}
```

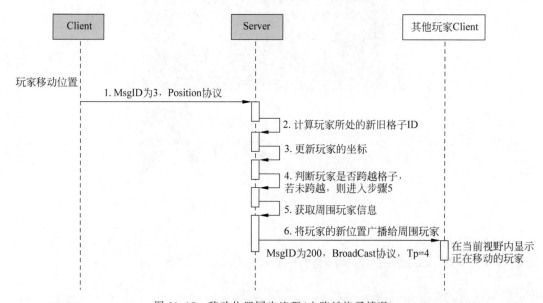

图 21.17　移动位置同步流程（未跨越格子情况）

上面代码已经在 Server 启动之前注册了有关 MsgID 为 3 的移动处理业务，接下来就实现 MoveApi 的有关逻辑，在 mmo_game/api 目录下创建 move.go 文件，代码如下：

```
//mmo_game/api/move.go

package api

import (
    "fmt"
    "github.com/golang/protobuf/proto"
    "zinx/ziface"
```

```
        "zinx/zinx_app_demo/mmo_game/core"
        "zinx/zinx_app_demo/mmo_game/pb"
        "zinx/znet"
)

//玩家移动
type MoveApi struct {
    znet.BaseRouter
}

func ( * MoveApi) Handle(request ziface.IRequest) {
    //1. 将客户端传来的 proto 协议解码
    msg : = &pb.Position{}
    err : = proto.Unmarshal(request.GetData(), msg)
    if err != nil {
            fmt.Println("Move: Position Unmarshal error ", err)
            return
    }

    //2. 得知当前的消息是从哪个玩家传递来的,从连接属性 pid 中获取
    pid, err : = request.GetConnection().GetProperty("pid")
    if err != nil {
            fmt.Println("GetProperty pid error", err)
            request.GetConnection().Stop()
            return
    }

    fmt.Printf("user pid =  %d , move( %f, %f, %f, %f)", pid, msg.X, msg.Y, msg.Z, msg.V)

    //3. 根据 pid 得到 player 对象
    player : = core.WorldMgrObj.GetPlayerByPid(pid.(int32))

    //4. 让 player 对象发起移动位置信息广播
    player.UpdatePos(msg.X, msg.Y, msg.Z, msg.V)
}
```

移动的业务与之前的聊天业务很相似,首先解析从客户端读取的数据协议,其次得到是从哪个玩家的客户端传递过来的请求,并且得到相对应的后端 Player 的 Pid,最后调用 Player.UpdatePos()方法,该方法主要处理及发送同步消息。下面来看一看 Player.UpdatePos()方法应如何实现,代码如下:

```
//mmo_game/core/player.go

//广播玩家位置移动
```

```go
func (p * Player) UpdatePos(x float32, y float32, z float32, v float32) {
    //更新玩家的位置信息
    p.X = x
    p.Y = y
    p.Z = z
    p.V = v

    //组装 protobuf 协议,发送位置给周围玩家
    msg := &pb.BroadCast{
        Pid:p.Pid,
        Tp:4,      //Tp4 表示移动之后的坐标信息
        Data: &pb.BroadCast_P{
            P:&pb.Position{
                X:p.X,
                Y:p.Y,
                Z:p.Z,
                V:p.V,
            },
        },
    }

    //获取当前玩家周边全部玩家
    players := p.GetSurroundingPlayers()
    //向周边的每个玩家发送 MsgID:200 消息,移动位置更新消息
    for _, player := range players {
        player.SendMsg(200, msg)
    }
}
```

UpdatePos()方法流程比较清晰,就是组装 MsgID 为 200 的 BroadCast 协议,并且 Tp 赋值为 4,然后通过 GetSurroundingPlayers()方法得到当前 Player 的周边玩家都有哪些,然后依次轮询周边的每个 Player 对象,并且执行格子的 SendMsg()方法,将当前移动的 Player 的最新坐标依次发送给每个 Player 对象对应的远程客户端,其中 GetSurroundingPlayers()的具体实现代码如下:

```go
//mmo_game/core/player.go

//获得当前玩家的 AOI 周边玩家信息
func (p * Player) GetSurroundingPlayers() [] * Player {
    //得到当前 AOI 区域的所有 pid
    pids := WorldMgrObj.AoiMgr.GetPidsByPos(p.X, p.Z)

    //将所有 pid 对应的 Player 放到 Player 切片中
```

```
        players := make([] * Player, 0, len(pids))
        for _, pid := range pids {
                players = append(players,WorldMgrObj.GetPlayerByPid(int32(pid)))
        }

        return players
}
```

该方法用于获取当前玩家 AOI 周边的玩家 Player 对象有哪些。

该方法的整体思路是获取周边的所有玩家,发送位置更新信息。

以上功能都开发完成后,编译且启动 Server 服务器,同时打开 3 个客户端,观察最后的效果。

通过结果证明,3 个客户端已经可以实现移动同步了。到目前为止,基本的 MMO 大型网游在线游戏的基础模型已经搭建完成了,接下来添加一些其他的游戏机制,例如对战和积分等,本书就不再继续介绍,有兴趣的读者可以基于之前的开发框架和流程继续开发。

21.9　玩家下线

当用户在客户端单击"关闭"按钮时将会触发玩家下线的功能。对于一个在线玩家下线而言,应该使当前下线的玩家在自己的客户端界面上消失,具体流程如图 21.18 所示。

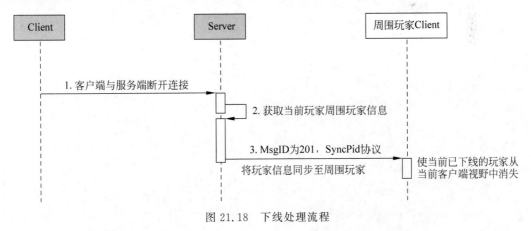

图 21.18　下线处理流程

玩家下线采用了 MsgID 为 201 的 SyncPid 协议消息。触发该流程的时机是客户端与服务器端断开连接前。基于 Zinx 框架在连接断开前的 Hook 方法中注册玩家下线业务即可实现此功能。

在启动 Server 的时候,注册断开连接前的 Hook 方法,具体添加部分的代码如下:

```
//mmo_game/server.go

func main() {
    //创建服务器句柄
    s := znet.NewServer()

    //注册客户端连接之后的 Hook 函数
    s.SetOnConnStart(OnConnectionAdd)
     //新增：注册客户端丢失前的 Hook 函数
    s.SetOnConnStop(OnConnectionLost)

    //注册路由
    s.AddRouter(2, &api.WorldChatApi{})
    s.AddRouter(3, &api.MoveApi{})

    //启动服务
    s.Serve()
}
```

其中 OnConnectionLost()方法的具体实现代码如下：

```
//mmo_game/server.go

//当客户端断开连接的时候的 Hook 函数
func OnConnectionLost(conn ziface.IConnection) {
    //获取当前连接的 Pid 属性
    pid, _ := conn.GetProperty("pid")

    //根据 pid 获取对应的玩家对象
    player := core.WorldMgrObj.GetPlayerByPid(pid.(int32))

    //触发玩家下线业务
    if pid != nil {
            player.LostConnection()
    }

    fmt.Println("====> Player ", pid, " left =====")
}
```

OnConnectionLost()方法会在连接断开之前被调用，第一步会获取当前连接的 Pid，然后得到对应的 Player 对象，最后调用 Player 的 LostConnection()方法，然后给 player 模块提供一个 LostConnection()方法，代码如下：

```
//mmo_game/core/player.go

//玩家下线
func (p * Player) LostConnection() {
    //1. 获取周围AOI九宫格内的玩家
    players := p.GetSurroundingPlayers()

    //2. 封装MsgID:201消息
    msg := &pb.SyncPid{
            Pid:p.Pid,
    }

    //3. 向周围玩家发送消息
    for _, player := range players {
            player.SendMsg(201, msg)
    }

    //4. 世界管理器将当前玩家从AOI中移除
    WorldMgrObj.AoiMgr.RemoveFromGridByPos(int(p.Pid), p.X, p.Z)
    WorldMgrObj.RemovePlayerByPid(p.Pid)
}
```

Player 的 LostConnection()方法首先会获取当前 Player 周围的全部的 Player 信息,然后分别将 MsgID 为 201 的 SyncPid 协议发送给各个在线玩家客户端,最后将当前玩家的 Player 信息从世界管理器中移除。

接下来启动服务器,再启动两个客户端分别测试一下结果,如图 21.19 所示。

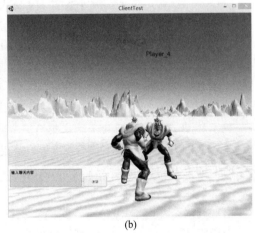

(a) (b)

图 21.19 客户端下线流程效果(1)

图 21.19 中的玩家是 Player_4 和 Player_3,在 Player_4 单击退出界面之前,双方的界面都可以看见对方在自己的客户端界面中,当 Player_4 单击退出界面按钮之后,效果如

图 21.20 所示。

图 21.20　客户端下线流程效果(2)

从效果来看,Player_3 的用户视野中已经看不见 Player_4 的人物信息,这表示当其中一个客户端的玩家退出的时候,另外一个客户端的玩家的地图会移除当前下线的玩家。

21.10　移动与跨越格子的 AOI 广播

当玩家在用户界面正常移动的时候,也有可能没有下线,为了降低本地客户端展示在线人数的性能压力,需要当其他玩家离自己超过 AOI 九宫格范围时做视野消失处理。具体移动与跨越格子的流程如图 21.21 所示。

跨越格子的视野消失流程看似烦琐,实则和之前的未跨越格子流程类似,只不过需要在每次玩家移动的时候得到两个玩家集合,一个集合属于当前玩家旧的九宫格,但是不属于当前玩家的新的九宫格的玩家集合 A,另一个集合属于当前玩家新的九宫格,但是不属于当前玩家的旧的九宫格的玩家集合 B。玩家集合 A 则为与当前玩家脱离视野的玩家,玩家集合 B 则为与当前玩家新入视野的玩家。

依次针对玩家集合 A 执行视野消失流程,针对玩家集合 B 执行视野出现流程即可。

最后将当前玩家最新的位置信息发送给当前玩家周围九宫格内所有的玩家,让其他玩家客户端能看见当前玩家正在移动。

本节作为附加的部分,不再提供代码讲解,有兴趣的读者可以自行参考之前的流程开发。

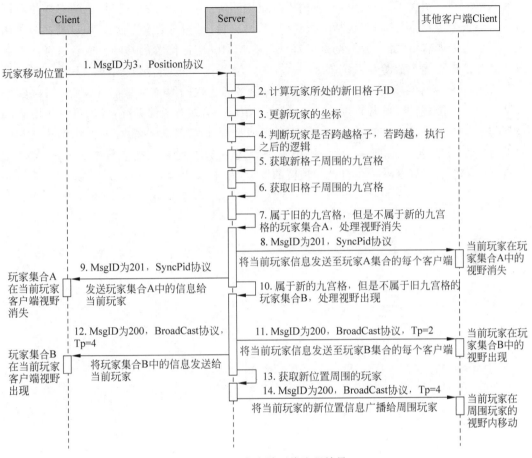

图 21.21　客户端下线流程效果

21.11　小结

本章介绍了基于 Zinx 框架的项目应用案例,其目的是覆盖之前章节从 0 到 1 搭建的 Zinx 框架的全部接口。当前项目案例采用的是一个 MMO 在线地图式场景,可以比较清楚地匹配 Zinx 且可以基于自定义的通信消息协议进行服务器端的通信。

本章主要介绍了 MMO 游戏业务常见的一些基础类知识,如 AOI 兴趣点算法,AOI 兴趣点不仅能在 MMO 游戏中使用,一般基于地图类应用程序均可以使用,例如打车、附近的人、附近的商城、跑步系统等,均可以通过 AOI 算法得到周边范围的关联对象。本案例的通信数据层协议采用的是 Proto Buffer 序列化标准格式。ProtoBuffer 由于二进制的特性在编码和解码的过程中性能比较优秀,比较适合低延时高性能要求的服务器端业务场景。在构建项目之前预定好当前全部的通信协议格式也是良好的设计习惯,这样可以对齐接口并行开发,通过接口协议就可以拉齐双方通信的细节。

本章的项目案例不是一个可以应用于企业生产的 MMO 游戏,只将核心的在线位置同步等后端服务逻辑实现了,其包括上线功能、下线功能、同步移动及广播移动、视野消失与出现等。如果读者有更大的兴趣,则可以基于当前 MMO 广播位置的基础上或者参考此解决方案来开发出更优秀的游戏系统。

Zinx 不是只有在线游戏场景才能应用到,很多场连接的服务场景都可以用 Zinx 实现,如动态配置、日志监控、设备管理、IM(Internet Message,即时通信系统)等均可以使用 Zinx 框架实现。Zinx 实则类似一个开发板,读者可以通过本书完全了解 Zinx 的内部构造和代码编写过程,如果希望添加一些额外的功能,则完全可以在此基础上进行二次开发,或者根据自己的需求和喜好开发一个自己的独特的框架。

图书推荐

书 名	作 者
Flink 原理深入与编程实战——Scala＋Java(微课视频版)	辛立伟
HarmonyOS 应用开发实战(JavaScript 版)	徐礼文
HarmonyOS 原子化服务卡片原理与实战	李洋
鸿蒙操作系统开发入门经典	徐礼文
鸿蒙应用程序开发	董昱
鸿蒙操作系统应用开发实践	陈美汝、郑森文、武延军、吴敬征
HarmonyOS 移动应用开发	刘安战、余雨萍、李勇军 等
HarmonyOS App 开发从 0 到 1	张诏添、李凯杰
HarmonyOS 从入门到精通 40 例	戈帅
JavaScript 基础语法详解	张旭乾
华为方舟编译器之美——基于开源代码的架构分析与实现	史宁宁
Android Runtime 源码解析	史宁宁
鲲鹏架构入门与实战	张磊
鲲鹏开发套件应用快速入门	张磊
华为 HCIA 路由与交换技术实战	江礼教
深度探索 Go 语言——对象模型与 runtime 的原理、特性及应用	封幼林
openEuler 操作系统管理入门	陈争艳、刘安战、贾玉祥 等
剑指大前端全栈工程师	贾志杰、史广、赵东彦
深度探索 Flutter——企业应用开发实战	赵龙
Flutter 组件精讲与实战	赵龙
Flutter 组件详解与实战	［加］王浩然(Bradley Wang)
Flutter 跨平台移动开发实战	董运成
Dart 语言实战——基于 Flutter 框架的程序开发(第 2 版)	亢少军
Dart 语言实战——基于 Angular 框架的 Web 开发	刘仕文
IntelliJ IDEA 软件开发与应用	乔国辉
深度探索 Vue.js——原理剖析与实战应用	张云鹏
Vue＋Spring Boot 前后端分离开发实战	贾志杰
Vue.js 快速入门与深入实战	杨世文
Vue.js 企业开发实战	千锋教育高教产品研发部
Python 从入门到全栈开发	钱超
Python 全栈开发——基础入门	夏正东
Python 全栈开发——高阶编程	夏正东
Python 全栈开发——数据分析	夏正东
Python 游戏编程项目开发实战	李志远
Python 人工智能——原理、实践及应用	杨博雄 主编,于营、肖衡、潘玉霞、高华玲、梁志勇 副主编
Python 深度学习	王志立
Python 预测分析与机器学习	王沁晨
Python 异步编程实战——基于 AIO 的全栈开发技术	陈少佳
Python 数据分析实战——从 Excel 轻松入门 Pandas	曾贤志
Python 数据分析从 0 到 1	邓立文、俞心宇、牛瑶

图 书 推 荐

书　名	作　者
FFmpeg 入门详解——音视频原理及应用	梅会东
FFmpeg 入门详解——SDK 二次开发与直播美颜原理及应用	梅会东
FFmpeg 入门详解——流媒体直播原理及应用	梅会东
FFmpeg 入门详解——命令行与音视频特效原理及应用	梅会东
Python 玩转数学问题——轻松学习 NumPy、SciPy 和 Matplotlib	张骞
Pandas 通关实战	黄福星
深入浅出 Power Query M 语言	黄福星
深入浅出 DAX——Excel Power Pivot 和 Power BI 高效数据分析	黄福星
云原生开发实践	高尚衡
云计算管理配置与实战	杨昌家
虚拟化 KVM 极速入门	陈涛
虚拟化 KVM 进阶实践	陈涛
边缘计算	方娟、陆帅冰
物联网——嵌入式开发实战	连志安
动手学推荐系统——基于 PyTorch 的算法实现（微课视频版）	於方仁
人工智能算法——原理、技巧及应用	韩龙、张娜、汝洪芳
跟我一起学机器学习	王成、黄晓辉
深度强化学习理论与实践	龙强、章胜
自然语言处理——原理、方法与应用	王志立、雷鹏斌、吴宇凡
TensorFlow 计算机视觉原理与实战	欧阳鹏程、任浩然
计算机视觉——基于 OpenCV 与 TensorFlow 的深度学习方法	余海林、翟中华
深度学习——理论、方法与 PyTorch 实践	翟中华、孟翔宇
HuggingFace 自然语言处理详解——基于 BERT 中文模型的任务实战	李福林
AR Foundation 增强现实开发实战（ARKit 版）	汪祥春
AR Foundation 增强现实开发实战（ARCore 版）	汪祥春
ARKit 原生开发入门精粹——RealityKit + Swift + SwiftUI	汪祥春
HoloLens 2 开发入门精要——基于 Unity 和 MRTK	汪祥春
巧学易用单片机——从零基础入门到项目实战	王良升
Altium Designer 20 PCB 设计实战（视频微课版）	白军杰
Cadence 高速 PCB 设计——基于手机高阶板的案例分析与实现	李卫国、张彬、林超文
Octave 程序设计	于红博
ANSYS 19.0 实例详解	李大勇、周宝
ANSYS Workbench 结构有限元分析详解	汤晖
AutoCAD 2022 快速入门、进阶与精通	邵为龙
SolidWorks 2020 快速入门与深入实战	邵为龙
SolidWorks 2021 快速入门与深入实战	邵为龙
UG NX 1926 快速入门与深入实战	邵为龙
Autodesk Inventor 2022 快速入门与深入实战（微课视频版）	邵为龙
全栈 UI 自动化测试实战	胡胜强、单镜石、李睿
pytest 框架与自动化测试应用	房荔枝、梁丽丽